U0245714

新视野民航飞行技术专业规划教材

民航飞机无线电设备

孙进平　王　俊　张玉玺　编著

北京航空航天大学出版社

内 容 简 介

本书较为系统地介绍了民航飞机不同类型无线电设备的功能、原理、组成及使用。全书共分为 6 章,包括:无线电技术基础、无线电通信原理、民航飞机通信设备、无线电导航设备、雷达设备、警告与监视设备。此外,在附录 A 中提供了民航常用缩略词表,在附录 B 中选编了 160 道复习题,基本覆盖了新版《航线运输驾驶员执照理论考试大纲(飞机)》和《私用驾驶员执照理论考试大纲(飞机)》中对相关电子设备的知识点要求。

本书可作为高校民航飞行专业和机务维修专业的本科生教材,也可作为民航管理、技术实施部门的工程技术人员以及航空爱好者的参考用书。

图书在版编目(CIP)数据

民航飞机无线电设备 / 孙进平,王俊,张玉玺编著
. -- 北京 :北京航空航天大学出版社,2016.9
ISBN 978 - 7 - 5124 - 2267 - 4

Ⅰ. ①民… Ⅱ. ①孙… ②王… ③张… Ⅲ. ①民用飞
机—航空设备—电信设备 Ⅳ. ①V243

中国版本图书馆 CIP 数据核字(2016)第 234098 号

民航飞机无线电设备

孙进平 王 俊 张玉玺 编著

责任编辑 冯 颖

*

北京航空航天大学出版社出版发行

北京市海淀区学院路 37 号(邮编 100191) http://www.buaapress.com.cn
发行部电话:(010)82317024 传真:(010)82328026
读者信箱:emsbook@buaacm.com.cn 邮购电话:(010)82316936
涿州市新华印刷有限公司印装 各地书店经销

*

开本:710×1 000 1/16 印张:15.75 字数:336 千字
2016 年 11 月第 1 版 2020 年 1 月第 2 次印刷 印数:2 001~3 500 册
ISBN 978-7-5124-2267-4 定价:45.00 元

前　言

为保障飞行安全,提高飞行效率,现代民航飞机上安装有各种先进的无线电通信、导航、雷达和监视设备。在飞行任务中,飞行员需要借助这些电子设备提供的各种信息,保证飞机在各种气象条件下,准确、迅速地沿预定的航线飞行和着陆。在遇到威胁安全飞行的意外环境或事件时,飞行员也能够通过这些电子设备提前感知,并进行有效规避。尽管飞行技术专业不要求深入掌握这些机载电子设备的设计理论和电路实现方法,但为了更好、更高效地使用和维护这些电子设备,也需要理解其基本工作原理,并掌握其系统组成、性能参数、使用方法等。

本书是根据飞行技术专业培养目标,以中国民航《CCAR – 61 部》和《CCAR – 141 部》规章为依据,参考新版《航线运输驾驶员执照理论考试大纲(飞机)》和《私用驾驶员执照理论考试大纲(飞机)》的知识点要求编写的。全书共分 6 章,较为系统地介绍了民航飞机不同类型无线电设备的功能、原理、组成及使用。第 1 章简要介绍了民航飞机相关设备工作原理所需的无线电基础知识;第 2 章简要介绍了无线电通信的基础原理;第 3 章介绍了高频通信系统、甚高频通信系统、选择呼叫系统、应急电台、卫星通信系统、数据链通信以及飞机通信与寻址报告系统;第 4 章介绍了自动定向机、甚高频全向信标系统、仪表着陆系统、测距机、卫星导航系统以及基于性能的导航;第 5 章介绍了民航一次雷达、民航二次雷达、无线电高度表、机载气象雷达系统;第 6 章主要介绍了近地警告系统、交通警戒与防撞系统以及自动相关监视系统。此外,在附录 A 中提供了民航常用缩略词表,在附录 B 中选编了 160 道复习题。

作者在编写本书的过程中得到了北京航空航天大学程吉宽教授的指点和帮助,以及北京航空航天大学飞行学院和电子信息工程学院领导的大力支持,并且参考了国内外许多作者的著作,在此一并深表感谢。

由于作者的专业水平和实际工程经验有限,书中疏漏及不足之处在所难免,恳请读者提出宝贵意见。

作　者

2016 年 8 月

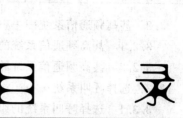

目　录

第1章　无线电技术基础 …………………………………………… 1
　1.1　电波的传播规律 …………………………………………… 1
　　1.1.1　电波的传播 …………………………………………… 1
　　1.1.2　地面与电离层对电波传播的影响 …………………… 5
　1.2　电波的传播特点 …………………………………………… 9
　　1.2.1　电波频段的划分 ……………………………………… 9
　　1.2.2　各波段电波的传播特点 ……………………………… 10
　1.3　天线和馈线 ………………………………………………… 13
　　1.3.1　天线的作用与分类 …………………………………… 13
　　1.3.2　天线的特性指标及其影响因素 ……………………… 15
　　1.3.3　馈　线 ………………………………………………… 18
　1.4　无线电信号的发射与接收 ………………………………… 19
　　1.4.1　无线电发射机 ………………………………………… 19
　　1.4.2　无线电接收机 ………………………………………… 22

第2章　无线电通信原理 …………………………………………… 27
　2.1　通信概述 …………………………………………………… 27
　　2.1.1　通信方式 ……………………………………………… 28
　　2.1.2　信号频谱与信道 ……………………………………… 30
　　2.1.3　通信系统的主要问题及性能指标 …………………… 32
　2.2　模拟调制通信系统 ………………………………………… 34
　　2.2.1　幅度调制 ……………………………………………… 34
　　2.2.2　频率调制与相位调制 ………………………………… 37
　2.3　数字调制通信系统 ………………………………………… 41
　　2.3.1　数字调制 ……………………………………………… 41
　　2.3.2　数字调制通信系统的性能特点 ……………………… 44

第3章　民航飞机通信设备 ………………………………………… 46
　3.1　高频通信系统 ……………………………………………… 46
　　3.1.1　高频通信系统的组成 ………………………………… 47
　　3.1.2　高频通信系统的工作原理 …………………………… 49

3.2 甚高频通信系统 ·· 52

    3.2.1 甚高频通信系统的组成 ···················· 52

    3.2.2 甚高频通信系统的工作原理 ·············· 54

3.3 选择呼叫系统 ·· 56

    3.3.1 选择呼叫系统的组成 ······················· 56

    3.3.2 选择呼叫系统的工作原理 ·················· 57

3.4 应急电台 ·· 58

3.5 卫星通信系统 ·· 58

    3.5.1 卫星通信的特点 ····························· 59

    3.5.2 静止卫星通信系统 ························· 59

    3.5.3 航空移动卫星业务 ························· 62

3.6 数据链通信 ·· 64

    3.6.1 民航数据链的分类 ························· 66

    3.6.2 民航数据链的应用 ························· 67

    3.6.3 甚高频数据链 ······························· 68

3.7 飞机通信与寻址报告系统（ACARS） ············ 69

    3.7.1 ACARS 系统的组成 ······················· 70

    3.7.2 ACARS 的协议与报文 ····················· 73

第4章 无线电导航设备 ··································· 76

4.1 导航系统概述 ·· 76

    4.1.1 导航系统分类 ······························· 77

    4.1.2 位置线与无线电导航定位 ·················· 78

    4.1.3 无线电导航系统的要求 ···················· 80

4.2 自动定向机 ·· 82

    4.2.1 自动定向机的功能及组成 ·················· 83

    4.2.2 自动定向机的基本原理 ···················· 89

    4.2.3 自动定向机的测向误差 ···················· 91

4.3 甚高频全向信标（VOR） ····························· 92

    4.3.1 VOR 的特点及功用 ························· 92

    4.3.2 CVOR 的工作原理 ························· 96

    4.3.3 DVOR 的工作原理 ······················· 101

    4.3.4 机载 VOR 接收系统 ····················· 104

    4.3.5 航道偏离与向/背台指示 ·················· 108

4.4 仪表着陆系统（ILS） ································· 110

    4.4.1 着陆过程与标准等级 ······················ 111

    4.4.2 ILS 的组成 ································· 113

4.4.3　ILS 的工作原理 …………………………………………… 116

4.5　测距机(DME) ……………………………………………………… 119

4.5.1　DME 的功用与波道划分 ………………………………… 119

4.5.2　DME 的工作原理 …………………………………………… 122

4.5.3　应答识别——频闪搜索 ………………………………… 124

4.5.4　机载测距机 …………………………………………………… 125

4.6　卫星导航系统(GNSS) ……………………………………………… 128

4.6.1　GNSS 的特征及组成 ……………………………………… 129

4.6.2　全球卫星定位系统(GPS) ………………………………… 130

4.6.3　GLONASS 系统 ……………………………………………… 140

4.6.4　北斗卫星导航系统 ………………………………………… 141

4.6.5　Galileo 系统 ………………………………………………… 144

4.6.6　GNSS 增强技术 ……………………………………………… 145

4.7　基于性能的导航(PBN) …………………………………………… 147

4.7.1　PBN 的产生与发展 ………………………………………… 147

4.7.2　RNAV 与 RNP ……………………………………………… 150

4.7.3　PBN 导航规范简介 ………………………………………… 152

第 5 章　雷达设备 …………………………………………………………… 154

5.1　雷达工作原理 ………………………………………………………… 154

5.2　民航一次雷达(PSR) ………………………………………………… 157

5.3　民航二次雷达(SSR) ………………………………………………… 160

5.3.1　SSR 的组成及工作概况 …………………………………… 160

5.3.2　SSR 的询问信号和应答 …………………………………… 162

5.3.3　SSR 的特点 …………………………………………………… 167

5.3.4　SSR 的性能 …………………………………………………… 168

5.3.5　S 模式二次雷达 ……………………………………………… 170

5.4　无线电高度表 ………………………………………………………… 174

5.4.1　无线电高度表的组成与工作原理 ……………………… 174

5.4.2　无线电高度表的分类 ……………………………………… 176

5.4.3　无线电高度表指示器 ……………………………………… 177

5.5　机载气象雷达 ………………………………………………………… 179

5.5.1　机载气象雷达的工作方式与组成 ……………………… 179

5.5.2　机载气象雷达对目标的探测 …………………………… 181

5.5.3　机载气象雷达系统的工作 ……………………………… 183

5.5.4　机载气象雷达维护注意事项 …………………………… 187

第6章　警告与监视设备 ·· 189

　6.1　近地警告系统(GPWS) ·· 189

　　6.1.1　GPWS 的组成 ·· 190

　　6.1.2　GPWS 的工作方式 ·· 192

　　6.1.3　增强型 GPWS ·· 200

　6.2　交通警戒与避撞系统 ·· 202

　　6.2.1　TCAS Ⅱ 的基本原理 ··· 202

　　6.2.2　TCAS Ⅱ 的组成 ·· 205

　　6.2.3　TCAS Ⅱ 的显示和语音信息 ·· 208

　　6.2.4　TCAS Ⅱ 的机组响应和运行抑制 ···································· 213

　6.3　自动相关监视系统 ·· 213

　　6.3.1　合约式自动相关监视(ADS-C) ····································· 215

　　6.3.2　广播式自动相关监视(ADS-B) ····································· 218

　　6.3.3　ADS-C 和 ADS-B 的特性比较 ······································ 221

附录 A　缩略词表 ·· 223

附录 B　总复习题 ·· 227

参考文献 ·· 241

第**1**章

无线电技术基础

　　航空无线电设备主要是指采用无线电信号传输或获取信息的机载设备。本章简要介绍了民航飞机相关设备工作原理所需的无线电基础知识,包括无线电波的传播规律、各波段无线电波的传播特点、用于发射和接收无线电波的天线及馈线的基本概念以及无线电发射机与接收机技术的基础知识。

1.1　电波的传播规律

　　在空间传播的交变电磁场称为电磁波(Electromagnetic Wave)。无线电波通常指频率在 300 GHz 以下的电磁波,简称电波。

1.1.1　电波的传播

1. 电波的基本概念

1) 电波的形成与传播

　　天线是一种能量转换设备,当把射频信号输入至天线输入端后,天线将使射频信号所包含的能量辐射到空中,在空中形成电波。也就是说,天线把射频能量转化成空间电磁能。由于电波的交变特性,它可以按照一定的规律向远处扩散,如图 1.1 所示。天线在 A 点形成的交变电场 E,形成了 B 点的交变磁场,而 A 点的交变磁场 H 又形成了 B 点的交变电场,A 点的交变电磁场便传递到了 B 点。同理,B 点的电磁场又会在 C 点形成交变电磁场,因此,天线产生的电波就不断地向远处传播。

2) 电波的分布

　　由于空间电波是由天线中的射频信号形成的,所以其变化规律取决于射频信号的变化规律。需要注意的是,电磁波在空间任意一点处的电场向量(实线箭头)与磁

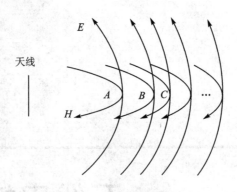

图 1.1　电波的传播

场向量(虚线箭头)始终是垂直的,并且二者又都与传播方向垂直,如图 1.2(a)所示。

3)电波的相位

在电波的传播途径中,一个波长范围内电场强度是不同的。某点场强的大小、方向和变化趋势的瞬时状态,称为电波的相位。习惯上用角度来表示电波的相位,称为电波的相位角,通常用 φ 表示,如图 1.2(b)所示。两点之间的相位之差称为相位差,用 $\Delta\varphi$ 表示。$\Delta\varphi$ 满足如下公式:

$$\Delta\varphi = (d/\lambda)\cdot 360°$$

式中:d 为传播途径中两点的距离差(取值限制在一个波长内),λ 为波长。

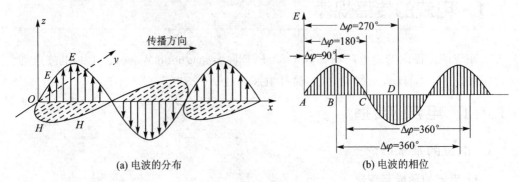

(a) 电波的分布　　　　(b) 电波的相位

图 1.2　电波的分布与相位

4)电波的传播方向

空间电波的电场向量 E 和磁场向量 H 以及电波的传播方向是垂直的,这种电波称为横电磁波,它的传播方向可用右手螺旋法则进行判断,如图 1.3 所示。右手 4 指指向电场向量方向,再使 4 指弯曲朝向磁场向量方向,则拇指方向就是电波的传播方向。

5)电波的传播速度

电波在真空中的传播速度等于光速 $c(c=3\times10^8\text{ m/s})$。在空气或其他媒质中的传播速度为

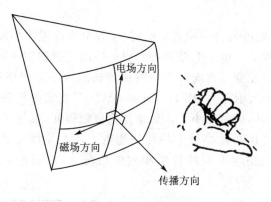

图 1.3　电波的传播

$$v = \frac{c}{\sqrt{\mu_r \varepsilon_r}}$$

式中：ε_r 为媒质的相对电容率（也称为相对介电系数）；μ_r 为媒质的相对导磁系数。在均匀媒质中，电波的传播方向和速度都是恒定的。这里可以认为空气是近似均匀的媒质。

6）电波的极化

电磁场的电场强度矢量在垂直于传播方向的平面内随时间变化的方式称为电波的极化。电波的电场强度矢量方向称为极化方向。

① 线极化波和圆极化波。如果电波在空间某点的电场向量终端随时间变化的轨迹是一条直线，则称这种电波为线极化波；如果电场向量终端的轨迹是一个圆，则称为圆极化波。

② 水平极化波和垂直极化波。在线极化波中，如果电场强度矢量是与地面垂直的，则称为垂直极化波；如果电场强度矢量是与地面平行的，则称为水平极化波。要有效地接收垂直（水平）极化波，天线必须垂直（水平）安装。对于机载高频通信系统和甚高频通信系统，它们发射的电波为垂直极化波，所以接收天线要求垂直安装。但电波在实际传播过程中，由于各种干扰的存在，其极化方向有一些变化，因而接收天线也应该适当做些调整。

2. 电波的反射、折射、绕射和散射

当电波在不均匀媒质中传播时，即媒质的 ε 和 μ 发生变化时，不仅电波的传播速度会发生变化，而且传播方向也会改变，产生反射、折射、绕射和散射现象。

1）反　射

电波在经过不同媒质交界面时会产生反射现象，尤其是遇到 ε 很大的金属或其他导体时，电波的能量几乎全部被分界面所反射。电波频率越高，反射越强。当反射面远大于波长时，反射线与入射线及法线处于同一平面，如图 1.4 所示。

2）折　射

电波由一种媒质进入另一种媒质时,除了在分界面上产生反射外,还会发生折射现象,如图 1.5 所示。由于电波在不同媒质中的传播速度不同,经过交界面时波阵面发生偏转,从而改变了方向。当电波由传播速度小的媒质进入传播速度大的媒质时,折射角大于入射角,如图 1.5 所示;反之,当电波由传播速度大的媒质进入传播速度小的媒质时,折射角小于入射角。折射的程度,也就是折射角与入射角之差,主要取决于电波在两种媒质中的传播速度之差。速度差越大,折射程度就越大。另外,折射程度还与电波的频率和入射角有关,电波的频率越低,入射角越大,折射程度就越大。

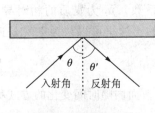

图 1.4　电波的反射

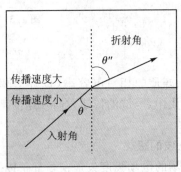

图 1.5　电波的折射

3）绕　射

电波遇到障碍物时,有时能绕过障碍物继续前进,这种现象称为绕射。由于电波具有绕射能力,所以它能够沿起伏不平的地球表面传播,如图 1.6 所示。电波的绕射能力与波长有关,波长越长,绕射能力越强,传播距离越远。

4）散　射

在大气对流层中有时会有一些尺寸很小且很不均匀的尘埃和小水滴,当电波遇到这些微粒时,就会向四面八方散射,这就是散射现象(见图 1.7)。散射的原因是由于小颗粒在电波的作用下激起电流,形成新的波源,因而向各个方向辐射电波。目前,在散射通信中就是利用电波散射的特点来增加传输距离的。

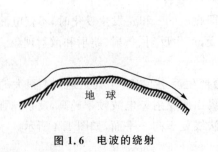

图 1.6　电波的绕射　　　　图 1.7　电波的散射

3. 电波的传播方式

电波在大气层中传播,由于本身的频率不同,以及地面和电离层对它的不同影响,因此形成了不同的传播方式,如图1.8所示。

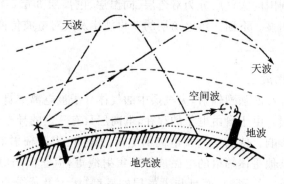

图 1.8　电波的传播方式

1) 天　波

电波由发射天线向空中辐射,被电离层反射后到达接收点,这种靠电离层的反射传播的电波称为天波。当被调制的无线电波信号在电离层内传播时,组成信号的不同频率成分有着不同的传播速度,所以波形会发生失真。同时,由于自由电子受电波电场作用而发生运动,所以当电波经过电离层时,其能量会被吸收一部分。

2) 地　波

沿地球表面传播的电波,称为地波或表面波。由于此时电波是紧靠着地面传播的,地面的性质、地貌、地物等都会影响电波的传播。

3) 空间波

空间波包括直达波和地面反射波。电波沿视线直接传播至接收点,称为直达波;经地面反射后到达接收点的电波,称为地面反射波。空间波在大气层的底层传播,传播的距离受到地球曲率的影响。收/发天线之间的最大距离基本上被限制在视线范围内,要扩大通信距离,就必须增加天线高度。

4) 散射波

电波利用电离层或对流层的散射作用传播,称为散射波。这种通信方式适用于无法建立微波中继站的地区,例如:用于海岛之间和跨越湖泊、沙漠、雪山等的地区。但是,由于散射波信号相当微弱,所以散射传播接收点的接收信号也相当微弱,即传播损耗很大,这样散射通信就必须采用大功率发射机、高灵敏度接收机和高增益天线。

1.1.2　地面与电离层对电波传播的影响

当电波沿地球表面传播时,地面将吸收电波的部分能量,造成电波能量的衰减,衰减的程度与地面导电系数和电波的频率有关。地球表面的导电系数越大,电波的衰减就越小。由于海水的导电系数比较大,所以电波沿海面可以传播更远的距离。另一方面,电波的频率越高,衰减就越大,在地球表面传播的距离越近,因此,沿地面远距离传播的电波,其频率一般不会超过 3 MHz。

通常把地球周围的大气层分为对流层、同温层、电离层 3 层,其中电离层对电波传播的影响最为明显。下面介绍电离层的变化规律及其对电波传播的影响。

1. 电离层

1) 电离层的形成

由于太阳紫外线的强烈辐射,大气层中的气体分子被电离成自由电子和正离子,因而形成了电离层。由于自由电子的存在,电离层具有一定的导电性,因而对电波的传播产生明显的影响。使高空大气电离的电离源还有:太阳辐射的 X 射线、为数众多的微流量以及其他星体辐射的电磁波和宇宙射线等,但它们的电离作用较小。电离不仅受太阳紫外线的影响,而且与大气层的密度、湿度及成分有关。高空气体稀薄,电离后的自由电子很少,而低空由于太阳紫外线很弱,电离后的自由电子也很少,因此电离层主要分布在距地面 60~500 km 的高空。通常用电子密度来表示电离层的电离情况。由于大气成分不同,高度不同以及受到阳光辐射程度不同,电离层的电子密度也不均匀,且随季节、时间而变化。实际测量表明,在夏季的白天,电离层有 3 个电子密度最大的区域,从下向上分别称为 D 层、E 层和 F 层,如图 1.9 所示。

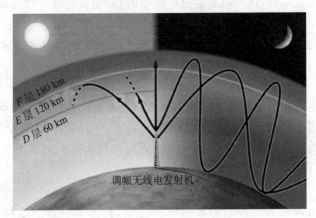

F 层 180 km
E 层 120 km
D 层 60 km

调幅无线电发射机

图 1.9 电离层的分层图

2) 电离层的变化规律

D 层:D 层在电离层中处于最低位置,离地高度为 60~90 km,其电子密度最大值在约 80 km 处。D 层在日出后出现并在中午时达到最强,日落后由于强烈的电荷中和而逐渐消失。

E 层:E 层在电离层中的区域大约在离地 110 km 的高度。E 层较为稳定,它的电子密度和高度变化都比较有规律。白天时电子密度较大,夜间电子密度减小并几乎保持不变。

F 层:F 层是天波传播最重要的部分。在夏季的白天,F 层又可分为 F_1 层和 F_2 层。F_1 层离地高度约为 160 km,其变化规律和 D 层类似。F_2 层白天和夜间都出现,其离地高度约为 300 km。F_2 层有着明显的冬季特性和夏季特性:冬季特性是指电子密度在黎明最小,下午最大;夏季特性是指电子密度在夏季的中午反而比冬季的中午小。

电离层电子密度变化的总体规律是夏季比冬季大,白天比夜晚大,此外,不同年份的电子密度也有所不同,这与太阳的活动有关。图 1.10 给出了电离层昼夜变化的一般规律。

2. 电离层对电波传播的影响

1）电离层对电波的折射作用

电离层的电子密度是不均匀的:从下向上各层的电子密度依次增大,而且每一层中也是中间大两边小。电波进入电离层后,就会因为产生连续的折射使电波或者返回地面或者穿透电离层而进入外层空间,如图 1.11 所示。通常,电离层的相对电容率可表示为

$$\varepsilon' = 1 - 80.8N/f^2$$

式中:N 为电离层电子密度(电子数/m^3),f 为电波频率(kHz)。

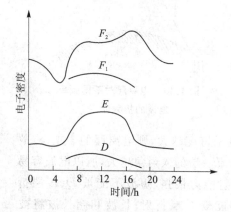

图 1.10 电离层昼夜变化图

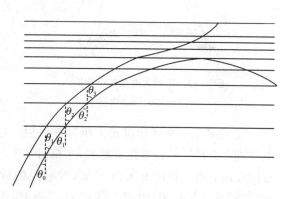

图 1.11 电离层对电波的连续折射

由于各层的电子密度是自下而上依次增加的,而且一层当中也是中间大、两边小,因而电离层各层的相对电容率依次减小,而在某一层中其相对电容率却呈现中间小、上下大的规律。当电波以入射角 θ_0 入射时,将会产生 $\theta_0 < \theta_1 < \theta_2 < \theta_3 < \cdots$ 的结果,如果电波的入射角自下而上依次增大到超过临界入射角时,电波就产生了全反射,以后电波就自上而下折回地面。如果电波到达电子密度最大的高度时,入射角仍然不能大于临界入射角,那么电波将穿透电离层不再返回地面。电波能否折射后返回地面,取决于电波的入射角、频率以及电离层的电子密度。

① 电波的入射角越大越容易折射。当电波的频率一定时,电波入射角越大,则

经过较少的连续折射即可达到临界入射角,因而较容易返回地面,如图 1.12 中射线 1、2 所示。

从图 1.12 中还可以看出,入射角越大,电波传播的距离越远;反之,电波传播的距离越近。当入射角减小到某一值时,电波传播的距离最近,如图 1.12 中射线 3 所示,这一距离称为越距。若入射角继续减小,则电波将会穿透电离层,如图 1.12 中射线 4、5 所示。

② 电波的频率越低越容易折射。当入射角一定时,电波的频率越低,电离层的相对电容率也就越小,电波进入电离层后的折射角就越大,这相当于电波进入下一层的入射角越大,电波也就越容易折射回地面。若频率超过 30 MHz,则电波一般不会返回地面,而是穿透电离层,进入外层空间,如图 1.13 所示。

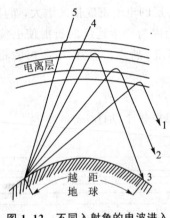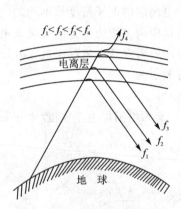

图 1.12　不同入射角的电波进入
电离层的折射情形

图 1.13　电离层对不同频率
电波的折射作用

③ 电离层的电子密度越大越容易折射。电子密度越大,则电离层的 ε 越小,故电波进入电离层的折射角就越大,这相当于进入下一层的入射角越大,所以电波容易返回地面。电子密度最大的 F 层,对电波的折射能力最强,短波不能被 D、E 层折射,却能被 F 层折射;中波不能被 D 层折射,却能被 E 层折射;长波和超长波将被 D 层直接折射回地面。

2) 电离层对电波的吸收作用

电离层对电波的影响除了折射作用外,还表现在它对电波能量的吸收上。电波进入电离层后,会引起其中的自由电子发生振动,电子在振动时与其周围的正离子和气体分子碰撞,产生热量,使电波的部分电磁能转变成热能而损耗。电波能量的损耗主要与电波的频率和电离层的电子密度有关。此外,电波的频率在电离层自由电子的固有振荡频率 1 400 kHz 附近时,被电离层吸收的能量最多。

① 电波的频率越高,损耗越小。电波的频率越高,则周期越短,自由电子所受的单向电场力作用时间也越短,运动速度越慢,振幅也越小,从而由于碰撞而损耗的能

量也越小。

② 电离层电子密度越大,电波能量损耗越大。电子密度越大,单位空间内的自由电子数目就越多,自由电子之间以及自由电子与其他分子碰撞的机会也就越多,因而电波的损耗也就越大。

1.2 电波的传播特点

1.2.1 电波频段的划分

由前面的知识可知电波的传播规律与其频率密切相关,不同频率的电波具有不同的特点,适用于不同用途的无线电系统,因此对无线电波进行频段划分就十分必要。目前,国际上广泛采用的电波频段和波段划分如表1.1所列。

表1.1 无线电波频段和波段划分表

频段名称	符 号	频率范围	波长范围	波段名称	用 途
甚低频	VLF	3～30 kHz	10～100 km	超长波	导航
低频	LF	30～300 kHz	1～10 km	长波	导航
中频	MF	0.3～3 MHz	0.1～1 km	中波	导航、广播
高频	HF	3～30 MHz	10～100 m	短波	通信
甚高频	VHF	30～300 MHz	1～10 m	超短波	通信、导航
超高频	UHF	0.3～3 GHz	1～10 dm	分米波	导航、卫星通信
特高频	SHF	3～30 GHz	1～10 cm	厘米波	雷达、卫星通信
极高频	EHF	30～300 GHz	1～10 mm	毫米波	雷达

注:有些分类方法,通常把中频的高端1.5～3 MHz划分到高频的范围。

对于短波以上的波段,有超短波和微波的叫法。对于微波波段,通常用特定字母来表示一定的频率范围,如表1.2所列。

表1.2 微波常用波段代号

波段代号	频率范围 /GHz	波长范围 /cm	标称波长 /cm
L	1.0～2.0	15～30	22
S	2.0～4.0	7.5～15	10
C	4.0～8.0	3.75～7.5	5
X	8.0～12.5	2.4～3.75	3
Ku	12.5～18.0	1.67～2.4	2
K	18.0～26.5	1.13～1.67	1.25
Ka	26.5～40.0	0.75～1.13	0.8

1.2.2　各波段电波的传播特点

1. 超长波和长波

从频段的角度来命名,超长波和长波分别称为甚低频和低频。由于波长较长,频率较低,超长波和长波的绕射能力很强,而且地面的吸收也很小,所以超长波和长波以地波的方式可以传播很远的距离。除地波方式外,超长波和长波还能够通过电离层的折射,以天波方式传播,这是因为在白天,由于电波在 D 层被折射,传入电离层深度较浅,所以被电离层吸收的能量也较少;在夜间,由于电离层的 D 层消失,所以电波被 E 层折射。经过电离层和地面之间的多次反射,电波可传播很远的距离,信号也较稳定。

对于超长波信号来讲,地球表面相当于一个良好的导电面,而电离层相当于另一个良好的导体,电波在地球表面和电离层之间的往复反射,如同微波在金属波导管中传播的情形,因此超长波是以波导方式向远处传播的。由于这种波导对超长波信号衰减极小,所以超长波信号可以传播极远的距离。民航飞机上曾经使用过的奥米伽导航系统就是在超长波波段工作的,凭借超长波信号传播距离远的特点,奥米伽导航系统一度成为远程大圆圈飞行的主要导航设备(奥米伽导航系统于 1997 年停止使用)。

超长波除具有传播距离远、传播稳定的特点外,还可以深入水下,为潜艇提供导航。美国在地球上建立了 8 个超长波台为其海军提供超远程的导航服务,并可以覆盖全球。

超长波信号的传播稳定并不是绝对的,由于日变效应的产生,使得超长波的稳定受到影响。由于电离层的高度随昼夜、季节、年份以及太阳黑子的活动而变化,超长波的波导传播方式不可能像金属波导那样稳定。在日出日落的昼夜变化期间,电离层的高度急速变化,使得电波的传播速度发生改变,并进一步导致电波的相位有规则地变化,这就是日变效应。但科学工作者通过大量的研究和时间证明了日变效应引起的误差是可以预测和推算的,只要采取相应的校正和补偿,就可以消除由于日变效应引起的误差。此外,地面导电率的不均匀也会影响到超长波电波的稳定。超长波信号除具有传播距离远、信号较稳定的优点外,也有其不足之处,主要表现在对发射信号方面要求很高。例如发射功率很大,发射设备庞杂,尤其是其天线系统高度往往要求达数百米,建造十分困难,通常采用的方法是在邻近的山峰上架设天线,或是采用伞状天线。

2. 中　波

由于中波的波长较长波小,因此其地波的传播距离比长波近。除了以地波的方式传播外,中波也可以以天波的方式传播。在白天,中波穿透 D 层,并深入 E 层才能被电离层反射,因此其能量被电离层吸收较多,所以在白天中波通常不能以天波方式传播;在夜间,D 层消失,E 层电子密度减小,电离层对中波能量的吸收也大为减少,因此在夜间,中波的天波可以比地波传播得更远,这也是收音机在夜间比在白天收到的电台多的原因。

概括地说,中波的传播方式是以地波为主,以天波为辅。与长波和超长波一样,它也具有稳定可靠的特点,而且所需天线比长波要短,发射设备也较为简单,因此在民用广播和中程无线电导航中得到广泛应用。无方向性信标台(NDB)又称中波导航台,是民航系统中工作于中波波段的导航设备,其机载接收设备自动定向机(ADF)也叫无线电罗盘,是各种大中型飞机、小型通用飞机、直升机等普遍使用的导航设备,能较为方便地测量飞机与地面导航台的相对方位。

3. 短 波

1)地波传播形式

短波的地波传播通常采用辐射垂直极化波的垂直天线,由于频率越高地波的衰减越大,所以这种传播方式不宜用作无线电广播的远距离通信。

2)天波传播形式

对短波来讲,天波的传播较地波传播具有更重要的意义。因为电离层对短波的吸收比中、长波的吸收要小得多,所以短波可以利用天波传播很远的距离。此外,短波通信系统的发射天线尺寸和发射机功率都较小,成本较低,因而短波通信在无线电通信领域中得到广泛应用。但是利用短波进行通信也有一些缺点,主要表现为:

① 多径传播。在远距离的短波通信中,为获得较小的传输衰减,需要精心选择传输模式。图1.14所示为短波线路上可能出现的传输模式。电波通过若干路径或者不同的传输模式到达接收端,称为多径传播。由于短波具有多径传播的特点,因此到达接收端的时间也不同。电波在同一方向沿不同路径传播时,到达接收端同一脉冲的各射线间最大的允许时延差值称为多径时延。多径时延将严重影响短波通信质量。

② 衰落。在短波通信中,即使在电离层的平静时期,也不可能获得稳定的信号。这种在接收端信号振幅呈现忽大忽小随机变化的现象称为衰落,如图1.15所示。

根据衰落持续时间的长短,衰落可分为快衰落和慢衰落。持续时间仅为几分之一秒的衰落称为快衰落;持续时间较长的衰落称为慢衰落,慢衰落的持续时间有时长达一个小时甚至更长。

根据产生的原因,衰落又可以归纳为以下3种:

干涉衰落——由于短波的多径传播,到达接收点的射线不是一根而是多根,这些射线通过不同的路径,到达接收点的时间不同,其衰减也不同,因此幅度不等,加上电离层的电子密度不稳定,即便同时到达接收点的同一信号之间也不能保持固定的相位差,使合成的信号振幅随机起伏。这种衰落是由于到达接收点的若干信号相互干扰所造成的,故称为干涉衰落,有时也称为选择性衰落。目前广泛采用分集接收以及差错控制技术等来对抗干涉衰落。

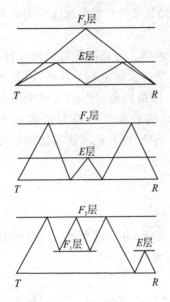

图1.14　短波可能出现的传输模式

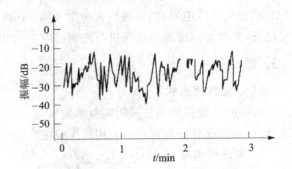

图1.15　接收端信号振幅的随机起伏

　　干涉衰落具有明显的频率选择性,也就是说它只对某一单个频率或一个几百赫兹的窄频带产生影响。对一个已调制的高频信号,由于它包含多种频率成分,具有多条传播路径,所以在调制频带内,即使在一个窄频带内也可能会发生信号的严重衰落。

　　吸收衰落——吸收衰落主要是由电离层吸收的变化引起的,因此它有年、季节、月和昼夜的变化。电离层中的 D 层称为吸收层。由于白天紫外线较强,D 层的电子密度较大,不仅把中波的能量全部吸收,而且也吸收了短波的大部分能量,致使通信中断。除正常的电离层变化规律外,太阳黑子的活动往往也会引起吸收衰落,这主要是由于极强的 X 射线和紫外线的辐射引起了电子密度的增大。要克服吸收衰落,除正确地选择频率外,还需要保留一定的功率余量来补偿电离层吸收的增大。

　　极化衰落——被电离层反射后的短波,其极化方向已不再和发射天线辐射时的相同。发射到电离层的线极化波,经电离层的反射后,由于地磁场的作用,分为两条椭圆极化波,接收天线所接收的信号强度将随椭圆极化波的极化方向变化而变化,这就是产生极化衰落的原因。

　　总之,衰落的产生原因多种多样,表现为接收的短波信号幅度极不稳定,直接影响到信号的通信质量。衰落现象是短波通信的重要特点。

　　③ 静区。在短波波段,当使用较高的频率进行通信时,会产生静区,如图1.16所示。因天波传播跨越而过,地波传播因衰减又未到达,所以这个既收不到天波也收不到地波的区域,称为静区。如果飞机处于静区,则地、空双方将无法进行通信,这时应降低发射机的工作频率,避免接收方处于静区。

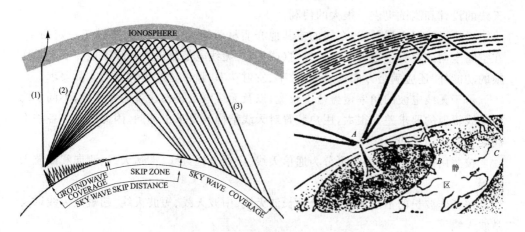

图 1.16　短波通信中静区的形成

　　综上所述,短波传播的主要特点是:地波衰减快,天波不稳定。但其能以较小功率获得较远的传播距离,所以在航空通信和民用无线电中获得了广泛的应用,民航飞机上的高频通信系统便是工作于短波波段。

4. 超短波

　　超短波由于频率较高,因而地波衰减很快,加上天波一般都会穿透电离层而不能折回地面,所以它主要以空间波方式进行传播,其有效传播距离一般限于视线范围。由于超短波传播受天电干扰小,其信号较稳定,而且保密性好,因而广泛应用于民航的通信和导航业务中。机载 VHF 通信系统和 VHF 导航系统就是工作于超短波波段。就目前的发展趋势来看,超短波在民航的机载设备和空中交通管制方面的应用呈上升趋势。

1.3　天线和馈线

1.3.1　天线的作用与分类

　　天线是任何无线电设备和系统必不可少的前端(对接收机)或后端(对发射机)器件。它在不同设备和系统中的作用基本相同,用来实现传输线中的射频电流能量与空中传播的电磁波能量之间的转换,对线上和空中的电信号起到沟通和连接的作用。当天线把发射机馈入的射频电能变换成电磁波能向空间辐射时,称为发射天线;当天线将空间电波信号变换成射频电能送给接收机时,称为接收天线。

　　天线作为一个无源设备是可逆的,即对同一个天线来说,既可用于发射,也可用于接收,并且接收和发射的方向性图及其他性能也是相同的,这称为天线的互易性。因此,可以根据天线发射时的特性数据,确定它作为接收时的性能;反之亦然。这为天线的设计和测试提供了很大的便利。

天线通常用金属导线、金属面或其他介质材料构成一定形状，架设于一定高度，在空间全向或具有一定方向性地发射（或接收）无线电信号。天线除了能完成能量变换的功能外，还应满足方向性、转换效率、发射功率、频带宽度等方面的实际要求。

由于无线电波的频率覆盖范围很宽，以及无线电系统和设备的多样性，不同系统对天线辐射的要求差异很大，用户装置对天线结构的要求也不同，因此产生了各种不同类型的实用天线。

按照用途的不同，天线可分为通信天线、广播电视天线、雷达天线、测向和导航天线等。

按工作波长的不同，天线可分为长波天线、中波天线、短波天线、超短波天线以及微波天线等。

按照特性的不同，天线可分为圆极化天线、线极化天线、窄频带天线、宽频带天线、非频变天线以及数字波束天线等。

大多数情况下天线是按结构的不同，分为线状天线、环形天线、刀形天线、面天线、缝隙天线与微带天线、多元天线等。图 1.17(a)所示为 VHF 通信所用的刀形天线，图 1.17(b)所示为自动定向机（ADF）所用的环形天线。

(a) VHF通信天线　　　　　　　　　　　　　　(b) ADF天线

图 1.17　飞机上不同用途的天线示例

民航飞机上用来处理传感器、通信系统和导航设备的机载天线的数目是相当大的。由于不少设备（特别是 VHF、HF、VOR 和 DME）的很多关键部件需要双余度或三余度备份，因此，这种现象变得更加严重，天线数在 30 或 40 个以上。

图 1.18 所示为民航飞机的典型天线位置分布。它也表明了当前运营的多数民用飞机，特别是进行洲际飞行的民航飞机的天线安装情况。

由于天线操作特性和发射属性的不同，很多天线都有自己的安装标准。例如：SATCOM 天线用来和卫星进行通信，需要安装在飞机的最高点，以便将天空尽可能覆盖；ILS 天线用于进近和着陆通信，则需要安装在机身的前下方；飞机在空中机动的过程中，如果天线仍需要连续作用的话，那么天线必须同时安装在飞机的上方和下方，如 VHF。因此，一种天线多处安装也是常见的。

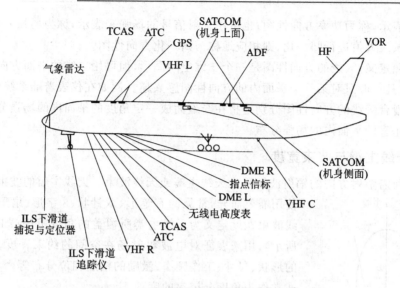

图 1.18　民航飞机的天线位置分布示例

1.3.2　天线的特性指标及其影响因素

定量衡量天线工作特性的参数称为天线电参数或电指标。天线电参数有很多，主要是针对发射状态规定的，下面介绍主要的和常用的性能指标。

1. 天线方向性图

天线的辐射电磁场在固定距离处随空间角坐标分布或变化的图形，称为天线的方向性图(如图 1.19 所示)，或称为天线波瓣图。天线方向性图可用辐射信号的功率

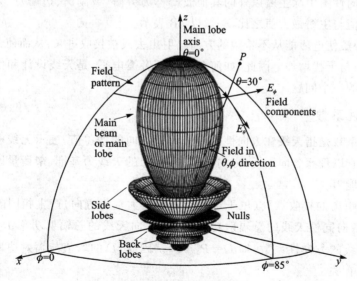

图 1.19　天线方向性图

密度来表示,称为功率方向性图;也可用辐射信号的场强来表示,称为场强方位性图。它们若按最大值进行归一化,则相应地称为归一化方向性图。

按照定义,天线的方向性图是一个三维空间图形,但可用二维的平面方向性图来描绘,并且一般只对某一个平面内的方向性图感兴趣。例如在仪表着陆系统中,航向台和下滑台天线的方向性图分别是指在与地面成一定角度的平面内的场强分布和在与地面垂直的平面内的场强分布。

2. 天线主瓣与波束宽度

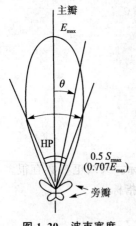

图 1.20　波束宽度

在所需辐射方向的辐射波瓣称为天线主瓣或天线波束。天线主瓣的波束形状因使用需要而异,常见的有笔形、双针状、8 字形、扇形等。天线波束宽度定义为天线主瓣所覆盖的角度范围(如图 1.20 所示),用来表征对电波辐射场在空间的约束程度,与天线的形状、尺寸、工作频率、激励的幅度相位分布等密切相关,通常作为角度分辨率的度量。

在所关心并且包含波束最大值方向的平面内,辐射功率强度是波束最大值一半的两个方向的夹角,称为 3 dB 宽度;当辐射强度取波束最大值的 1/10 时,所对应的夹角称为 10 dB 宽度;辐射强度为零时两个方向的夹角,称为零功率点宽度。通常情况下,多采用 3 dB 波束宽度,也称为半功率波束宽度。

3. 天线旁瓣电平

天线方向性图中除主瓣以外的其他波瓣称为旁瓣(或副瓣、边瓣)。旁瓣电平是指旁瓣最大值与主瓣最大值之比,一般以 dB 表示。

显然,旁瓣使电磁能从不希望的方向辐射出去或被接收进来,从而使天线效率下降,系统噪声与干扰增加。因此,如何合理降低旁瓣电平,是天线设计和使用中必须考虑和重视的一个问题。

4. 方向性系数

方向性系数是指天线在方向性图中最大值方向的增益值,表示无线电波辐射集中的程度。它以理想各向同性(方向性图为圆球)的天线为基准,来衡量所关心天线的定向辐射能力。

在同一距离的接收点处(位于定向天线的最大辐射方向)产生相同电场强度的条件下,将各向同性天线的总辐射功率 $P_{\Sigma 0}$ 与定向天线的总辐射功率 P_{Σ} 的比值定义为定向天线的方向性系数,即 $D = P_{\Sigma 0}/P_{\Sigma}$。因此,$D$ 的取值与辐射功率在全空间的分布状态有关。

若要得到较大的方向性系数,则要求主瓣要窄并且旁瓣要小。

5．天线效率

天线效率是指天线向外辐射的功率 P_Σ 与其输入功率 P_A 之比，即 $\eta_A = P_\Sigma / P_A$。天线效率表示天线对电能与电磁波能转换的有效程度。若要提高 η_A，则必须尽可能地减小天线的损耗电阻，并提高它的等效辐射电阻。

6．天线增益

在同一距离且位于定向天线的最大辐射方向上产生相同辐射场强时，采用无损耗各向同性天线的总输入功率与定向天线总输入功率 P_A 之比，称为定向天线的增益，也称功率增益，即

$$P_{\Sigma 0} / P_A = \eta_A \cdot D$$

天线增益是天线的能量转换效率和方向特性的综合考虑，表示天线的定向收益程度，是考虑天线效率后的方向性系数。高增益天线可以在维持输入功率不变的条件下，得到大的有效辐射功率。在通信系统的设计中，对提高天线的增益期望很大，一般频率越高的天线越容易得到高的天线增益。

7．天线极化

天线极化是指天线在给定辐射方向上远区电场矢量的空间取向，不同的辐射方向可以有不同的极化，所以一般特指为在最大辐射方向上电场的空间取向。

天线不能有效接收与其正交的极化分量。例如：线极化天线不能接收与其极化方向垂直的线极化来波；（椭）圆极化天线不能接收来波中与其旋向相反的（椭）圆极化分量。当接收天线的极化与来波的极化形式产生差异时，就会产生极化失配，天线也就不能有效地接收电波信号。因此定义极化失配因子 v_p，根据可用功率的损失程度，其在 0～1 之间取值。一般应使 v_p 有较高的取值，如在 0.6 以上。

另外对圆极化波的接收，还可以使用水平或垂直极化天线，比如接收 FM 无线电广播发射的圆极化波信号。

8．天线的其他性质参数

1）天线特性阻抗、天线输入阻抗和天线辐射阻抗

天线特性阻抗、天线输入阻抗和天线辐射阻抗反映天线的阻抗特性，是与匹配有关的参数，其数值与天线结构、工作频率、周围环境等有关。只有当天线与射频信号源以及天线与传播空间都得到好的匹配时，才能高效率地完成能量变换。

2）天线有效长度和天线有效面积

天线有效长度和天线有效面积反映天线截获或辐射空间电磁波的效能。前者主要针对工作频率较低的线状天线，后者应用于工作频率较高的面天线。

3）天线谐振频率、天线频带宽度和天线 Q 值

天线谐振频率、天线频带宽度和天线 Q 值反映天线在不同频率下的性能变化。其中，频带宽度表示当限制其他天线电参数在某一允许范围内时对应的频率可以变

化的范围,据此可将天线分为窄频带天线、宽频带天线和超宽频带天线。

4) 等效噪声温度

等效噪声温度反映天线接收噪声功率的大小。采用降低旁瓣和后瓣电平,使最大接收方向避开强噪声源等方法,可以降低等效噪声温度,达到提高信噪比,改善接收质量,提高系统灵敏度的目的。

1.3.3 馈 线

馈线是用来连接天线与接收机或发射机,有效地传输高频电流或电磁波的线缆、波导等装置,尤其用于输送微波信号能量。当多波道信号共用天线时,馈线还具有对各波道信号发端汇合、收端分离的功能。馈线系统可以包括馈线、阻抗变换器、极化分离器、波道滤波器及各种连接元件。

在直流电路系统和频率较低的长波、中波、短波、超短波等无线电系统中,只需使用普通的金属电缆线就可以实现信号、信息的传递。但到了微波波段,波长已经小到可与金属电缆线的横截面尺寸相比拟,各种分布参数效应开始显现,并对能量传输以及信号质量的影响增大,这时就需要对馈线的形状和尺寸做专门的设计,以适应对不同频段、不同性能要求的高频微波信号的传输要求。

各种馈线的优、缺点都是相对而且有条件的,使用时要根据实际条件和具体应用来选择。对馈线的基本要求为:

① 不应有电磁波向空间辐射,也不应受外界电磁波的影响,即馈线应是电磁波的封闭系统,并且收/发信号的隔离度要高;

② 阻抗匹配要好,对电磁能的损耗、衰减要小,传输效率高;

③ 具有一定的功率容量,在传送大功率时不应发生击穿现象;

④ 设计合理,结构简单,便于制造且经济耐用,安装、调整和维护方便。

一般微波系统中常用的馈线有同轴线和波导两种,分别用于传输 3 GHz 以下和 3 GHz 以上的微波信号。另外,微带线在微波接收电路中也有较多应用。

在无线电系统中,天线与接收机或发射机之间不是只用一条馈线直线相连就可以实现电磁波传输的,一般还需要用到波导连接器(如图 1.21 所示)。例如:为了机械上的安装连接方便,需要有弯波导和扭波导;为了满足不同截面形状的波导连接需

图 1.21 波导连接器

求,需要有矩-圆过渡器或矩-椭波导过渡器;为了分离不同极化的收/发信号,需要有极化分离器;为了消除或减小馈线的反射影响,需要有阻抗匹配器;等等。以上这些元件统称为连接元件。

1.4　无线电信号的发射与接收

无线电设备利用无线电波实现数据传输和参数测量等功能,需要无线电台发射载有一定信息的无线电信号,这一任务由无线电发射机、发射天线及其附属设备来完成。无线电接收机的任务是将接收天线收到的微弱射频信号从混杂有各种干扰和噪声的背景中提取出来,并且经过放大、解调、解码后送入显示器或终端处理器,得到所需要的信息和参数。

1.4.1　无线电发射机

无线电发射机的功能就是以足够的功率、合适的载波频率、适当的调制方式和较高的功率效率产生所需的能用于传输的信号。按发射机的组成结构不同,可分为单级振荡式发射机和主振放大式发射机两类。

单级振荡式发射机的组成如图 1.22 所示。其工作过程如下:无线电信息先经过适当的编码,再对振荡器的射频信号进行调制,然后经过功率放大,并馈送至天线,把已调制的射频信号发射出去。其主要优点是简单、经济、体积小、质量轻;缺点是频率(或相位)的稳定度低,不易进行复杂波形的调制。

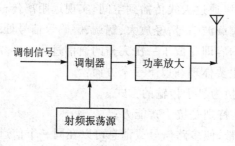

图 1.22　单级振荡式发射机的组成

主振放大式发射机的射频振荡器由多级电路组成(如图 1.23 所示),其中:第一级产生射频信号,称为主控振荡器;其他各级放大射频信号,以提高信号的功率电平,称为射频放大链路。主控振荡器用来提供足够的频率准确度和稳定度,可采用高精度和高稳定度的石英振荡器或原子钟满足系统在这方面的较高需求。调制器的调制信号可以加到射频放大链路的其中一级,也可以同时加到其中的若干级;当需要进行复杂调制时,还可以对各级分别进行不同方式的调制。为了保证各级电路的协调工作,由控制器负责协调各部分电路的工作。在某些无线电设备中,要求发射机能在许多频道中的任一频道上工作,此时主控振荡器应具备能在人工(或机械、电信号)控制下迅速改变射频的功能。另外,为了提高发射机的某项指标,或达到所需要的工作频率,通常还会在主控振荡器与射频放大链路之间加入若干级兼有适当功率增益的混频、倍频、分频等频率变换电路。

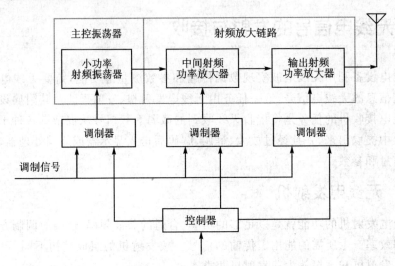

图 1.23 主振放大式发射机

调制是对各种信号变换方式的总称。在无线电通信系统中,发射机把要传送的消息经过编码形成基带信号。基带信号的振幅对射频正弦载波的参数(如幅度、频率或相位等)进行调整的过程称为调制,其目的是要把频率较低的基带信号承载到频率较高的载频上,以便可以通过天线传播到空间,实现远距离传输的目的。接收机天线接收到空间传播的已调载波信号,经放大、解调、解码等信号处理的逆过程,恢复或还原出所传送的消息或内容即完成了一次完整的通信过程。

信号调制的作用主要体现在以下三个方面:

① 消息或信号变换为易于传输的方式;

② 提高系统性能,特别是抗干扰能力;

③ 有效地利用频带,使多路信号或消息可以在同一个信道中进行传输。

各种无线电设备根据其传输的信号类型、工作距离、可靠性能等技术参数,对发射机提出了不同的性能要求,并作为发射机设计、制造和测试的基本依据。

发射机的主要性能指标介绍如下。

1. 工作频率或波段

工作频率是指发射机发射的无线电信号的载波频率。当工作频率处于某一个频率范围,或不局限于单一的频率点时,称之为波段。

在某些无线电系统中,要求发射机在规定波段内的若干个指定频率下工作,或按时分方式发射不同频率的信号。

2. 输出功率

发射机馈送到发射天线输入端的功率称为发射机的输出功率。在某一波段工作的发射机,还应规定在整个波段内输出功率的最低值以及功率波动的分贝值等。

采用连续波方式工作的发射机,其输出功率一般指平均功率 P_{av},即调制信号的平均功率或载波功率 P_c。由于调制方式不同,也可以用峰值包络功率或发射机的额定功率来表示。

采用脉冲方式工作的发射机,其输出功率可用峰值功率 P_t 和平均功率 P_{av} 来描述。P_t 是指脉冲持续期间射频振荡信号的平均功率,P_{av} 是指脉冲重复周期内输出功率的平均值。如果脉冲包络为矩形,宽度为 τ,重复周期为 T_τ,则有

$$P_{av} = P_t \cdot \frac{\tau}{T_\tau} = P_t \tau f_\tau$$

式中:$f_\tau = 1/T_\tau$ 是脉冲重复频率。

一般情况下,发射机的峰值功率通常受到功率器件耐压和高频击穿等因素的限制,平均功率则受限于功率发射管的环境温度、散热条件等。由于发射管的功率容量所限,有时采用一只发射管已不能满足系统的功率要求,所以采用功率合成技术可使输出功率成倍增加。

3. 信号格式

各种无线电系统根据传输信息的不同,以及在同一波段内区分不同通信信号和抗干扰能力的要求,发射的无线电信号可以采用各种简单或复杂的调制方式,如调幅、调频、调相、副载波调制、时间编码调制、调幅-调频等。具体的信号格式与工作原理、用途和技术指标等密切相关。

4. 信号稳定度

发射机主控振荡器的频率稳定度决定了发射机频率的准确度和工作稳定性以及系统的抗干扰能力。但由于各类系统的工作原理不同,信号调制形式各异,并且有的信号本身并不含有载波的中心频率分量,所以仅用频率稳定度无法完整地概括发射机的稳定性能参数。因此,一般采用信号稳定度来综合概括发射机信号各项参数的稳定程度,如振幅、频率、相位、脉冲宽度、脉冲重复频率、最大频率偏移等参数随时间变化的程度,对不应有的变化要求越小越好。

信号参数的不稳定分为周期性与随机性两类,前者主要由电源交流现象、机械振动以及规律性的寄生调制现象造成,后者是指由发射管噪声和调制信号的振幅方差 σ_A^2、相位方差 σ_φ^2、定时方差 σ_t^2、脉冲宽度方差 σ_τ^2 等决定的随机干扰。

信号稳定度在频谱中的表示称为信号的频谱纯度,一般采用实际信号频谱与理想信号频谱间的差异——寄生频谱的大小来描述。对应于信号参数的周期性和随机性不稳定,寄生频谱分别表现为离散的线状谱和分布谱两种类型。

对于具有离散分量的寄生频谱,信号频谱纯度定义为该离散分量的单边功率与

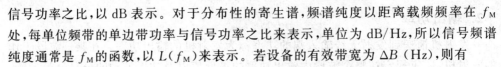

信号功率之比,以 dB 表示。对于分布性的寄生谱,频谱纯度以距离载频频率在 f_M 处,每单位频带的单边带功率与信号功率之比来表示,单位为 dB/Hz,所以信号频谱纯度通常是 f_M 的函数,以 $L(f_M)$ 来表示。若设备的有效带宽为 ΔB(Hz),则有

$$L(f_M) = 10 \times \lg \frac{\Delta B \text{ 带宽内的单边带功率}}{\text{信号功率}} - 10 \times \lg \Delta B$$

5. 邻道干扰

一般在某一工作波段内,会有若干个无线电发射机在同时工作。为了进行区分,常把这一波段划分为若干个频道,要求每一发射机发射信号的频谱都集中在自己的频道内。但实际上这是不可能的,信号的频谱常常会超出规定的频道间隔而分布在其他频道上,这些频道外的频率分量对其他无线电台的工作就是一种干扰。

邻道干扰定义为发射信号的频谱落入相邻频道内的总功率与落入应占频道内的总功率之比,以 dB 表示,即

$$\text{邻道干扰} = 10 \times \lg \frac{\text{落入邻道内的信号总功率}}{\text{落入应占频道内的信号总功率}}$$

造成邻道干扰的原因可能是信号频谱不纯形成的寄生谱的影响(如工作频率或载波振荡的高次谐波),也可能是由信号调制后造成的频谱扩展引起的干扰。因此,即使信号参数都绝对稳定,也不等于不存在邻道干扰。一般来说,邻道干扰是不可避免的,但应给出一定的限制,使每一频道内的信号传输都能正常进行。

6. 总效率

发射机的总效率是指由它输送到天线的信号发射功率与它本身所消耗的全部电源功率之比。发射机通常是无线电系统中耗电最多的分机,因此提高发射机的效率对节省能源、减轻质量有重大意义。造成发射机效率下降的主要原因包括器件的热能消耗,电源中的功率损失等多种因素。

1.4.2 无线电接收机

一般来说,到达接收机的无线电信号都非常微弱,往往需要低噪声、高增益的高频放大后才能推动解调器的正常工作。但由于器件、工艺结构等方面的因素,直接实现高增益的高频放大有一定的技术难度,并且频率越高,困难越大。故接收机一般不采用直接放大方式,而是采用超外差接收方式。

超外差式接收机主要由 3 部分组成,如图 1.24 所示:①高频部分,包括低噪高频放大器、混频器和本机振荡器;②中频放大器;③解调器和译码音频/视频放大器。

低噪高频放大器放大来自接收天线的信号,滤除高频放大器通带以外的干扰和天线噪声。在混频器中,低噪高频放大器输出的射频调制信号与来自本地振荡器的高频信号进行混频,其输出信号的中心频率等于本地振荡频率与射频信号的载频之差并且其调制形式不变,仍含有载波的信息特征。这样即得到了频率降低后的中频

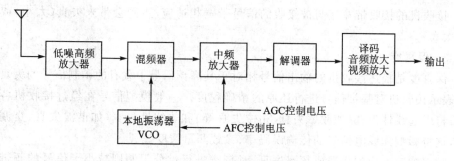

图 1.24　超外差接收机的组成

调制信号。中频调制信号在多级中频放大器中进行放大,提供大部分的增益和选择性以获得最大的输出信噪比,再送到解调器中,解调后得到所需的信息内容。

1. 接收机的主要性能指标

超外差接收机容易实现稳定的高增益信号放大,方便对带外噪声或干扰的抑制,可灵活地适应不同的载波频率,易于实现自动增益控制,故获得了广泛应用。接收机的主要性能指标介绍如下。

1) 灵敏度

灵敏度是以一定的信噪比来衡量信号强度的标准,表示接收机接收微弱信号的能力。能接收越微弱的信号,接收机的灵敏度越高。

在超短波及以上波段,接收机的灵敏度一般用最小可检测信号的功率 P_{imin} 来表示;而在短波及以下波段,则常用最小可检测信号的电压 V_{imin} 来表示接收机的灵敏度。当接收机的输入信号功率(或电压)达到或超过 P_{imin}(或 V_{imin})时,接收机就能正常接收并向终端设备提供幅度和信噪比达到规定值的电信号。额定的无线电接收机灵敏度大小,不仅取决于接收机增益的高低,还取决于其内部噪声电平的大小。实际中,有些无线电设备的灵敏度可以手工调节,如 HF 通信,若需要在接收信号变小(传输距离变远)后仍保持通话,则可人为调高灵敏度(减小 P_{imin}),此时尽管通信质量会降低,但可以保持在通话状态。

2) 选择性

选择性表示接收机选择有用信号、滤除噪声、抑制干扰的能力,主要取决于接收机高频部分和中频部分的选频特性。选择性有不同的表示方法,一般采用设置不同的衰减电平所对应的频带宽度来表示。如衰减电平为 3 dB(或 6 dB)的带宽,或者是衰减 60 dB 对应的带宽,前者是针对有效信号的选择性,而后者用于衡量接收机抑制干扰的能力。选择性通常通过滤波电路(低通、高通、带通等)或利用电路本身的频率特性来实现。选择性的另一种表示方法为对邻近频道信号的抑制,定义为对同一接收机在相同输出功率下,邻近频道信号功率必须高于有效信号功率的分贝值。一般情况下,对接收机带宽进行限制可以在一定程度上减小噪声和干扰,提高选择性。

接收机的接收带宽应与被接收的信号带宽相适应,否则会带来失真(太小)或噪声(太大)。

3) 保真度

保真度是描述接收机的输出信号相对于其高频信号中载有的调制信号的失真程度,表示接收机对基带信号进行还原的精确程度。一般模拟信号在经过接收机各部分后将引起线性失真(如频率失真、相位失真等)和非线性失真(如谐波失真、交调失真),这将影响无线电信号的传输误码率、参数测量精度等。

频率响应不均匀将造成频率失真,对带宽进行过分限制则减小了信号的频带宽度,使信号的高频响应受到影响。相位失真是指不规则的相位移动,当信号通过滤波器时就有可能发生。当信号频率中包含有基带信号的倍频信号时,就会产生谐波失真。当基带信号中的频率分量在非线性设备中混频产生和值和差值频率时,就会产生交调失真。

4) 抗干扰能力

接收天线接收空中的电磁波并变换输送到接收机的有用信号通常含有来自各个方面的各种干扰和噪声,其中主要包括:

① 天线热噪声、宇宙噪声等;

② 电波传播路径中大气参数、地形和地面电参数变化造成的信号起伏;

③ 天波和地波的相互干涉,多径反射造成的相互干涉;

④ 天电干扰,周围环境的电磁干扰;

⑤ 其他无线电设备工作时发射的信号干扰,敌人故意施放的各种干扰等。

这些干扰会影响接收机对所需信号的正常接收,严重时会使接收机不能正常工作。为了消除这些干扰和噪声的影响,需要整个无线电系统采取统一的抗干扰措施,如发射信号采用各种编码和调制方式,各种滤波电路、自动增益控制、自动频率控制等专门的抗干扰电路、抗干扰天线,以及软件滤波和抗干扰算法等。

5) 动态范围和恢复时间

动态范围是指在保证接收机正常工作的条件下,所允许的输入信号强度变化的范围。当输入信号太强时,接收机的一个或多个工作单元将发生饱和或失去放大作用,信号失真产生过载现象;而当输入信号太弱时,接收机本身的噪声会限制对微弱信号的响应,使设备无法从噪声中提取出有用信号。接收机开始出现过载时的输入信号功率(或电压)与最小可检测信号功率(或电压)之比称为动态范围。一般在接收机内部需要采取各种增益控制措施来得到大的动态范围。

接收机发生过载后,即使输入电平恢复到动态范围以内的正常数值,接收机也要经过一段时间才能恢复正常工作,这段时间称为接收机的恢复时间。各类无线电系统对恢复时间的要求差异很大,如在时分多址的电子综合系统中,要求恢复时间小于几毫秒甚至更短。若要得到比较短的恢复时间,则需要采用高速、低饱和度的器件和电路。

6）噪声系数与噪声温度

接收机内部产生的噪声对于信号的检测质量影响明显，为了度量接收机内部噪声对接收机输出信噪比的影响程度，提出了噪声系数和噪声温度的概念。

定义接收机输入端的信噪比与输出端的信噪比之比为接收机的噪声系数，以 N_F 表示，即

$$N_F = \frac{\text{输入端信噪比}}{\text{输出端信噪比}} = \frac{S_i/N_i}{S_o/N_o} \tag{1.1}$$

式中：S_i、N_i 分别为接收机输入的信号功率和噪声功率；S_o、N_o 分别为输出的信号功率和噪声功率。噪声系数表征了输出端信噪比较之输入端信噪比变坏的程度。对式（1.1）做适当变换，可得

$$N_F = \frac{\frac{S_i}{N_i}}{\frac{S_o}{N_o}} = \frac{N_o}{\frac{S_o}{S_i}N_i} = \frac{N_o}{K_p N_i} = \frac{\text{输出的总噪声功率}}{\text{信号源在输出端产生的噪声功率}} \tag{1.2}$$

式中：K_p 表示接收机的放大参量。式（1.2）从噪声功率的角度说明了 N_F 的物理意义。

由于接收机在输出端的总噪声功率 N_o 等于信号源在输出端产生的噪声功率 $K_p N_i$ 与接收机内部噪声在输出端呈现的噪声功率 N_R 之和，即 $N_o = K_p N_i + N_R$，由此可得出 N_F 的第三种表达式，即

$$N_F = 1 + \frac{N_R}{K_p N_i} \tag{1.3}$$

由式（1.3）可以看出，噪声系数是没有量纲且大于 1 的数值。以上三种表达式同出一源，但表现形式不同，式（1.1）涉及信号与噪声，式（1.2）和式（1.3）仅涉及接收机的功率增益与噪声参量。通常情况下，噪声系数以 dB 为单位，即

$$N_f(\text{dB}) = 10\lg N_F \tag{1.4}$$

噪声温度是对接收机内部噪声大小的另一种度量方法。将接收机的内部噪声输出功率 N_R 等效为由信号源的内阻 R_s 在温度 T_e 时所产生的噪声，T_e 被定义为噪声温度。这时，$N_R = K_p K T_e B_n$，其中 K 是玻耳兹曼常数。根据噪声系数的第三个表达式，可知

$$N_F = 1 + \frac{N_R}{K_p N_i} = 1 + \frac{K_p K T_e B_n}{K_p K T_0 B_n} = 1 + \frac{T_e}{T_0} \tag{1.5}$$

式中：T_0 为室温。由式（1.5）可得噪声温度的表达式，即 $T_e = (N_F - 1)T_0$。

噪声温度和噪声系数可相互替代，但当接收机的噪声系数很低（小于 1 dB）时，采用 T_e 比采用 N_F 更能反映接收机内部噪声的差异程度。近年来随着低噪声技术的发展，低噪放大器的性能不断得到改善，因而噪声温度也越来越多地被用来衡量放大器（或接收机）的噪声性能。

7）工作稳定性

无线电系统对接收机工作稳定性的基本要求是：当环境条件和电源电压在给定

范围内变化时,接收机性能指标的变化应在允许范围内;当接收信号的载频产生一定漂移或接收机本振频率漂移时,应由自动频率控制电路(AFC)来保证接收机的正常工作;另外,接收机在任何情况下都不应产生自激振荡。

2. 接收机附属控制电路

无线电接收机在接收含有通信、导航等信息的射频信号时,在信号的调制、传输、放大、解调等过程中,其幅度、频率、相位等都将产生一些附加变化,如信号幅值的衰减变化、中心频率以及相位的漂移等,这些变化轻则将影响到对信号的接收精度和系统性能,重则会使接收机不能正常工作,所以应该采取措施加以解决。

考虑到这些参量附加变化的变化速度比含有通信、导航信息的调制信号慢得多,因此可以把它们的变化量分离出来,作为控制信号去反馈控制接收机中相应的参量,以削弱这些因素变化对接收机的影响,其相应的电路称为接收机附属控制电路。

1) 自动增益控制(AGC)

当距离变化时,接收机实际收到的信号动态范围很宽,而解调器要求的输入动态范围较窄,否则达不到较好的解调性能。因此需要在接收机内加入自动增益控制电路(AGC),以保证输入到解调器的信号电平变化不大。

AGC可以采用误差反馈原理进行闭环控制,或者利用开环式增益控制。在实际系统中,自动增益控制方式有多种形式,包括普通增益控制、瞬时增益控制、延时增益控制、灵敏度增益控制、对数放大器等。

2) 自动频率控制(AFC)

载波频率及接收机本机振荡的频率发生变化或漂移都会使信号中频产生变化;当接收机与发射机之间有相对运动时,收到的信号频率还会产生多普勒频移。通常,载频越高,其频率的绝对漂移越严重。

采用自动频率控制电路(AFC)可保证接收机混频器输出信号的中心频率等于正确的中心频率,避免频率漂移或时钟漂移造成的传输信号失真,或频率超出中频放大器带宽,使有用信号丢失或者失锁。AFC是把中频输出信号送入鉴频器,当输入信号偏离鉴频器的中心频率时,鉴频器就给出误差信号,经放大后去控制本振频率,以保持输入信号频率与本振频率的差值为预定的中频频率,因此控制精度较高,应用较为广泛。

3) 自动相位控制(APC)——锁相环路

锁相环路是一种实现频率跟踪的自动控制电路,采用自动相位控制方法,利用输入信号与本振信号之间的相位误差来保持输入信号频率与本振信号频率的差值为预定的中频频率,因此控制精度较高,应用非常广泛。

第**2**章
无线电通信原理

无线电通信是实现飞机与飞机之间、飞机与地面站(包括舰艇)之间信息传输的唯一方式。本章简要介绍无线电通信的基础概念和原理,包括通信方式、模拟调制通信、数字调制通信的基本组成、性能和特点。

2.1 通信概述

人类社会离不开消息的传递。一般而言,通信即指由某地向另一地传递消息的过程。从古烽火台到鸿雁传书,再到近代的电报、电话、广播、电视、传真等,都属于通信的范畴。由一地(发信端)向另一地(接收端)传递消息的过程可用图 2.1 所示的点与点通信系统来描述。发信源的作用是产生消息。消息有多种方式,如语音、图像、文字、符号以及数据等,可归纳为两大类:一类称为连续消息,另一类称为离散消息。若消息在其空间(消息空间)是连续存在的,则称为连续消息,如语音、图像等;若消息在其空间是以离散的序列而存在的,则称为离散消息,如数据、符号等。再进一步来说,若离散消息的取值是可数的,则又称数字消息。

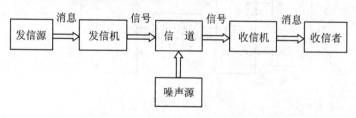

图 2.1 通信系统简化框图

发信机的作用是把发信源提供的消息转换为适合在信道中传输的信号。信号是消息的载体,在电信系统中可由电压、电流或无线电波来体现。信号被送入信道并传输到收信机。信道即指传输信号的媒质。

根据传输媒质的不同,电通信分为两类:一类称为有线通信;另一类称为无线电通信。前者泛指通过有形导体作为传输媒质的通信方式,有形导体包括电缆、波导、光缆等;后者泛指以无形空间作为传输媒质的通信方式,例如通过无线电波的空间传播来传输信号即无线电通信。此外,红外通信、激光通信亦属无线电通信的范畴。

由于传输媒质的属性不同,故在很大程度上影响通信质量。例如,无线电波在大气中传播时会出现衰减、绕射、折射、反射等现象,从而影响收信机接收信号的质量。此外,在无线电通信中,因其传输媒质是一个开放性的空间,可能存在多种无线电辐射源(如广播电台或自然界的雷电等),它们辐射的无线电波若被收信机接收,则信号将伴有噪声或干扰(在图 2.1 中以噪声源表示)。如何减少噪声或干扰对通信系统的影响是系统设计中最重要的问题。

一旦收信机收到了信号,它将完成与发信机相反的转换,即把信号转换成消息,收信者亦由此获得由发信源发送的消息。

2.1.1 通信方式

可按不同方法对通信方式进行分类。若按消息传送的方向来划分,则通信方式有单工通信、双工通信和半双工通信三种,如图 2.2 所示。

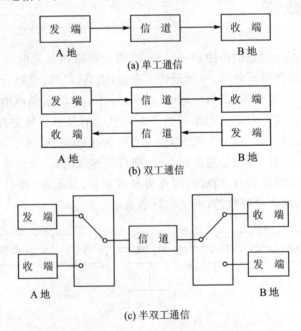

图 2.2 通信方式示意图

单工通信——指消息只能单方向由 A 地传输到 B 地,如无线电广播、电视等属于单工通信方式。

双工通信——指 A 与 B 两个通信点之间能同时传输消息的通信方式,如电话即属于双工通信方式。

半双工通信——指 A 与 B 两地之间虽然可实现双向传输消息,但不论 A 地或 B 地都不能同时进行收、发传输。如使用同一载频的无线电对讲机即属于半双工通信方式,发话者必须按下发话键切换到发送状态时方能发送消息,而接收端必须在松开发话键即处于接收状态时才能收到对方发来的消息。

按通信系统所传输信号的形式来划分,通信方式又可分为模拟通信和数字通信。

当通信系统中传输模拟信号时,称为模拟通信。在模拟通信系统中,发信机完成消息到信号的转换通常包含两个步骤,即变换与调制,如图 2.3 所示。它们可分别进行,亦可混合进行。

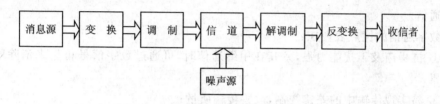

图 2.3　模拟通信框图

变换是指把非电量的消息变成相应的电量变化,例如话筒就是把声压变化转换成电压或电流的变化。通常称变换后的信号为基带信号。基带信号已是消息的体现,如果基带信号同时适宜于进入传输媒质,这样的通信系统称为基带传输系统,如有线电话中话筒传输的电信号可通过电缆直接传送到受话端。

对大多数通信系统而言,往往需要经过调制,把基带信号变为更适合信道传输的信号形式。例如无线电通信系统中,需把基带信号经过调制变为频率较高的无线电信号,才能有效地在空间传播。即使在有线信道(如光纤)中,往往也需要经过调制,使信号频带与信道的传输频率相适应。接收端的解调制与反变换分别是调制与变换的相反过程,最后使收信者获取发送的消息。

当通信系统中传输数字信号时,称为数字通信。图 2.4 所示为数字通信系统的一般组成。与模拟通信相比,数字通信增加了编码和解码处理。

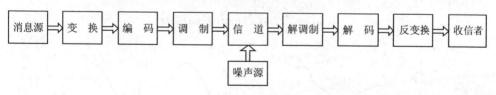

图 2.4　数字通信框图

编码分为信源编码和信道编码,它们分别是为提高数字通信系统的有效性和可靠性所采取的处理过程。消息源经变换所产生的数字消息本身应是一种消息的集合,它包含了收信方已知的和未知的消息。显然前者是无用消息,后者才是有用信息。为提高通信系统的有效性,仅需把有用消息传送给收信方即已达到通信的目的。

信源编码就是提取有用消息、删除无用消息的一种处理过程。从信息论的观点来看，信源编码就是减小信息的冗余度，即压缩消息传送的平均比特量，使它更接近信源的熵，从而提高通信系统的效率。信道编码与信源编码正相反，通过信道编码增加消息的信息冗余度，但增加冗余度的方法是发、收双方共知的，目的是提高通信系统的可靠性。数字信号在信道传输过程中，若受到噪声或干扰的影响，则可能出现差错。由于有规律地增加了信息冗余度，收信方就有可能通过解码处理，检出差错位置或自动予以纠错，以此提高通信系统的可靠性。

比较模拟通信和数字通信可知，后者更能适应通信技术的高要求，而数字技术和计算机技术的进步又为其发展提供了条件，故其发展迅速，在很多应用场合已取代了模拟通信。

数字通信的优点表现在：

① 抗噪声及干扰能力强，尤其在中继通信时，可通过数字信号再生来消除噪声的积累；

② 易实现传输中的差错控制，改善传输质量；

③ 易采取加密措施，提高系统的保密性；

④ 其数字信号的界面易与计算机接口，完成各种数字信息处理。

模拟通信亦有其优点：

① 传输同样的信号，模拟传输可占用较小的信号频带，故信道的频带利用率高；

② 对要求不高的场合，模拟通信往往更容易物理实现。

因此，模拟通信仍在一些应用领域应用和发展着。

2.1.2 信号频谱与信道

一个随时间变化的电信号可用图 2.5(a) 所示的曲线或函数 $U=s(t)$ 来表示，称为信号的时域表示，例如一个正弦电压可表示为图 2.5(b) 或式(2.1)。

$$U = A\sin(\Omega t) \tag{2.1}$$

对时域函数进行傅里叶变换(简称傅氏变换)，得

$$S(\omega) = \int_{-\infty}^{+\infty} s(x)\exp(-j\omega x)\mathrm{d}x \tag{2.2}$$

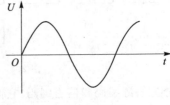

(a) 一般信号   (b) 正弦信号

图 2.5 信号的时域表示

简记为

$$S(\omega) = F\{s(t)\}$$

这时 $S(\omega)$ 同样描述了随时间变化的电信号,但已变换为角频率 ω 的函数(对常用的以 Hz 为单位的频率 f,角频率 $\omega = 2\pi f$),称为信号的频域表示。$S(\omega)$ 一般是一个复变函数,可写成如下复数形式或指数形式:

$$S(\omega) = R(\omega) + jI(\omega) = |S(\omega)| e^{j\varphi(\omega)} \tag{2.3}$$

式中: $|S(\omega)| = [R^2(\omega) + I^2(\omega)]^{1/2}$ 称为幅频特性; $\varphi(\omega) = \mathrm{arctg}[I(\omega)/R(\omega)]$ 称为相频特性。函数 $S(\omega)$ 称为信号的频谱,幅频特性和相频特性又分别称为信号的幅度谱 $|S(\omega)|$ 和相位谱 $\varphi(\omega)$。知道了信号的频谱,可经过傅氏反变换来复原信号的时域表示,即

$$s(t) = \frac{1}{2\pi} \int_{-\infty}^{+\infty} S(\omega) \exp(j\omega t) d\omega \tag{2.4}$$

式(2.2)和式(2.4)构成傅氏变换时,可用下面的形式表示:

$$s(t) \Leftrightarrow S(\omega) \tag{2.5}$$

以图 2.5(b)所示的正弦电压为例,其频谱为

$$S(\omega) = F\{U(t)\} = \int_{-\infty}^{+\infty} A\sin(\Omega t) \exp(-j\omega t) dt = j\pi[\delta(\omega - \Omega) + \delta(\omega + \Omega)]$$

$$\tag{2.6}$$

式中: $\delta(\omega - M)$ 表示在频率 M 处有一个单位面积的冲击幅度,其他地方为 0,称为单位脉冲函数。

图 2.5 中的时域函数所对应的频域表示(幅度谱)如图 2.6 所示。

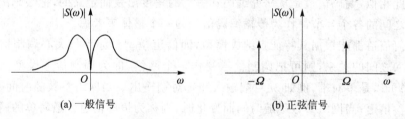

(a) 一般信号　　　　　　　　　　(b) 正弦信号

图 2.6　信号的频域表示

简而言之,一个随时间变化的时域信号可以用不同频率和相位的正(余)弦信号按不同的幅度加权叠加来表示,这些不同频率的分量在频率轴上的分布称为这个信号的频谱。

通常频谱集中在某段频率范围内,该频率范围用信号的频带宽度来表征,简称信号带宽。若信号频谱分布在无限宽的频带范围内,则称它为无限带宽信号。若信号频率分布在有限宽的频率范围内,则称它为有限带宽信号。

信道指通信系统中信号传输的媒质,无线电通信系统中的信道则是指无线电波的传播空间。不同传播媒质对不同频率的无线电波表现出的传输性质各异,据此划分不同的无线电信道,例如:① 中长波地表波传播;② 超短波及微波视距传播;③ 短

波电离层反射传播;④ 超短波流星余迹散射传播;⑤ 超短波及微波对流层散射传播;⑥ 超短波电离层散射传播;⑦ 超短波超视距绕射传播;等等。

研究通信系统时,为简化系统模型和突出研究重点,往往将信道范围予以放大,除包括传输媒质外,还把有关部件如天线、馈线、放大器、滤波器、混频器、调制器和解调器等也包括在信道之内。这种扩大的信道称为广义信道,而把仅指传输媒质的信道称为狭义信道。

调制信道和编码信道都是一种广义信道,如图 2.7 所示。

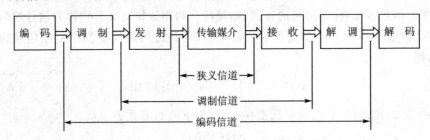

图 2.7　广义信道

调制信道是从研究调制与解调出发而定义的,它包括调制器输出至解调器输入之间的全过程。对研究调制与解调而言,调制器用以产生调制信号,解调器用以复原已调信号。对于由调制出端至解调入端之间的环节,只要知道其完成变换的最终结果即可,无须了解各环节的详细物理过程,因此可把它作为传输已调信号的一个整体来看待,即所谓的调制信道。

与此相似,编码信道是从研究编码和解码的角度出发而定义的,把编码出端至解码入端之间的各个环节都作为传输编码信号的一个整体来考虑。

任何信道都能根据其特征归纳成模型,即信道模型。如果仅关心调制信道的输出与输入之间的关系,则可把调制信道视作一个网络,即为调制信道模型。一般而言,网络可以是多对端,例如 m 对端输入和 n 对端输出。当网络参数随时间变化时,称为随参信道;当网络参数不随时间而变化时,则称为恒参信道。最简单的网络结构是具有一对输入和一对输出的二对端网络。

通过对调制信道的大量观察,发现它们有下述共同特点:① 绝大多数信道是线性的,即满足叠加原理;② 信号通过信道都产生衰减和延时;③ 信道的衰减和延时作用,往往是一个叠加有噪声的时变线性网络。

应当指出,虽然无线电波在其传输媒质中,通常可以认为是线性传输的,但作为调制信道而言,它还包含放大、变频等诸多变换环节。它们的非线性特性不仅会使传输信号产生非线性畸变,同时还会对通信系统产生乘性干扰。

2.1.3　通信系统的主要问题及性能指标

通信系统最根本的问题在于如何有效而可靠地传递消息。信道作为信息传输的媒质,在通信系统中起着重要作用。无论对模拟通信还是数字通信,深入研究信道的传输特性以及各种噪声和干扰对传输特性的影响,都是通信系统必须研究的重要问题。

调制方式是通信系统需要研究的另一问题。调制的目的不只是简单地把基带信号变换到射频频段,使它易于产生电磁波辐射,同时还应考虑信道的传输特性和噪声、干扰等的影响,合理选择相应的调制方式。例如:用一个信道传输多路信号,以提高信道的利用率,即实现信道复用。又如:不同的调制方式,它们对不同干扰表现出不同的抗干扰特性,从而影响通信质量。因此,深入研究各种调制方式及其特点是十分必要的。

通信系统的主要性能指标是一个比较复杂的问题,它不仅涉及系统的根本问题,即有效性和可靠性,同时也涉及系统的适应性、标准性、经济性和可维护性等诸多方面的问题。即使仅就有效性和可靠性而言,往往亦是相互矛盾、互相制约的,通常只能依据系统的实际要求取得相对的统一。

模拟系统中,有效性通常用单位时间内传送的信息量作为衡量指标,而可靠性则常用均方误差作为衡量发送的模拟信号与接收端复现的模拟信号之间误差程度的质量指标。在实际模拟系统中,上述误差往往是由两方面的原因造成的。第一,信号传输中叠加了噪声,即加性干扰产生的误差,它通常用输出信噪比来衡量,表示接收端输出的信号平均功率与噪声平均功率之比。信噪比越高,系统通信质量越好,表明系统抗信道的加性噪声(或干扰)能力越强。第二,信道传输特性不理想产生的误差。它与信号共存,信号消失干扰亦不复存在,称乘性干扰。乘性干扰往往采用更具体的性能指标来描述,如语音通信系统中引入了保真度、可懂度、清晰度等不同的质量指标。

在数字系统中,有效性和可靠性分别用传输速率和差错率这两个性能指标来衡量。传输速率又有码元传输速率、比特传输速率和信息传输速率之分,分别简称码(元)率、比特率和信息率。

码率定义为每秒传送的码元数目,单位是"波特"(常用符号 B 表示)。例如,每秒传送 2 400 个码元,则称码率为 2 400 波特或 2 400 B。应当指出,码率仅表示每秒传送的码元数,但未说明码元是何种进制的码元,因此通常用下角标注明,如 N 进制(用 K 比特表示,则 $N = 2^K$)码率可用 R_{BN} 表示。

比特率定义为每秒传送的比特数,单位是 bit/s。例如当数字通信系统采用八进制码元,且码率为 2 400 波特时,由于每个码元含有 3 bit,故系统比特率为 2 400 × 3 bit/s。一般比特率与码率满足以下关系:

$$R_b = R_{BN} \log_2 N = R_{BN} \, \mathrm{lb} \, N \text{(单位为 bit/s)}$$

通信也是信息传输的过程。信息率即定义为每秒传送的信息量,又称为传信率。由于信息量的单位是 bit,故信息率的单位亦是 bit/s。

应注意,码率、比特率、信息率都能表征数字通信系统的传输速率,但各有不同的物理含义,使用中不能混淆。

差错率有两种表达方式,即误码率和误信率。误码率指在传送的总码元数中被错误接收的码元数所占的比例,即通信系统中码元被传错的概率。与此类似,误信率指错误接收的信息量占传送信息总量的比例,即通信系统中信息量丢失的概率。

2.2 模拟调制通信系统

若基带信号是模拟信号,则其对载波的调制称为模拟调制,该通信系统称为模拟调制通信系统,简称模拟通信系统。模拟调制是使载波的某些参数随模拟基带信号变化的过程,目的是将无法直接传输的模拟基带信号承载到载波信号中进行传输。通常随基带信号变化的载波参数有载波的幅度、频率和相位参数,前者称为幅度调制,后两者都可视为角度的变化,因此称为角度调制。

2.2.1 幅度调制

1. 调 幅

普通调幅简称调幅(AM)。调制信号包含了许多频率成分,其波形比较复杂,为便于分析,将它看作正弦波形或余弦波形,如图 2.8 中"低频信号"所示。在未调制之前,图 2.8 中所示载波的振幅是保持不变的。从图 2.8 中所示的"已调波"可以看出,调幅波(已调波)是载波振幅随调制信号的大小呈线性变化的高频振荡,它的频率并没有改变,仍然等于载波的频率。下面通过调幅波的数学表达式来对调幅过程进行分析。

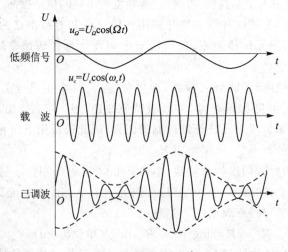

图 2.8 调幅波的波形

1) 调幅波的数学表达式

为简单起见,假定调制信号是一个低频的正弦波,其表达式为

$$u_\Omega = U_\Omega\cos(\Omega t) \tag{2.7}$$

载波为一高频振荡信号，其表达式为

$$u_c = U_c\cos(\omega_c t) \tag{2.8}$$

如果用调制信号对载波进行调幅，那么在理想情况下，调幅波的振幅为

$$U(t) = U_c + k_a U_\Omega\cos(\Omega t) \tag{2.9}$$

式中：k_a 为比例常数。

因此，调幅波可以用下面的数学表达式表示：

$$u(t) = U(t)\cos(\omega_c t) = [U_c + k_a U_\Omega\cos(\Omega t)]\cos(\omega_c t) = U_c[1 + m_a\cos(\Omega t)]\cos(\omega_c t) \tag{2.10}$$

式中：$m_a = k_a U_\Omega/U_c$，称为调幅度或调幅指数，它是指调幅波幅度受调制信号控制的变化程度。

m_a 的数值可以自 0（未调幅）至 1 变化，它的绝对值不允许超过 1。如果 $m_a>1$，则得到的已调波形中，有一段时间振幅等于 0，使已调波的包络产生严重失真，这种情形称为过调幅。过调幅必须避免。如果 m_a 的值很小，则在调幅波的包络上不能充分反映调制信号的变化规律，而且容易被寄生调幅所掩盖，这种情形称为浅调幅。浅调幅将直接影响通信距离，也不是我们所希望的。例如，机载甚高频通信系统就要求其调幅系数至少应达到 0.85，同时希望在保证调幅系数最大的情况下不产生过调幅现象。$m_a<1$ 的情况称为欠调制，$m_a=1$ 的情况称为满调制。

2）调幅波的频谱

前面的分析是采用时域的分析方法，时域分析的明显标志就是横轴以时间 t 为基准。为了说明调制的特征，还常采用频谱分析法。

所谓频谱，就是把信号分解出的所有正弦分量按照频率由低到高的顺序依次排列在频率轴上。这样一来，对一些不规则的信号进行分析就容易了。

将调幅波采用三角公式进行如下分解：

$$u(t) = U_c\cos(\omega_c t) + m_a U_c\cos(\Omega t)\cos(\omega_c t) = U_c\cos(\omega_c t) + 0.5m_a U_c\cos(\omega_c+\Omega)t + 0.5m_a U_c\cos(\omega_c-\Omega)t \tag{2.11}$$

由式（2.11）可知，正弦波调制的已调波由 3 个不同的频率分量组成：第一项为载波；第二项的频率等于载波频率与调制频率之和，称为上边频；第三项的频率等于载波频率与调制频率之差，称为下边频。后两个频率显然是由于调制而产生的新频率。

图 2.9 所示为正弦波调制的调幅波的频谱图，由图中可以看出上边频和下边频对称地位于载波两侧，幅度完全相等。实际上，调幅的过程也就是频谱搬移的过程，经过调幅，调制信号的频谱被搬到载波的两侧，成为上、下两个边频。

以上讨论的是单音频信号对载波进行调幅的简单情形，这时只产生两个边频。实际上，调制信号本身就会有许多频率成分，因此产生的调幅波中并不只有一个上、下边频，而是有许多个，组成了上边带（USB）和下边带（LSB）。非正弦调幅波的上、

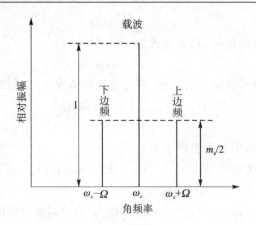

图 2.9　调幅波频谱图

下边带由许多上、下边频组成,两个边带的频谱是对称载波分布的,上、下两个边带所包含的信息完全一样,也就是说要传递信息,只要有一个包含信号的边带就够了。

3) 调幅波的功率

如果将单音正弦调制的调幅波信号输送至电阻 R,则负载消耗的功率如下:

① 载波功率:$P_{0T} = V_0^2/2R$;

② 下边频功率:$P_{(\omega_c - \Omega)} = (m_a V_0/2)^2/2R = m_a^2 P_{0T}/4$;

③ 上边频功率:$P_{(\omega_c + \Omega)} = (m_a V_0/2)^2/2R = m_a^2 P_{0T}/4$;

④ 调幅波的总功率:$P_0 = P_{0T} + P_{(\omega_c - \Omega)} + P_{(\omega_c + \Omega)} = P_{0T}(1 + m_a^2/2)$。

讨论:当 $m_a = 0$ 时,$P_0 = P_{0T}$,这种情况表明没有进行调幅。当 $m_a = 1$ 时,也即满调制时,$P_0 = 1.5 P_{0T}$。

由此可知,调幅波的输出功率随 m_a 的增大而增加。它所增加的部分功率就是两个边频所产生的功率:$P_{0T} m_a^2/2$。由于信号包含在边频内,而载波并不包含传送的信息,因此在调幅过程中应尽可能提高 m_a 的值,从而提高有用信号(边带)功率在总输出功率中所占的比例。但即使是 $m_a = 1$ 时,两个边带的功率也仅占总功率的 1/3。

从调幅波的功率关系中不难看出,有用信号功率在总输出功率中所占的比例非常小,大部分输出功率浪费在载波和无用边带上。

2. 单边带调制

调幅实质上是将调制信号的频谱搬移至载波的两侧。调幅波所传送的信息包含在两个边带内,且两个边带所包含的信息内容完全一样,而载波分量本身并不包含任何信息。但从调幅波的功率分配上看,载波分量的功率却在已调波的总功率中占有很大的比例,这样就降低了调幅波的功率有效率。从理论上讲,只要发送一个边带就可以不失真地传送信息,而另一个边带和载波分量都可以加以抑制,这就是单边带调制,简称 SSB。由于单边带通信系统是建立在调幅调制理论基础上的,所以也称其为调幅单边带调制系统,如图 2.10 所示。

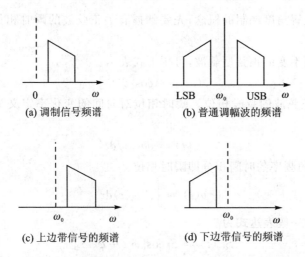

　　(a) 调制信号频谱　　　　　　　　　(b) 普通调幅波的频谱

　　(c) 上边带信号的频谱　　　　　　　(d) 下边带信号的频谱

图 2.10　单边带调制信号频谱

　　目前,机载 VHF 通信系统采用的调制方式为调幅,HF 通信系统采用调幅与单边带兼容的调制方式。单边带制与普通调幅相比具有以下特点:

　　① 节约频谱。调幅波所占频谱宽度等于调制信号最高频率的两倍,而采用单边带制以后,频带可节约一半。这对于日益拥挤的短波波段来说,具有十分重要的意义,因为这样就能在相同带宽内,使所容纳的频道数量增加一倍,大大提高短波波段的利用率。

　　② 降低功率。在调幅波中,载波功率占整个调幅波功率的绝大部分,但它并不包含所要传送的信息;单边带制则只传送携带信息的一个边带,因而在接收端的信噪比相同时,单边带制能大大降低发送功率,换句话说,在同样的发射功率或同样的信噪比条件下,单边带通信的距离比调幅通信的距离更远。

　　③ 抗干扰能力强。短波的传播主要以天波为主。对于调幅波来说,载波分量很大,因而接收端的合成波形由于选择性衰落而产生的失真也很严重,降低了信噪比。单边带通信不含有载波成分,因而不会受到上述影响,也就是说单边带的衰落现象要轻得多。另外,单边带通信的频带较窄,因此电台之间的相互干扰也很小。所以说,单边带通信的质量比调幅通信质量高。

　　④ 设备昂贵、复杂。单边带通信对收发机的频率稳定度要求很高,而且需要增加复杂的自动频率控制系统,这必然造成收发设备技术上的复杂和成本的提高。

2.2.2　频率调制与相位调制

　　在模拟调制系统中,若正弦型载波的频率随模拟基带信号而变化,则称为频率调制(FM),简称调频;若正弦型载波的相位随基带信号而变化,则称为相位调制(PM),简称调相。由于两者都反映了载波角度随基带信号而变化,故统称为角度调制。

为更好地理解角度调制的概念,先要掌握有关正弦波的瞬时相位和瞬时频率的概念。

对一个振幅不变的正弦型载波,可用下式表示:

$$s(t) = A\cos[\theta(t)] \tag{2.12}$$

式中:$\theta(t)$ 称为正弦波的瞬时相位。瞬时相位对时间的变化率定义为正弦波的角频率 $\omega(t)$,即

$$\omega(t) = \mathrm{d}\theta(t)/\mathrm{d}t \tag{2.13}$$

显然,瞬时角频率的时间积分即瞬时相位:

$$\theta(t) = \int_{-\infty}^{t} \omega(\tau)\mathrm{d}\tau \tag{2.14}$$

角度调制的一般表达式为

$$S_{\mathrm{m}}(t) = S_0\cos[\omega_c t + \varphi(t)] \tag{2.15}$$

式中:S_0 为载波固定振幅;$[\omega_c t + \varphi(t)]$ 即已调制信号的瞬时相位 $\theta(t)$;$\varphi(t)$ 称为瞬时相位偏移,表示已调制波相对未调制载波的瞬时相位偏移。

瞬时相位的时间导数 $\mathrm{d}[\omega_c t + \varphi(t)]/\mathrm{d}t$ 即已调制波的瞬时频率,而 $\mathrm{d}\varphi(t)/\mathrm{d}t$ 称为瞬时频率偏移,它表示已调制波相对未调制载波的瞬时频率偏移。

所谓相位调制,是指已调波的瞬时相位偏移随基带信号成比例变化的调制,即

$$\varphi(t) = K_{\mathrm{p}}m(t) \tag{2.16}$$

式中:K_{p} 为比例常数;$m(t)$ 为基带信号。

相位调制信号 $S_{\mathrm{PM}}(t)$ 可用下式表示:

$$S_{\mathrm{PM}}(t) = S_0\cos[\omega_c t + K_{\mathrm{p}}m(t)] \tag{2.17}$$

所谓频率调制,是指已调波的瞬时频率偏移随基带信号成比例变化的调制,即

$$\mathrm{d}\varphi(t)/\mathrm{d}t = K_{\mathrm{F}}m(t) \tag{2.18}$$

或

$$\varphi(t) = \int_{-\infty}^{t} K_{\mathrm{F}}m(\tau)\mathrm{d}\tau \tag{2.19}$$

将式(2.19)代入式(2.15),得频率调制信号 $S_{\mathrm{FM}}(t)$ 的表达式

$$S_{\mathrm{FM}}(t) = S_0\cos\left[\omega_c t + \int_{-\infty}^{t} K_{\mathrm{F}}m(\tau)\mathrm{d}\tau\right] \tag{2.20}$$

比较式(2.17)和式(2.20)发现,若预先不知基带信号的形式,则仅从已调制波形上很难区分调相波和调频波,只能看出两者的瞬时相位偏移发生了变化。实际上,这两种调制方法可以互相转换。例如:在相位调制器与输入的基带信号之间插入积分装置,即可实现频率调制;相反地,在频率调制器和基带输入信号之间插入微分装置,即可实现相位调制。

在角度调制中,无论是调相还是调频,已调波的瞬时相位偏移和瞬时频率偏移都随基带信号而变化。为表示角度调制的程度,通常用最大瞬时相位偏移 $\Delta\varphi_{\max}$ 和最大瞬时频率偏移 $\Delta\omega_{\max}$ 来表征,其中 $\Delta\varphi_{\max}$ 又称为角度调制的调制指数。

　　由于角度调制在频谱转移过程中,已调波的频谱结构已不同于基带信号的频谱结构,因此,相对于幅度调制而言,角度调制有时又称为非线性调制。它不像幅度调制那样可以简明地给出已调信号的频谱结构,然而了解已调信号的频谱结构对于通信系统而言又是十分重要的。为此,通常分析特定情况下(例如基带信号是单一频率时)对角度调制波的频谱结构产生怎样的影响。

　　下面分别讨论单频调制时调频信号与调相信号的表达式。

　　若单频基带信号为

$$m(t) = A_m \cos(\omega_m t) \tag{2.21}$$

式中:A_m 为基带信号幅度,则这时的调相波为

$$S_{PM}(t) = S_0 \cos[\omega_c t + K_p A_m \cos(\omega_m t)] = S_0 \cos[\omega_c t + \beta_{PM} \cos(\omega_m t)] \tag{2.22}$$

式中:$\beta_{PM} = A_m K_p$ 即角度调制的调制指数,对式(2.22)所示的调相波而言,又称为调相指数,它代表调相波的最大瞬时相位偏移 $\Delta\varphi_{max}$;比例常数 K_p 称为调相常数。显然,在调相波中,最大瞬时相位偏移 $\Delta\varphi_{max}$ 仅与调相常数 K_p 和基带信号的最大幅度 A_m 有关,与基带信号的频率 ω_m 无关。

　　用式(2.21)所示的基带信号调频,其调频波为

$$S_{FM}(t) = S_0 \cos\left[\omega_c t + \frac{K_F A_m}{\omega_m} \sin(\omega_m t)\right] = S_0 \cos[\omega_c t + \beta_{FM} \sin(\omega_m t)] \tag{2.23}$$

式中:$\beta_{FM} = K_F A_m / \omega_m$ 亦称为角度调制的调制指数,对式(2.23)所示的调频波而言,又称为调频指数,它表示调频波的最大瞬时相位偏移 $\Delta\varphi_{max}$;比例常数 K_F 称为调频常数。

　　由式(2.23)可知,调频波的瞬时相位 $\theta(t)$ 为

$$\theta(t) = \omega_c t + \beta_{FM} \sin(\omega_m t) \tag{2.24}$$

将式(2.24)对 t 微分,得调频波瞬时角频率:

$$\omega(t) = d\theta(t)/dt = \omega_c + \beta_{FM}\omega_m \cos(\omega_m t) = \\ \omega_c + K_F A_m \cos(\omega_m t) = \omega_c + \Delta\omega_{max} \cos(\omega_m t) \tag{2.25}$$

式中:$\Delta\omega_{max} = K_F A_m$ 即调频波的最大角频率偏移。显然,调频波中最大角频率偏移 $\Delta\omega_{max}$ 仅与调频常数 K_F 和基带信号的最大幅度 A_m 有关,而与基带信号的频率 ω_m 无关。

　　此外,调频指数 $\beta_{FM} = K_F A_m / \omega_m = \Delta\omega_{max} / \omega_m$ 表示调频系数中的相对频率偏移。

　　进一步将式(2.23)按级数展开,可得

$$S_{FM}(t) = J_0 \beta_{FM} \cos(\omega_c t) + J_1 \beta_{FM}\{\cos[(\omega_c - \omega_m)t] - \cos[(\omega_c + \omega_m)t]\} + \\ J_2 \beta_{FM}\{\cos[(\omega_c - 2\omega_m)t] + \cos[(\omega_c + 2\omega_m)t]\} - \\ J_3 \beta_{FM}\{\cos[(\omega_c - 3\omega_m)t] + \cos[(\omega_c + 3\omega_m)t]\} + \cdots = \\ \sum_{n=-\infty}^{\infty} J_n \beta_{FM}\{\cos[(\omega_c - n\omega_m)t] + \cos[(\omega_c + n\omega_m)t]\} \tag{2.26}$$

式(2.26)推导从略。但由其结果可以看到,即使是用单频基带信号,所产生的调频波也含有无穷项频率分量,它们以调制的基带频率 ω_m 为间隔分列在载频 ω_c 的两侧,而且幅度按 $J_n(\beta_{FM})$ 的规律分布。这里 $J_n(\beta_{FM})$ 是 n 阶第一类贝塞尔函数。

当调制指数 $\beta_{FM} \ll 1$ 时,由于除 $J_0(\beta_{FM})$ 和 $J_1(\beta_{FM})$ 以外的其他高阶贝塞尔函数幅度很小,将它们忽略,调频波将只有载频 ω_c 和一对旁频 $\omega_c \pm \omega_m$,这称为窄带调频(NBFM)。

窄带调频与标准调幅 AM 具有相同的幅度谱形式,因此两种信号的带宽也相同。但必须注意 AM 信号的瞬时频率并不变化,仅是振幅随时间变化,而窄带调频(NBFM)信号正相反,其振幅基本不变,而瞬时频率随时间而变化。

当调制系数 $\beta_{FM} > 1$ 时,调频信号具有较宽频谱,故称宽带调频(WBFM)。进一步分析表明,当高次旁频可以忽略时,宽带调频的频带宽度可近似表示为

$$B \approx 2(\beta_{FM}+1) \cdot f_m = 2(\Delta f_{max} + f_m) \qquad (2.27)$$

式中:$f_m = \omega_m/2\pi$ 为基带频率;$\Delta f_{max} = \beta_{FM} \cdot f_m = \Delta\omega_{max}/2\pi$ 为最大频率偏移。

对于调制指数较大的情况,例如 $\beta_{FM} \geqslant 10$ 时,往往基带频率 f_m 相对于最大频率偏移 Δf_{max} 而言可以忽略,这时宽带调频的带宽进一步近似为

$$B \approx 2\beta_{FM} \cdot f_m = 2\Delta f_{max} \qquad (2.28)$$

调频波的典型波形与频谱如图 2.11 所示,U_c 是载波幅度。

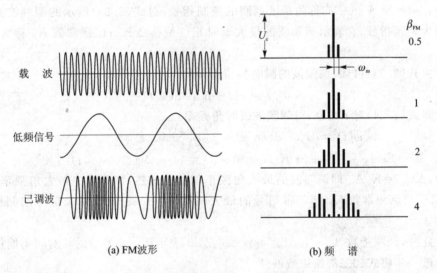

(a) FM波形   (b) 频 谱

图 2.11 调频波的波形与频谱

在宽带调频中,由于随着调制指数的增大,调频信号的带宽可以比基带信号宽很多,并因此可以获得较大的调制增益,使得输出信噪比得以提高,进而改善解调输出信号的质量。在通信系统中,采用上述增加已调信号的带宽的方法来换取系统输出信噪比的改善是一个很重要的基本概念,然而这又是以降低信道的频带利用率为代价的。

2.3　数字调制通信系统

数字调制和模拟调制一样，都属于正弦型载波调制，区别在于：后者的基带信号是连续模拟量，前者则是数字型的开关量。

数字调制可以用两种方法实现：其一，把数字基带信号视为模拟基带信号的特殊情况，采用一般模拟调制方法来实现数字调制；其二，用键控法对载波振幅、频率或相位进行键控来实现数字调制，故又分别称为振幅键控（ASK）、频率键控（FSK）和相位键控（PSK）等不同的调制方式。键控调制通常采用数字电路来实现，并已被广泛采用。

由于数字调制的基带信号是数字信号，往往比模拟基带具有更宽的频谱和更丰富的低频分量。此外，在衡量数字系统的性能指标时，亦都采用误码率的概念。

2.3.1　数字调制

下面通过简单的 ASK、FSK、PSK 和 DPSK 调制，来说明数字调制的基本概念。

1．二进制振幅键控（ASK）

在二进制振幅键控的数字调制中，正弦型载波幅度存在两种可能的状态，它们分别与二进制的符号 0 和 1 相对应。通常振幅为 0 时对应符号 0，振幅最大时对应符号 1，如图 2.12(a)所示。图 2.12(b)所示为采用数字电路实现振幅键控的示意图。

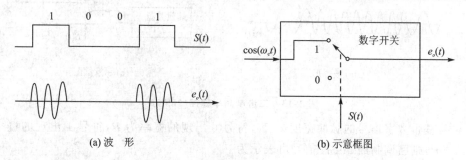

(a) 波　形　　　　　　　　　　　　(b) 示意框图

图 2.12　二进制振幅键控（2ASK）

若二进制数字基带信号是由符号 0 和 1 符号构成的序列，符号 0 出现的概率为 P，符号 1 出现的概率为 $1-P$，它们彼此统计独立，则 ASK 信号可表示为

$$e_o(t) = \left[\sum_n a_n g(t - nT_s)\right]\cos(\omega_c t) \tag{2.29}$$

式中：$g(t)$ 为持续时间为 T_s 的矩形脉冲；$\sum_n g(t - nT_s)$ 表示延时分别是 n 倍 T_s 的矩形脉冲的叠加，即表示了一串宽度等于 T_s 的脉冲序列；a_n 为各个脉冲的加权值，对图 2.12 所示的例子，a_n 的取值为

$$a_n = \begin{cases} 0, & \text{概率为 } P \\ 1, & \text{概率为 } 1-P \end{cases} \qquad (2.30)$$

式(2.29)亦可表示为

$$e_o(t) = S(t)\cos(\omega_c t) \qquad (2.31)$$

又

$$S(t) = \sum_n a_n g(t - nT_s) \qquad (2.32)$$

式中：$S(t)$即数字基带信号。在上述 2ASK 调制中，载波处于通和断两种状态，故又常称为通断键控(OOK)信号。

2ASK 是一种最早出现和最简单的数字调制方法。虽然因其抗信道噪声干扰的能力较差而在实际通信系统中很少使用，但在民航的一些无线电导航系统中，台站识别码(莫尔斯电码)的发射采用的仍是一种 2ASK 调制式的数字通信过程。

2. 二进制频率键控(2FSK)

二进制频率键控又称二进制频移键控。对于二进制 0 和 1 的基带数字信号，分别对应了载频为 ω_1 和 ω_2 的等幅载波信号。它可用数字基带信号通过模拟调频的方法实现，亦可用数字开关分别选通两个频率为 f_1 和 f_2 的独立载波源来实现。图 2.13 所示为用开关选通进行 2FSK 调制的示意框图及其已调制信号波形。

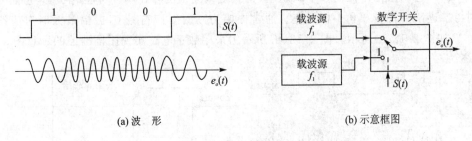

(a) 波　形　　　　　　　　　　　　(b) 示意框图

图 2.13　二进制频率键控(2FSK)

若基带数字信号的脉冲宽度为 T_s，符号 0 出现的概率为 P，符号 1 出现的概率为 $1-P$，则已调制的 2FSK 信号可表示为

$$e_o(t) = \Big[\sum_n a_n g(t - nT_s)\Big]\cos(\omega_1 t + \varphi_n) + \Big[\sum_n \bar{a}_n g(t - nT_s)\Big]\cos(\omega_2 t + \theta_n)$$

$$(2.33)$$

式中：$g(t)$为脉冲宽度为 T_s 的单个脉冲。a_n 和 $\bar{a}_n$ 互为反码，它们分别是对频率为 ω_1 和 ω_2 的载波幅度加权，且权重为 0 或 1，故任何二进制码元都只对应一种载波输出。a_n 和 $\bar{a}_n$ 按概率取值如下：

$$a_n = \begin{cases} 0, & \text{概率为 } P \\ 1, & \text{概率为 } 1-P \end{cases} \qquad (2.34)$$

$$\bar{a}_n = \begin{cases} 0, & \text{概率为 } 1-P \\ 1, & \text{概率为 } P \end{cases} \tag{2.35}$$

式中：φ_n 和 θ_n 分别表示第 n 个码元所对应的已调波的相位。当采用数字开关进行 2FSK 调制时，φ_n 和 θ_n 往往是不连续的；当采用模拟调频实现 2FSK 调制时，由于 ω_1 和 ω_2 之间频率变化的过渡性，其码元间的相位变化是连续的，故 φ_n 和 θ_n 之间保持一定的关系。

2FSK 在数字通信中应用较广，尤其在基带码率不高以及在衰落严重的信道中传输数据时，更是被普遍采用。

3. 二进制相位键控(2PSK)和二进制差分相位键控(2DPSK)

相位键控又称相移键控。二进制码元符号对应载波的两个特定相位，通常符号 0 对应 0 相位，符号 1 对应 π 相位时，可用下式表示：

$$e_o(t) = \left[\sum_n a_n g(t-nT_s)\right]\cos(\omega_c t) \tag{2.36}$$

式中：$g(t)$ 为脉冲宽度为 T_s 的单个矩形脉冲；

$$a_n = \begin{cases} +1, & \text{概率为 } P \\ -1, & \text{概率为 } 1-P \end{cases} \tag{2.37}$$

上述码元符号直接与载波相位一一对应的二进制相位键控又称为绝对相移键控。可用数字基带信号直接通过数字开关控制载波或反相的载波输出。二进制相位键控的波形和示意框图如图 2.14 所示。

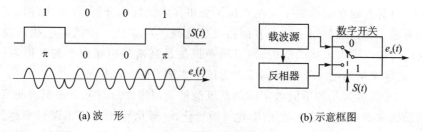

(a) 波　形　　　　　　　　(b) 示意框图

图 2.14　二进制相位键控(2PSK)

对 2PSK 进行相干解调时，本地载波往往是通过锁相环路从接收信号中提取的。但锁相环可能锁定在 0 相位的载波上，也可能锁定在 π 相位的载波上，从而出现数据模糊，即 0、1 错判，通常称为倒 π 现象。为此，可在发送数据前先发送一段标准字(例如全 1 信号)以使接收端正确建立本地载波的基准相位。即使这样，也难免在数据传输过程中，由于某种原因造成本地载波的相位转移，而出现倒 π 的错误现象。这种错误一般不易察觉，直至下一个标准字出现为止，即两次倒 π 后才能恢复正确相位。显然这种成串数据错误是难以容忍的。差分相位键控即是为解决上述问题而提出的一种相位键控方法。

2DPSK 是一种相对相位键控，通常称为差分相位键控。它是将原始二进制码元序列经过差分码变换,再用差分码进行绝对相位键控而实现的相位键控调制。在差分码中,相邻两个码元用来表示原码的状态。例如,差分码中相邻码元相同时表示原码的 0 状态(即差分 0),而相邻码元不同时表示原码的 1 状态(即差分为 1)。经过调制,即相邻码元的载波相位不变,表示原码 0。载波相位变化 π,表示原码 1。图 2.15 所示为 2DPSK 调制的波形关系。由此可知,原码信息仅包含在相邻码元的相位关系中。即使数据传输过程中偶尔出现本地载波相位转移,但在随后的数据中,仍能保证相邻码元的相对关系。因此,仅在相位转移期间出现差错,而不至于出现连续的倒 π 现象。

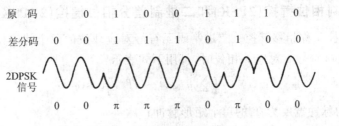

原码   0 1 0 0 1 1 1 0

差分码 0 0 1 1 1 0 1 0 0

2DPSK 信号

0 0 0 π π π 0 π 0 0

图 2.15 2DPSK 信号波形

由于相位键控调制系统在抗噪声干扰和频带利用率方面优于 ASK 和 FSK,故应用更广。S 模式二次雷达的 DABS 询问信号就采用了 2DPSK 数字调制方式。

2.3.2 数字调制通信系统的性能特点

本小节对前面介绍的数字调制系统不做更深入的性能分析,仅做定性的描述,并在系统可靠性和频带利用率两个方面做性能比较。可靠性一般指抗干扰的能力,下面仅讨论抗加性噪声干扰的能力,而且噪声模型是高斯型白噪声。与模拟调制系统不同,在数字调制系统中是以误码率作为抗干扰能力的衡量标准。

图 2.16 所示为几种不同数字调制系统的解调制特性。对某个解调器而言,解调数据的误码率 P_e 随输入信号的信噪比 r 而变化,一般信噪比越高则误码率越低。实际中,解调数据的误码率是根据用户的使用需要而确定的。因此,可用给定误码率条件下解调器所需要的最小输入信噪比作为系统衡量标准。要求信噪比越小,其抗干扰能力越强。由图 2.16 可知,在相同误码率 P_e 下,2PSK 所要求的输入信噪比 r 可比 2FSK 小 3 dB,而 2FSK 又比 2ASK 小 3 dB。或者说在同样输入信噪比时,2PSK 的误码率最低,2DPSK、2FSK 顺序升高,而 2ASK 的误码率最高。

在考查系统的频带利用率时,不妨将数字调制视为模拟调制的特殊情况。把 2ASK 视为标准 AM 的特殊情况,2ASK 信号的频带宽度是数字基带信号的两倍,2PSK 信号的频带宽度亦是数字基带的两倍。当然对于 2DPSK 也是同样。当 2FSK 视为 FM 的特殊情况时,频带宽度亦随键控频移的大小而变化,频移大即对应宽带调频,显然已调波的频带会远远超过两倍的数字基带。可见,在相同的数字基带或相同的传输码率条件下,2ASK 和 2PSK 的频带利用率相同,2FSK 的频带利用率较差。

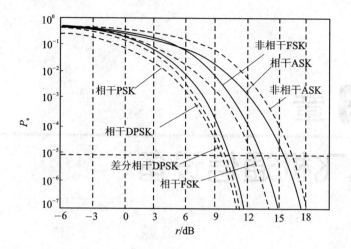

图 2.16　数字调制系统的 $P_e - r$ 曲线

由图 2.16 还可见，对每一种键控数字调制系统而言，相干解调的性能略优于非相干解调，但不明显。仅在输出信噪比 r 比较低的场合，相干解调的优势才会表现得更明显。相干解调所具有的性能优势是以系统的技术复杂性为代价的，因此常在高质量的数字通信系统中采用。

第 **3** 章

民航飞机通信设备

民航客机的机载通信设备大体分为两类：一类是负责机外通信联络，如飞机与地面之间、飞机与飞机之间的相互通信，主要包括高频通信系统（HF COMM）、甚高频通信系统（VHF COMM）、选择呼叫系统（SELCAL）、应急电台等，以及用途日益广泛的卫星通信系统（SATCOM）和数据链系统（DL），如飞机通信寻址与报告系统（ACARS）；另一类用于机内通信，如进行机内通话、旅客广播、记录语音信号以及向旅客提供视听娱乐信号等，包括音频选择系统（ASS）、座舱话音记录系统（CVR）、内话系统（INT）、旅客广播系统（PA）和呼叫系统（CALL）等。这些通信系统的安装和使用可实现机组人员与机内人员、地面人员的通信联络，保证了飞行安全，同时也满足了旅客对娱乐服务的需求。本章主要介绍负责机外通信联络的有关设备与技术。

3.1 高频通信系统

高频通信系统提供远距离的声音通信，通信距离可达数千千米，它为飞机与飞机之间或地面站与飞机之间提供通信。高频通信系统占用 2～30 MHz 的高频频段，波道间隔为 1 kHz。高频通信系统利用电离层反射以天波方式传播，因此信号可以传播很远的距离，并且电离层反射的距离随时间、工作频率和飞机高度的不同而改变。

大型飞机上通常装备一套或两套高频通信系统。现代机载高频通信系统都是单边带通信系统，并通常能够和普通调幅通信相兼容。应用单边带通信可以大大压缩所占用的频带，降低发射功率。

使用高频通信时应注意以下问题：高频通信由于传播距离远，易受到电离层扰动、雷电（静电）、电气设备和其他辐射引起的各种电气干扰，这样就会产生无线电背景噪声；而在普遍使用的 VHF 频带中则没有这种噪声背景。高频通信的另一种特性是衰落,即接收信号时强时弱,这是多路径信号接收的超程效应,信号强度变化是由电离层的长期变化和瞬时变化造成的。高频通信还存在一个电离层反射垂直入射波的临界频率,高于该临界频率的电波会穿过电离层,不再反射回地面。在给定距离和入射角的情况下,最高的可用频率(MUF)是由临界频率乘以该入射角的正割得出的。同样还有个最低的可用频率(LUF),低于 LUF 的频率会被电离层吸收。以上两个限制条件在一天 24 h 内连续变化,因此需要在两个可用频率之间选择一个尽可能长时间持续工作的工作频率。

高频通信系统以 AM 或 SSB 方式工作。发射机和接收机共用一个频率合成系统,音频输入/输出通过遥控电子组件(或者音频管理组件)与飞行内话系统相连接。天线调谐耦合器用于在所选择的频率上使天线与发射机阻抗相匹配。

3.1.1　高频通信系统的组成

飞机上一般装有一套或两套高频通信系统。两套系统由两部收发机、两个控制板、两个天线调谐耦合器和一部天线组成。天线调谐耦合器安装在垂直安定面的前下部两侧,每侧各一个。高频天线、馈线和射频屏蔽罩位于垂直安定面内部,其中天线在垂直安定面的前缘。系统使用的电源为三相 115 V、400 Hz 交流电。

1. 高频收发机

高频收发机用于发射和接收载有音频的射频信号。发射机和接收机共用一个可选择工作频率的频率合成系统。音频输入和输出通过遥控电子组件(或音频附件盒)与飞行内话系统相连接。天线调谐耦合器用于在所选择的频率上使天线与发射机阻抗相匹配,见图 3.1。

图 3.1　高频收发机

收发机的功率较大,需要采取特殊的通风散热措施。发射期间,通过机内风扇工作来进行冷却。

收发机使用 115 V、400 Hz 三相交流电源。在单边带方式下,输出峰值功率为 400 W;在调幅方式下,平均功率为 125 W。频率范围为 2.000～29.999 MHz,波道间隔 1 kHz。

收发机前面板上有三个故障灯、一个测试开关、一个话筒插孔和一个耳机插孔。当来自控制板的输入信号失效时，CONTROL INPUT FAIL 灯亮。在收发机内，当出现＋5 V DC 或＋10 V DC 电源电压消失、发射输出功率低、频率控制板故障或频率合成器失锁和机内微处理器故障时，LRU FAIL 灯亮。若收发机已被键控，而天线调谐耦合器中存在故障，则 KEY INTERLOCK 灯亮，此时发射被抑制。

当按下静噪/灯试验电门(SQL/LAMP TEST)时，静噪抑制失效，此时耳机内可听到噪声，同时三盏故障灯亮，可检查故障灯的好坏。

2. 高频天线

现代飞机应用与机身蒙皮齐平安装的天线，这类天线多安装在飞机尾部或垂直安定面的前缘。高频天线是一个凹槽天线，它由一段 U 形玻璃钢材料构成，绝缘密封在垂直安定面的前缘，来自天线调谐耦合器的馈线连到天线金属部分的一个端头上。天线呈现为低阻抗。高频天线通过天线调谐耦合器与发射机的高频电缆相匹配，见图 3.2。

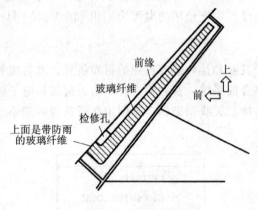

图 3.2　高频天线

3. 高频天线调谐耦合器

天线调谐耦合器安装在垂直安定面的前下部两侧，每侧各一个。高频天线、馈线和射频屏蔽罩位于垂直安定面内部，其中天线在垂直安定面的前缘。

天线调谐耦合器用于在 2～30 MHz 频率范围内调谐并实现阻抗匹配，通常能在 2～15 s 内自动使天线阻抗与 50 Ω 的高频馈线相匹配，并使电压驻波比(VSWR)不超过 1.3∶1。天线调谐耦合器在其带密封垫圈的可卸外壳内增压，外壳上有三个与外部相连的接头。压力气嘴(Pressure Nozzle)用于向天线调谐耦合器充压。通常应充干燥的氮气，压力约为 22 PSI(1 PSI＝6.895 kPa)，比外界气压高半个左右的标准大气压，以防止外界潮湿空气进入。当压力低于 15.5 PSI 时就必须充压，否则会降低天线调谐耦合器内部的抗电强度。天线调谐耦合器使用 115 V 交流电，没有外部冷却。天线调谐耦合器安装在垂直尾翼根部。

4. 高频控制板

高频控制板用于控制系统的通/断、选择工作方式和工作频率,以及调节接收机灵敏度,如图 3.3 所示(与 VHF 通信系统共用)。

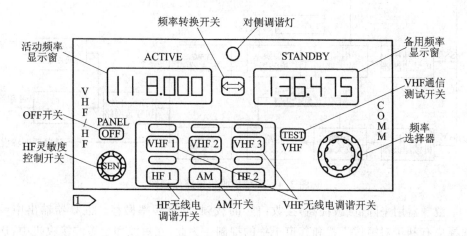

图 3.3　高频/甚高频通信控制板

3.1.2　高频通信系统的工作原理

1. 接收机的组成和基本工作原理

接收机为二次变频的超外差接收机,具有两种工作方式:一种是兼容调幅工作方式,接收机接收普通调幅信号;另一种是 SSB 工作方式,可以接收 LSB 信号或 USB 信号。这两种工作方式的区别仅在于解调电路和 AGC 电路。其电路原理图如图 3.4 所示。

1) 高频电路部分

高频电路部分由输入回路、射频衰减器、高频放大器和混频器等组成。通常要求它的电路线性好,动态范围宽,选择性好,传输系数大,以提高接收机的灵敏度和抗干扰能力。

输入回路用于选择系统所需频率的有用信号,尽可能滤除其他频率信号和噪声干扰。

射频衰减器由 AGC 电压放大器、差分放大器和恒流源等组成。其作用是使接收机输入电路有一个较宽的动态范围,衰减的大小可由控制板上的射频灵敏度控制旋钮来控制,衰减量为 20 dB。

高频放大器的主要作用是提高接收机的信噪比。此外,还有隔离变频级和天线,以避免本地振荡器的能量从天线辐射出去,干扰其他电台。

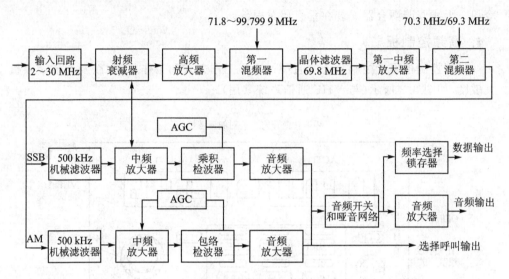

图 3.4　高频接收机电路原理图

混频器用来降低(或提高)接收信号的载频,实现频率搬移。混频器输出中频的选择应有利于对镜像干扰和邻道干扰的抑制。为此,在短波和超短波接收机中,通常采用二次变频,选择较高的第一中频可保证对镜像干扰的抑制,第二次变频的中频选得较低,可以保证对邻道干扰的抑制,并使中频放大器具有较高的增益。但随着变频次数的增加,接收机的噪声也会相应地增大。

2) 中频放大器和检波器

中频放大器由一个 500 kHz 机械滤波器和放大器组成,带通滤波器保证接收机的选择性,放大器提供 100 dB 的增益。检波器对放大器的输出信号进行检波,AM 调制信号一般采用简单的包络检波器,SSB 调制信号则一般采用较为复杂的乘积检波器。

3) 自动增益控制

在短波通信中,由于发射功率、通信距离、电波传播的衰减等的不同,使得到达接收机输入端的信号电平变化很大,所以采用自动增益控制使接收机输出端的信号电平变化应不大于 6 dB。

4) 音频输出电路

音频输出电路由音频压缩放大器、静噪电路、有源滤波器和低频功率放大器组成。音频压缩放大器的主要作用是保证音频信号输出幅度的变化不超过 3 dB。静噪电路的主要作用是当没有外来射频信号输入或输入射频信号的信噪比很小时,抑制噪声音频输出,从而减轻驾驶员的听觉疲劳。

2. 高频发射机的工作原理

高频发射机在单边带方式下产生 400 W 峰值射频功率,在调幅方式下产生

125 W 平均射频输出。

1）音频输入电路

音频输入电路主要由音频选择器、低通滤波器、音频放大器和音频压缩放大器组成。音频选择器用来从数据音频、话音音频和等幅报 3 个输入的音频信号中选择其中一个经过低通滤波器加到音频放大器。

2）平衡调制器

平衡调制器的主要作用是抑制调幅信号的载波，输出上、下边带信号。在平衡调制器内，音频信号对 500 kHz 低载波信号进行调制，产生一个抑制载波的 500 kHz 双边带信号。工作在 AM 调幅方式时，输出的 500 kHz 双边带信号经 AM 衰减器适当衰减后加至 500 kHz 下边带机械滤波器。

工作在单边带调幅方式时，AM 衰减器不工作，输出的 500 kHz 双边带信号直接加至 500 kHz 下边带机械滤波器。

3）变频电路

下面以工作在下边带方式为例来介绍变频电路。500 kHz 下边带信号在第一混频器中与来自频率合成器的 70.3 MHz 本振信号混频后输出 69.8 MHz 的下边带信号，经 69.8 MHz 晶体滤波器加至第二混频器；在第二混频器中，69.8 MHz 下边带信号与来自频率合成器的 71.8～99.799 9 MHz 本振信号进行混频，得到 2～29.999 MHz 的下边带信号，如图 3.5 所示。

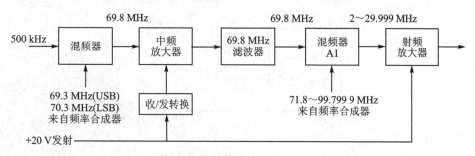

图 3.5　高频发射机变频电路

4）射频功率放大电路

射频功率放大器对 100 mW 的射频信号进行放大，SSB 方式下输出 400 W 峰值包络功率，AM 方式下输出 125 W 平均功率，该输出加至低通滤波器。功率放大器中设有保护电路，当功率放大器内部功耗过大时，该电路可瞬时关断功率放大器。

5）天线调谐耦合器

功率放大器输出的射频信号经定向功率耦合器和发/收继电器加至外部天线调谐耦合器。天线调谐耦合器的主要目的是使天线与高频电缆匹配，即天线与末级功放匹配。

3.2 甚高频通信系统

甚高频通信系统(VHF COMM)是最重要也是应用最广泛的飞机无线电通信系统。大型飞机通常装备 2 套或 3 套相同的甚高频通信系统,以避免因机体遮挡而导致的通信中断,从而保证甚高频通信的高度可靠。甚高频通信系统主要用于飞机在起飞、着陆期间以及通过管制空域时与地面交通指挥人员之间的双向语音通信。甚高频通信系统的工作频段通常为 118.00~135.975 MHz,波道间隔为 25 kHz,可提供 720 个通信波道。由于甚高频信号只能以直达波的形式在视距内传播,所以甚高频通信的距离较近,并受飞行高度的影响。当飞行高度为 10 000 ft(约 3 000 m,1 ft=0.304 8 m)时,通信距离约为 123 n mile(228 km,1 n mile=1.6 km);若飞行高度为 1 000 ft(300 m),则通信距离约为 40 n mile(74 km)。

VHF 通信与 HF 通信相比较,反射少(指电离层对信号的反射),传播距离短,抗干扰性能好;天电干扰、宇宙干扰、工业干扰等对 VHF 波段的通信干扰较小。

甚高频通信系统由机上 28 V 直流(DC)汇流条供电,该系统由无线电控制板、收发机、天线和遥控电子组件等组成,如图 3.6 所示。

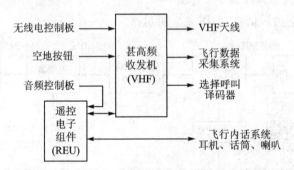

图 3.6 甚高频通信系统组成框图

3.2.1 甚高频通信系统的组成

每套机载甚高频通信系统都由控制板、收发机和 VHF 天线三个基本组件组成。

1. 控制板

甚高频通信与高频通信共用的控制板如图 3.3 所示。

控制板用于频率选择和转换,启动收发机的测试等。两个频率选择旋钮选择的频率分别显示在各自的显示窗(LCD)中,频率选择电门(TFR)用于选择其中之一作为当前的工作频率。显示窗正上方的频率指示灯亮表明该频率有效。按下 COMM 测试电门可使静噪电路失效,从而对接收机进行测试。此时,耳机中应能听到接收机输出的噪声。

2. VHF 收发机

VHF 收发机由发射电路和接收电路组成。发射电路用于产生音频调制的 VHF 发射信号,输送给天线发射。接收机是一个二次变频的超外差接收机,用于接收 VHF 调幅信号,解调出音频信号,输送给音频集总系统。收发机由电源电路、频率合成器、接收机、调制器、发射机等部分组成。电源电压为 27.5 V DC,最小功率为 25 W。

图 3.7 所示为 VHF 收发机示意图。

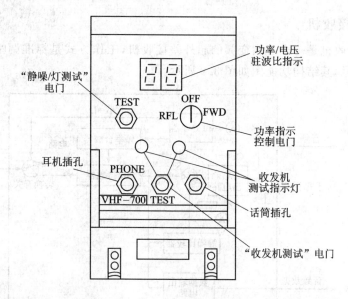

图 3.7　VHF 收发机示意图

在收发机前面板上装有两个测试电门。按压"静噪/灯测试"电门可测试面板上的两个指示灯。按压此电门时,静噪电路失效,因此可在耳机内听到接收机输出的噪声。按压"收发机测试"电门可对收发机进行自测试,测试内容包括串行控制数据输入和天线电压驻波比。如绿色的"LRU 通过"灯亮,表明收发机自测试正常;如红色的"控制输入失效"灯亮,则表明来自控制板的输入无效。上部的显示窗用于显示电压驻波比/功率。当功率指示控制电门置于 FWD 位时,显示发射功率;置于 RFL 位时,显示反射功率。该面板上还设有耳机插孔和话筒插孔。

3. VHF 天线

VHF 天线为刀形天线,1 号天线(VHF COMM1)装于机背,2 号(VHF COMM2)和 3 号天线(HF)分别在机腹前部和机身后部,如图 3.8 所示。

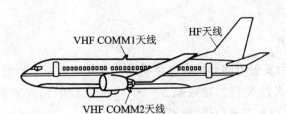

图 3.8　VHF 天线

3.2.2　甚高频通信系统的工作原理

1. VHF 接收机

VHF 接收机是一个二次变频的超外差接收机,工作方式是标准调幅方式,只能接收调幅信号,其结构功能图如图 3.9 所示。

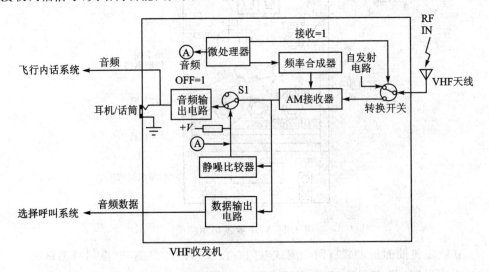

图 3.9　VHF 通信系统——接收机的结构功能图

VHF 天线接收 RF 信号并经同轴电缆把它们传给 VHF 通信收发机。收发机经接收电路输入 RF 信号并把音频送给飞行内话系统。同时,收发机还向选择呼叫译码器发送数据。

微处理器向频率合成器传送接收频率。频率合成器设置 AM 接收机的频率。

当收发机处于接收方式时,微处理器也向转换开关发送一个逻辑 1 并合上转换开关,把从天线传来的 RF 信号送给 AM 接收机。AM 接收机解调 RF 输入并检出音频信号。从 AM 接收机来的音频输出进入数据输出电路、开关 S1 和静噪比较器电路。

音频输出电路向飞行内话系统和耳机插孔发送音频信号。

静噪比较器电路把检出的音频与门限值进行比较。如果检出的音频电平高于门限值,静噪电路向开关 S1 发地信号。开关 S1 闭合并把音频送给音频输出电路。

有源低通滤波器为三级有源低通谐振滤波器(又称电子滤波器),其作用是在 300~2 500 Hz 频率范围内保持理想的平坦响应(±1 dB)。

音频功率放大器由两级放大器和一个输出阻抗匹配变压器组成。放大器提供 100 mW 的输出电平。

2. 发射机

发射机的结构功能图如图 3.10 所示。

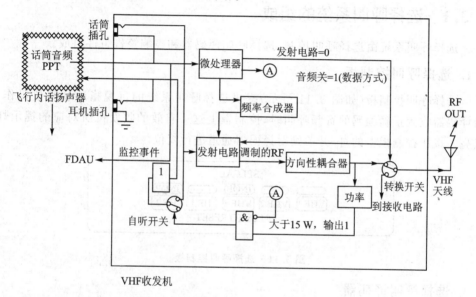

图 3.10 VHF 通信系统——发射机的结构功能图

VHF 收发机通过遥控电子组件接收音频。收发机经发射电路产生射频信号并送给天线发射。

发射期间,微处理器从 REU 接收 PTT 信号。这时微处理器向转换开关发送一个逻辑,转换开关把发送电路的输出连到 VHF 天线。

来自 REU 的话筒音频进入收发机的发射电路。发射电路用话筒音频调制 RF 载波,产生一个调幅 RF 信号,这个信号进入方向性耦合器转换开关。RF 信号经转换开关送入天线。天线发射 RF 信号。

来自方向性耦合器的 RF 输出也送入功率监控器,当输出功率大于 15 W 时,功率监控器发送一个逻辑 1。

当输出功率大于 15 W,且收发机在话音方式时,自听开关闭合。话筒音频经 REU 送给飞行内话扬声器。

3.3 选择呼叫系统

选择呼叫(SELCAL)系统用于供地面塔台通过高频或甚高频通信系统对指定飞机或一组飞机进行呼叫联系。当地面呼叫指定飞机时,以灯光和谐音的形式通知机组进行联络,从而免除机组对地面呼叫的长期守候。它不是一种独立的通信系统,而是配合高频通信系统和甚高频通信系统工作的。为了实现选择呼叫,机上高频和甚高频通信系统必须调谐在指定的频率上,并且把机上选择呼叫系统的代码调定为指定的飞机(或航班)代码。

3.3.1 选择呼叫系统的组成

选择呼叫系统由选择呼叫控制、选择呼叫译码器和声响警告组件组成。

1. 选择呼叫控制板

选择呼叫控制板(如图 3.11 所示)提供选择呼叫系统的目视指示和复位操作。当译码器收到正确编码的音频呼叫时,控制板上这一有效的收发机所对应的提示灯点亮。按压控制板上的灯/开关则对译码器通道进行复位。

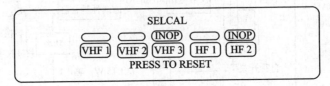

图 3.11 选择呼叫控制板

2. 选择呼叫译码器

选择呼叫译码器用于确定接收的编码是否为本机代码,并产生提醒信号。译码器内部装有 2 个或 5 个单独译码通道。每个译码通道由 1 个音频压缩放大器、16 个有源滤波器、译码阵列、逻辑电路和 1 个输出开关组成。每架飞机的四位编码由译码器前面板上的 4 根拇指轮开关设定(有的四位编码由译码器的短接插头实现)。这 4 个开关用来将飞机的 4 个字母码输入 1 号编码器和 2 号编码器,每个开关都可以输入从 A 到 S(I、N 和 O 除外)的任何一个字母,2 个字母为一组,把 2 组字母分别输入 2 个编码组件。

3. 声响警告组件

声响警告组件可产生多种谐音,以提醒机组人员注意飞机相应的状况。内部装有谐音发生器、喇叭、火警警告铃和超速抖杆声。谐音发生器产生的提醒音调送到喇叭,驾驶员就可听到选择呼叫提醒声音。

3.3.2　选择呼叫系统的工作原理

每架飞机都有一个固定的 4 位字母代码。当地面塔台发射的选择呼叫代码与飞机代码相同时,选择呼叫译码器就发出呼叫接通信号。选择呼叫译码器上选定飞机呼叫代码后,选择呼叫系统就处于待用工作方式。地面塔台通过 HF 或 VHF 发射机呼叫该飞机时,飞机上的 HF 或 VHF 接收机将收到的信号经处理后加到译码器。如地面台发射的选择呼叫代码与飞机代码相同,选择呼叫译码器就给出警告。

图 3.12 所示为选择呼叫译码器某一通道的工作原理图。

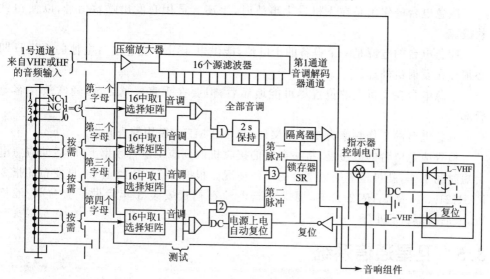

图 3.12　选择呼叫工作原理图

下面以图 3.12 所示通道为例简单说明其译码过程。

当机载 HF 或 VHF 接收机输出的编码音频信号(通常是来自收发机静噪电路之前的检波器)加到译码器后,首先经音频压缩放大器输出等幅音频信号,然后加到 4 组有源滤波器(每组有 16 个滤波器),每个滤波器只能通过一个相应的选择呼叫音频频率。

选择呼叫编码信号是由两个 1 s 的音频脉冲组成,每个脉冲又由两个不同的频率组成。当收到选择呼叫信号的第一个脉冲时,经滤波器和矩阵进行识别,以确定是否为本飞机所指定的音调。若相符则将两个音调信号送至积分器,积分器把音调转换为逻辑高电平(逻辑 1)加到与门 1,与门 1 输出的高电平加到与门 3 并保持 2 s,在 2 s 内脉冲一直使与门 3 的一个输入端为 1。接收到的第二个脉冲经识别若相符,则加至积分器,使与门 3 的另一个输入端也为高电平,这样与门 3 输出为高电平,使锁存器置位。锁存器输出逻辑 1,使指示灯开关接通,控制板指示灯亮,且控制音响组件发出谐音。

可见,当地面呼叫某飞机时,通过 HF 或 VHF 电台发射的两对音调编码信号经飞机选择呼叫译码器译码,若与本飞机的编码相符,则灯亮,并发出谐音,完成呼叫该飞机的任务。

当按下"复位"(RESET)键时,接地信号加到锁存器,使其复位,输出逻辑低电平,灯灭,无谐音。

3.4 应急电台

应急电台的作用是在飞机发生事故时,生还人员用它发出呼救信号,以便得到救援。

应急电台的电源是一个自备的干电池,能供电 48 h。应急电台电池的更换日期必须标在发射机外部。

应急电台在飞机上的位置尽可能地靠后,但要在垂直尾翼之前,通常放在客舱后部。

应急电台的工作频率为 121.5 MHz 和 243 MHz(民用警告频率)。

检查应急电台的方法是,将一台通信接收机调到应急电台频率上,然后使应急电台短时间工作,就可检查应急电台的工作情况。根据 1975 年 12 月 30 日发布的指令 FAR121.339 及 FAR121.309,要求对新电池在初次安装 5 年后做试验台/电池检查,以后每隔2年进行一次检查。

3.5 卫星通信系统

卫星通信是指利用空间的人造地球卫星作为中继站转发无线电信号,从而实现两个或多个地球站之间的通信,如图 3.13 所示。地球站是指设在地球表面(包括陆地表面、海洋和大气中)上的无线电(收/发)通信站,包括地面地球站(CES)和飞机上

图 3.13 卫星通信系统示意图

的机载地球站(AES)。通过转发无线电信号来实现通信目的的这种人造卫星称为通信卫星。卫星通信实际上就是利用通信卫星作为中继站的一种特殊的微波中继通信方式。

3.5.1　卫星通信的特点

与其他通信手段相比,卫星通信的主要优点如下:

① 通信距离远,最大通信距离达 18 000 km;

② 覆盖面积大,可进行多址通信;

③ 通信频带宽、传输容量大,适合多种业务传输;

④ 通信线路稳定可靠,通信质量高;

⑤ 通信电路灵活;

⑥ 机动性好;

⑦ 可以自发自收进行监测。

由于卫星通信具有上述突出优点,从而获得了快速发展,目前已成为强有力的现代化通信手段之一,在民航数据通信中也有广泛的应用。

3.5.2　静止卫星通信系统

卫星通信系统由空间分系统、通信地球站、跟踪遥测及指令分系统、监控管理分系统等四大功能部分组成。

跟踪遥测及指令分系统对卫星进行跟踪测量,控制其准确进入静止轨道上的指定位置,并对在轨卫星的轨道、位置及姿态进行监视和校正。监控管理分系统对在轨卫星的通信性能及参数进行业务开通前的监测和业务开通后的例行监测、控制,以便保证通信卫星的正常运行和工作。空间分系统是指通信卫星,主要由天线分系统、通信分系统(转发器)、遥测与指令分系统、控制分系统和电源分系统等组成。地面跟踪遥测及指令分系统、监控管理分系统与空间相应的遥测与指令分系统、控制分系统并不直接用于通信,而是用来保障通信的正常进行。

1. 通信卫星

1) 卫星的位置

目前,绝大多数通信卫星是地球同步卫星(静止卫星)。这种卫星的运行轨道是赤道平面内的圆形轨道,距地面约 36 000 km。它运行的方向与地球自转的方向相同,绕地球旋转一周的时间(即公转周期)恰好是 24 h,和地球的自转周期一致,从地球上看去,如同静止一般,故称为静止卫星。静止卫星是与地球同步运行的,故又称同步卫星。由静止卫星作中继站组成的通信系统称为静止卫星通信系统或称同步卫星通信系统。

只要用 3 颗等间隔配置的静止卫星就可以实现全球通信(如图 3.14 所示),这一特点是任何其他通信方式所不具备的。

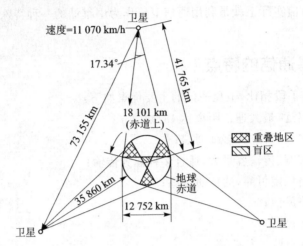

图 3.14 静止卫星配置的几何关系

2）静止卫星通信存在的某些不足

① 两极地区为通信盲区,高纬度地区通信效果不好;

② 卫星发射和控制技术比较复杂;

③ 存在星蚀和日凌中断现象;

④ 有较大的信号传播延迟和回波干扰。

3）通信卫星的组成

一个卫星通信系统包括许多通信地球站,由发端地球站、上行线传播路径、卫星转发器、下行线传播路径和收端地球站组成卫星通信线路,直接进行通信。其基本组成示意图如图 3.15 所示。

卫星上的通信系统称为转发器或中继器,它实际上是一种宽频带的收、发信机。其主要功能是收到地球站发来的信号(称为上行信号)后,进行低噪声放大,然后混频,混频后的信号再进行功率放大,最后发射回地面(称为下行信号)。卫星通信中,为了避免在卫星通信天线中产生同频率信号干扰,上行信号和下行信号的频率是不同的。一个通信卫星往往有多个转发器,每个转发器覆盖一个频段。对转发器的基本要求是工作可靠,附加噪声和失真要小。

转发器是通信卫星的核心,通常分为透明转发器和处理转发器两种基本类型。

透明转发器是指它接收地面发来的信号后,只进行放大、变频、再放大后发回地面,对信号不进行任何加工和处理,只是单纯地完成转发任务。按其变频次数区分,有一次变频和二次变频两种方案。

处理转发器用于数字卫星系统中,它将接收到的信号经微波放大和下变频,变成中频信号再进行解调和数据处理,从而得到基带数字信号,然后再经调制、上变频、放大后发回地面。

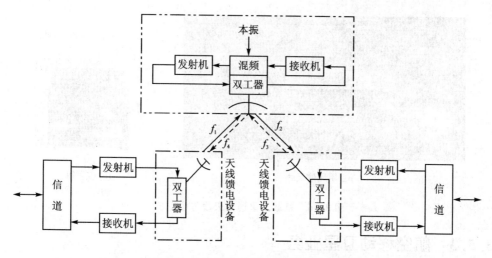

图 3.15　卫星通信系统的基本组成示意图

2. 通信地球站

通信地球站由天线馈线设备、发射设备、接收设备、信道终端设备等组成。

1）天线馈线设备

地球站天线馈线设备是一种定向辐射和接收电磁波的装置。它把发射机输出的信号辐射给卫星，同时接收卫星发来的电磁波并送至接收设备。收/发支路主要是靠天线馈线设备中的双工器来分离的。

2）发射设备

发射设备的作用是将信道终端设备输出的中频信号（一般的中频频率是(70 ± 18)MHz）变换成射频信号（C 频段中的频率为 6 GHz 左右），并把这一信号的功率放大到一定值。功率放大器可以是单载波工作，也可以多载波工作，输出功率可以从数瓦到数千瓦。

3）接收设备

接收设备的任务是把接收到的极其微弱的卫星转发信号首先进行低噪声放大，然后变频到中频信号，供信道终端设备进行解调及其他处理。

4）信道终端设备

对发送支路来讲，信道终端的基本任务是将用户设备（电话、电话交换机、计算机、传真机等）通过传输线送来的信号加以处理，使之变成适合卫星信道传输的信号形式。对接收支路来讲，信道终端进行与发送支路相反的处理，将接收设备送来的信号恢复成用户的信号。对用户信号的处理，可包括模拟信号数字化、信源编码/解码、信道编码、中频信号的调制/解调等。

民航飞机上安装的典型卫星通信天线与收发机（Rockwell Collins SAT－2200）如图 3.16 所示。

(a) 卫星通信天线   (b) 收发机

图 3.16　机载卫星通信天线与收发机

3.5.3　航空移动卫星业务

国际民航组织(International Civil Aviation Organization,ICAO)根据民航的航空移动业务的特点,利用卫星资源开展了航空移动卫星业务(Aeronautical Mobile-Satellite Service,AMSS),即通过卫星为航空用户提供远距数据链和语音通信业务。其标准及规程是由 AMSS 通信专家组参考了国际海事卫星(INMARSAT)-航空的系统规范手册后制定的。下面对 AMSS 的功能、组成及基本原理做简要介绍。

1. AMSS 的组成及功能

1) 组　成

AMSS 系统的主要组成部分包括空间站、机载地球站(AES)、地面地球站(GBS)和网络协调站(NCS)。AMSS 系统的空间站主要通过以下 3 种方式运行:GEOS——静止轨道卫星、MEOS——中轨道卫星、LEOS——低轨道卫星。目前所使用的卫星是 INMARSAT-3 和 INMARSAT-4,可覆盖全球除南、北极附近外的区域。AES 是机载的卫星通信设备,GES 提供空间站和地面固定话音及数据网络之间的接口。GES 可与地面航管中心在同一地点。NCS 与各 GES 均有接口,其作用是管理卫星资源,协调网络中各 GES 的工作。

为了节约成本和资源,AMSS 与海事卫星移动通信系统和陆地卫星移动通信系统共用频率资源,GES 和卫星的通信工作于 C 波段或 Ku 波段,而 AES 与卫星的通信工作于 L 波段的 AMSS 专用频带:下行线路(S-E)为 1 545~1 555 MHz;上行线路(E-S)为 1 646.5~1 656.5 MHz。

2) 功　能

① 提供数据通信。AMSS 系统与以往的 HF、VHF 通信系统明显的不同就是它可以提供数据通信,利用数据链进行空地间数据的传送。比如机组人员可以询问地面数据库(气象和航路自动情报服务等),还可以利用下行链路向地面发送飞机上的数据库信息,以支持与飞行安全有关的 ATS 和 AOC。

除 ATS 和 AOC 外,AMSS 还支持在航路中开展非安全通信业务,包括 AAC 和 APC。当 ATS 和 AOC 业务不繁忙时,可以允许 AAC 和 APC 利用同一频谱进行通信,但是一旦需要,就可以不加警告地随时中断 AAC 和 APC,将信道让给 ATS 和 AOC 使用。

② 支持自动相关监视(ADS)。ADS 基于使用从飞机获取的四维位置信息,通过 ATN 数据链,按照 ATS 单位与飞机双方的约定来进行通信,从而经过地面计算机系统的处理,在显示系统上显示飞机航迹。ADS 可以应用到地面的飞机和飞行的全过程。ADS 一般用于无法实施雷达监视的海洋和内陆边远地区,或者作为一个大范围的雷达监视系统的低成本的备用方式。ADS 现在定义为在尚不能满足在繁忙空域中使用飞行间隔标准的监视系统。

除位置信息外,ADS 还可以传送地速矢量、空速矢量、计划航迹和气象数据。传送何种数据,可由地面 ATS 中心控制。

③ 话音通信。数据通信固然先进,但应急通信和驾驶员与管制员间的非常规通信仍需用话音通信。AMSS 话音通信可以提供这一服务。

AMSS 系统虽然提供了比以往的各种通信方式更强大的功能,并且与 ATN 完全兼容。但在纬度 75° 以上的南、北极附近,同步卫星无法覆盖,并且相对于中低轨道卫星,同步卫星的通信延迟时间较长。原来有铱星系统公司准备开展中低轨道卫星航空移动卫星业务,但铱星系统公司破产后,目前还没有新的中低轨道卫星承担航空移动卫星业务。以后将利用其他中轨道或低轨道卫星,进一步降低 AES 的设备费和使用费,缩短延迟时间,消除南、北极附近的通信盲区,真正实现全球、全天候的航空卫星通信。

2. AMSS 的工作情况

1) 信 道

AMSS 与国际标准化组织(ISO)的开放系统互连 7 层模型相符合,其模型最低的物理层有 4 种:P、R、T、C,如图 3.17 所示。

① P 信道——时分复用分组方式数据信道。仅用于正向,即从地面到飞机,可传送信令和用户数据。从 GES 连续不断地发往 AES。用于系统管理功能的 P 信道记作 P_{smc} 信道,用于其他功能的 P 信道记作 P_d 信道。每一个 GES 至少有一条 P_{smc} 信道,往往有多条 P_d 信道。

② R 信道——随机多址存取信道。仅用于反向,即飞机到地面,可传送信令和小量用户数据。以突发方式工作,多架飞机可以共用一条 R 信道。如果不同 AES 的信号在 R 信道中发生碰撞,则各自随机延迟后重发。用于系统管理功能的 R 信道记作 R_{smc} 信道,用于其他功能的 R 信道记作 R_d 信道。每一个 GES 往往有多条 R_{smc} 信道和更多的 R_d 信道。

③ T 信道——预约时分多址信道。仅用于反向。飞机如有较大报文发向地面,

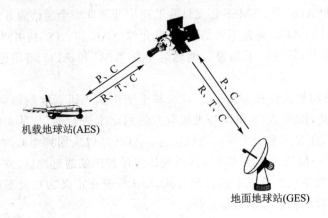

机载地球站(AES)

地面地球站(GES)

图 3.17　AMSS 的各种通信信道

可先用 R 信道为 T 信道申请预约一定数量的时隙,GES 收到申请后,为该 T 信道预留所需数量的时隙,用 P 信道通知飞机,飞机在收到通知后,在预留的时隙内按优先等级发送报文。每一个 GES 往往有多条 T 信道。

④ C 信道——电路交换方式按需分配的单路载波信道。它用于话音通信。要通话时,先通过 P 信道和 R 信道传送信令信息,根据申请由 GES 分配一对信道(正、反向各一条)给主、被叫用户;通话完毕后释放,将 C 信道交还给 GES。C 信道内通话用的主信道也可用于电路方式的数据业务。

2) AMSS 应用

① 高交通密度海洋地区的工作。AMSS 将首先应用于海洋地区。在采用 AMSS 后,现行人工方式将完全自动化,并能在地、空之间提供包括 ADS 在内的迅速接通的数据和话音通信。

② 低交通密度海洋、陆地上空的工作。在低交通密度的航路上 AMSS 也能提供迅速接通的数据和语音通信。但在南、北极附近,由于静止卫星波束不能覆盖,目前只能使用 HF,直到两极也能实现 AMSS 为止。

③ 高交通密度陆地上空航路及终端区的工作。在这些区域,AMSS 语音与数据通信将与 VHF、HF 语音和数据通信以及 SSR/S 数据链共存,AMSS 的 ADS 业务将与 A、C、S 模式 SSR 飞行监视共存。

3.6　数据链通信

民航数据链是民航地空数据通信的通称,是一种通过地空数据通信服务提供商的通信网络,在飞机和地面系统间进行双向数据传输的技术,通过该技术在飞机和地面系统间自动地传输信息(如飞机当前位置、发动机数据、气象信息、管制指令等)。数据链技术将飞机与地面的人员和空管自动化系统有效联系在一起,可降低航班运行费用、提高航班运行效率。目前在全球范围应用最广泛的是 ACARS 数据链, 3.7 节将对其进行详细介绍。地空数据通信系统的组成如图 3.18 所示。

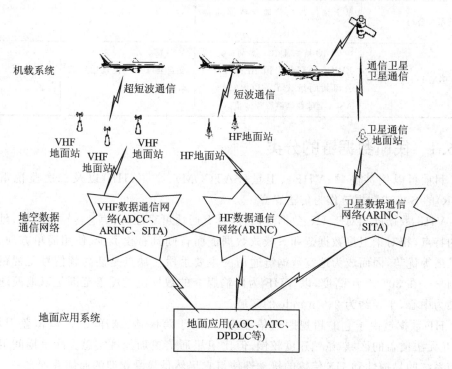

图 3.18　地空数据通信系统的组成

　　数据通信服务提供商在不同地区提供基本相同的数据通信服务, 只是其网络的覆盖情况有所不同, 如表 3.1 所列。

表 3.1　国际低空数据通信服务商

数据通信服务商	数据通信类别	覆盖范围	通信基频频率
美国 ARINC 公司	VHF、HF、SATCOM	全球; 对南纬 70°和北纬 70°以外地区提供 HF 数据链	131.550 MHz
欧洲 SITA 公司	VHF、SATCOM	全球地空数据通信覆盖	131.825 MHz
日本 Avicom 公司	提供 VHF 数据通信	日本地区	131.550 MHz
泰国 AEROTHAI 公司	ACARS(VHF)	东南亚地区, 包括泰国、马来西亚、菲律宾、印度尼西亚、印度以及韩国、蒙古等	131.450 MHz
中国民航 ADCC	支持 VHF 下的 ACARS 地空双向数据通信	中国空域	131.450 MHz

数据通信服务商	数据通信类别	覆盖范围	通信基频频率
铱星系统公司	基于铱星系统的地空数据通信服务		
GLOBALINK 公司	中国民航 ADCC 公司、美国 ARINC 公司与泰国 AEROTHAI 公司共同组成了 GLOBALINK/ ASIA 全球数据链服务体系	覆盖全球的一体化地空数据通信服务	

3.6.1　民航数据链的分类

目前可以用甚高频（VHF）、卫星（SATCOM）、高频（HF）以及二次监视雷达（SSR）的 S 模式数据链作为传输媒介。

VHF 数据链相对于 HF 数据链而言，具有通信可靠性高、信息传输速率快、延迟小的特点，相对于卫星数据链和 S 模式数据链而言则具有投资少、使用简单方便、易于扩展等优势，因而成为地空数据链通信的主要手段。缺点是甚高频信号受视距的限制——在 30 000 ft 高度，以 VHF 为传输媒介的数据链的覆盖范围是以地面通信基站为中心，半径约为 240 n mile 的区域。

HF 数据链由于它的超视距通信能力，常用于跨极地、越洋飞行，以覆盖卫星、VHF 无法覆盖的区域，虽然速度较慢，但比卫星通信更加经济实惠。战争期间卫星通信系统的易损性和 HF 传输的机动性使得它仍然是最受欢迎的通信系统之一。目前，北极地区 HF 数据链仍是唯一的数据链通信方法。HF 数据链可以根据对信号强度的评估自动选择 300 bit/s、600 bit/s、1 200 bit/s 或 1 800 bit/s 的传输速率。

SATCOM 为航空用户提供远距离数据链。与 VHF 通信相比，卫星通信延迟时间较长，机载设备昂贵，通信费用更是 VHF 的 10 倍之多。目前装有 SATCOM 系统的飞机都有 VHF 系统，且都能自动转换。当收不到 VHF 信号时，根据公司管理政策，系统会适时转到卫星数据链上。目前的航空移动卫星通信主要靠高轨道同步卫星（如 INMARSAT 卫星），以后将利用低轨和中轨卫星，进一步降低卫星通信机载设备的设备费和使用费，缩短延迟时间，消除极地附近的信号盲区，真正实现全球、全天候的航空卫星通信。

SSR 的 S 模式是一种可以进行数据链传输的模式，ICAO 已承认其成为标准的数据链规范并将其纳入新一代航空电信网的范畴。如果硬件与软件支持，飞机和地面间即可通过 S 模式数据链传输飞机的航班号、空速、地速、航向、高度以及 GPS 位置等信息。目前 S 模式数据链已可应用在广播式自动相关监视（ADS－B）中以及新一代空中交通防撞系统（TCAS）等领域，为飞机空中安全间隔和空域容量以及运行安全带来了革命性的变化。SSR 的 S 模式数据链是目前唯一可能提供每秒兆字节数据传输速率的空地数据链技术。

3.6.2　民航数据链的应用

民航数据链在飞机运行控制与服务、飞机状态监控与故障诊断、飞机管制与服务等方面应用时具有以下优越性：

① 减少了由于话音通信产生的语义误解、信息表达费时的情况，大大提高了飞行员、管制员的工作效率，减轻了他们的工作负荷；

② 减轻了频率资源紧张的情况，为进行更大规模的飞行服务提供了可利用的技术基础；

③ 提高了航空公司机务维修部门对飞机故障分析与诊断的能力，降低了对外站机务维修部门的依赖性，对进行航材的预准备和减少飞行延误具有积极意义；

④ 减少了航空公司地面服务部门对人员的需求，节省了人力资源，降低了航空公司对车辆购置、车辆维修、油料、办公场地等条件的依赖性，为航空公司节省了运行成本。

民航数据链的一些典型应用介绍如下。

1. 航空运行控制(Airline Operational Control, AOC)

航空运行控制通信功能包括飞行运行、机务维修和工程技术支持等。OOOI 状态报告确保了公司对运行进行有效的管理；发动机监控和报告使得正常情况下的实时监控和应急情况下对飞机做出及时的判断及处理成为可能，减少了航班延误，同时降低了机务人员的工作负荷；气象服务可让飞机离地后，飞行员还能及时掌握航路和目的地天气，可以及时做出备降返航的决策或提前做好准备；飞行员还可以使用很多其他功能，如飞行计划、舱单(LOADSHEET)、起飞数据的上传和确认、定期的位置报告、预计到达时间和飞行进程报告等。

舱单经过数据链上传可以极大地缩短最后关舱门(Last Minute Change)时的程序，因为任何的更改(旅客、行李、货物重量及油量)都可以直接在地面操作系统中及时修改并自动上传，机长通知单(NOTOC)信息也可随舱单一起上传至驾驶舱。如今在国内大多数机场都可以使用这一功能，这无疑是数据链通信系统快速发展的良好反映。

在驾驶舱中，数据链应用中一个比较重要的功能就是自由格式文本的发送，这有点类似于手机的短信息功能。飞行员可以通过简单的固定指令代码来查询飞机的运行信息，也可以通过空空信息指令来与其他飞机进行沟通，还可以自行输入地址来与地面签派部门进行沟通。

2. 航空公司行政管理通信(Airline Administrative Communications, AAC)

机组与地面服务部门之间可靠、及时的沟通联系对于公司运营是必要的，包括机组排班、客舱供应品和卫生清洁服务的提供等方面；同时还可向旅客提供转机、轮椅、行李跟踪等服务。

传统的飞行品质数据都是通过快速存取记录器（QAR）来下载传递到安全管理部门，因此 QAR 也在日常口语中取代了 FOQA（Flight Operations Quality Assurance），成为飞行品质监控的代名词。

随着数据链通信的发展和协议的建立，FOQA 数据可通过数据链系统进行自动下载。

3. 旅客通信联系（Air Passenger Correspondence，APC）

旅客通信联系即使用椅背上的液晶显示屏对旅客提供电子邮件、电视、互联网接入和电话等服务。通过数据链系统，旅客可以使用位于座椅前方的显示屏了解目的地，转机衔接航班等信息。但受目前的数据链通信速率和网络提供商服务限制，此类应用还较多停留在设想阶段。

4. 空中交通服务（Air Traffic Service，ATS）

空中交通服务涵盖了很多方面，如数字式自动化终端区信息服务（Digital Auto Terminal Information Service，D-ATIS）、起飞前放行服务（Pre-Departure Clearance，PDC）、离场时间（SLOT 或国内的协调放行时间）的计算、越洋许可（Oceanic Clearance，OCL）、对自动相关监视系统的支持和建立飞行员-空管的数据链通信（Controller Pilot Data Link Communication，CPDLC）等。

目前，D-ATIS 和 PDC 服务已在国内枢纽机场普遍展开应用。这些功能/服务降低了飞行员的驾驶舱准备阶段的工作负荷，同时具备以下优点：指令可以清楚地打印出来；不存在误听的问题；不会造成语音通信频率的拥挤；不需要两名飞行员同时在场——但事后必须交叉检查。

CPDLC 同样具备上述所列的部分优点，这一功能在跨洋飞行和极地偏远地区飞行时显得尤其重要，因为在这些区域很难建立语音通信。

5. 自动相关监视（Automatic Dependence Surveillance，ADS）

自动相关监视模式下，飞机将自主确定位置，并通过数据链自动向 ATC 传输位置信息以及其他相关信息，飞机位置可显示在类似雷达显示屏的界面上，主要应用于雷达无法实现覆盖的洋区、远端区域和空域。ADS 包括 ADS-A 或 ADS-C（寻址式或合约式）以及 ADS-B（广播式）。ADS-A 或 ADS-C 基于飞机与地面站端到端发送与接收位置报告，后者无需建立合约或发送前期指令，飞机自动将信息广播出去。ADS-B 可使用三种数据链：1090ES（S 模式数据链）、UAT（设计用 DME 频段 978 MHz；数据传输速率 1 Mbps）以及 VDL-4。目前国内 ADS-B 采用的是 1090ES。第 6 章将对 ADS 做详细介绍。

3.6.3 甚高频数据链

ACARS 模式数据链在全球建有多个站点，该数据链的特点是使用相对简单，发展较早,应用广泛,但传输速率较低,只有 2.4 Kbps。随着世界范围内民航业务的迅速增长,原有的航空通信体系结构已经不能满足目前民航通信发展的需要。为此,ICAO 提出在全球建立一个新航行系统,即新的通信、导航、监视和空中交通管理系统(CNS/ATM),以改善和提高现有的航空通信、导航、监视和空中交通管理能力。而作为支持该系统的基础设施,将建立一个适用新航行系统的航空服务和航空管制的专用网络——航空电信网(ATN)。为解决地空数据传输业务增长而带来的高通信速度要求和高带宽要求问题,ICAO 要求民航通信从航空电报专用网络(ATFN)向 ATN 过渡。甚高频数据链(VDL)通信是 ATN 空地通信子网的主要实现方式。

新航行系统是一个以先进技术为载体的全球通信、导航、监视和空中管理系统。ATN 作为新航行系统的重要组成部分,是关系到空管、系统发展的重要基础设施。1997 年,国际民航组织完成 ATN 技术标准的制定工作,发布了相关技术标准 ATN SARPS(ICAO Doc 9705),后续并对 ATN 技术不断地进行补充和完善。在地空通信领域,目前 VDL-2 是新发展的数据链中技术最为成熟的,已在美国、欧洲和日本进行了应用。在 2011 年,美国国内已经建成 300 多个 VDL-2 地面站点并投入使用。而且设备基本可以实现由 ACARS 平滑升级,减少了建设资金的投入。VDL-3 是 FAA 提出的下一代甚高频地空数据链通信系统,其最大特点是同时支持语音和数据的传输,美国和日本一直在开展 VDL-3 的相关研究。VDL-4 是瑞典推出的一种甚高频数据链,对于空空通信和 ADS-B 的支持是其最大的优势。VDL-4 是欧洲准备将来采用的甚高频地空数据链通信系统。VDL 的主要技术性能对比如表 3.2 所列。在 2004 年,我国开始了 VDL-2 数据链的研究工作,目前已经建立了多个地面站点,能够支持 VDL-2 数据链的应用。

表 3.2　民航 VDL 的主要技术性能对比

链　路	网络通信协议	主要技术性能
VDL-2	CSMA	传输速率为 31.5 Kbps,D8PSK 调制,面向比特
VDL-3	TDMA	传输速率为 31.5 Kbps,D8PSK 调制,每时隙 30 ms,每帧 120 ms,4.8 kHz 声码话数同传
VDL-4	STDMA	传输速率为 19.2 Kbps,D8PSK 调制,或传输速率为 31.5 Kbps,GMSK-FM 调制,支持 ADS-B

3.7　飞机通信与寻址报告系统(ACARS)

民航最早应用的数据链是从 1978 年起开始的 VHF 数据链,这种数据链起初称为 ARINC 通信寻址与报告系统(ACARS),但 ARINC 一词很快被改为"飞机"(Aircraft),以表明新媒介无所有权特性。早期的 ACARS 信息主要包括每个飞行区段的

4 个下行链信息：离开登机口准备滑行—离开跑道起飞—已着陆—滑行到停机坪（称为 OOOI，即 Out、Off、On 和 In 信息）。发送的这些信息使得航空公司能够更好地跟踪它们的飞机，并为飞机上的机组人员提供自动计时。

图 3.19 所示为 ACARS 工作示意图。

现在，加入 ACARS 的飞机已经从原来的 50 架增加到近 1 万架。信息量现在最高达到每月 2 000 万条，而信息的类型包含了航空公司运营所能够想到的每一个方面。今天，ACARS 提供了世界范围的数据链覆盖。对于配备了相应设备的飞机，可以使用 4 种不同的空地子网络：原来的 VHF、卫星通信（AMSS）、HF 数据链（HFDL）和 VDL‐2 数据链。若机载设备具备条件，且公司已购买全部服务内容，则上述通信设备的优先顺序为：VHF 或 VDL‐2、HFDL、AMSS。

图 3.19　ACARS 工作示意图

3.7.1　ACARS 系统的组成

下面以 VHF 空地子网络为例，介绍 ACARS 系统的组成。

ACARS 系统包括 ACARS 机载设备、地空数据链传输系统、地面通信网络、远端地面站和地面设备，如图 3.20 所示。

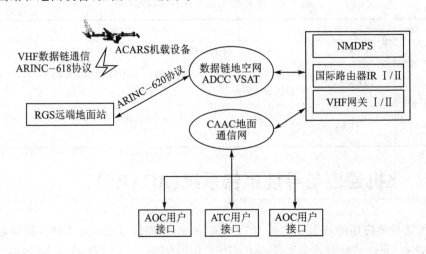

图 3.20　VHF 地空数据链 ACARS 系统结构示意图

1. ACARS 机载设备

ACARS 机载设备包括管理单元(MU)或通信管理单元(CMU)、多功能控制与显示组件(MCDU)、VHF/HF 电台、卫星通信数据单元、打印机及相应的软件。其构成如图 3.21 所示。

在飞机上,MU 或 CMU 起着机上路由器的作用。所有的地空电台都连接到 MU 或者 CMU 来发送和接收消息。CMU 连接到所有与地面通信的各种电台上,多用途控制和显示单元(MCDU)及打印机是 ACARS 与机组人员的主要接口。其他单元,例如飞行管理系统(FMS)或空中交通服务单元(ATSU),也要与机组人员就 FANS 消息进行交互作用。当今,大量重要的数据链消息是由飞机上各种系统自动生成后下行传输的。MU 识别每个上行消息块,并把它送到相应的装置。同样,MU 在每条下行链路上附加相应的飞机信息(例如飞机的尾号),并把它发送到其中一个空地子网络。4 种子网络的每一种最新航空电子设备都通过一条数据总线(典型的为 ARINC 429)接收作为数据消息的 ACARS 消息块。然后,子网络航空电子设备将把消息块转换成与地面电台通信所需的信号,每个子网络都有自己的协议,用于物理层和链路层交换数据块。

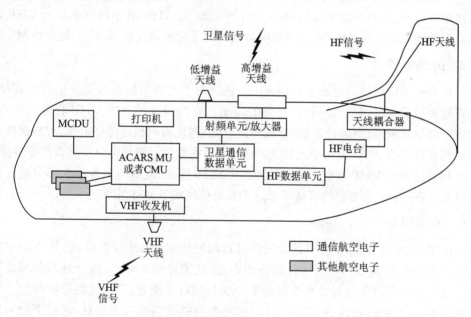

图 3.21 ACARS 机载设备的构成

2. 地空数据链传输系统——VHF 子网络

图 3.20 中采用的是 VHF 空地子网络。早期的 VHF 子网络使用了与 ATC 和航空公司运营通信系统(Airline Operational Communication,AOC)话音相同的 25 kHz信道。这种空中信号有时称为简易老式 ACARS(POA),数字调制采用最小

频移键控(MSK),载波被 1200 Hz 或 2400 Hz 音调调制。每个发送信号的间隔代表一个信息位,因此 2400 波特率(即信号改变的速率)等于 2400 bit/s 的位速率。初始同步后,接收机就可判定一个给定位是 1 还是 0。

VHF ACARS 在东南亚地区使用 131.450 MHz 作为空地数据链的基本频率,其高频通信电台采用双边带调幅技术。ACARS 系统空地通信的工作方式为半双工,与地空无线电话音通信方式相同。在地空双向无线信道中进行通信时采用载波侦听多路访问(Carrier Sense Multiple Access,CSMA)协议,以降低两台发射机同时或在有重叠的时间段上发送一个数据块造成的影响。

ACARS 通过 VHF 链路向地面站发送 ACARS 报文。即通过甚高频系统和远端地面站(Remote Ground Station,RGS)组成了完整的地空数据链应用系统。基于 ACARS 的地空数据链是通过 ARINC - 618 和 ARINC - 620 协议封装的,如图 3.20 所示。ARINC - 618 和 ARINC - 620 将在 3.7.2 小节中介绍。

3. 地面通信网络

地面通信网络是将航路飞行的监视信息连接到有关的空中交通服务单位;也可将空中交通服务单位的信息送到发射单元。这主要是通过地面通信网络和卫星通信网络传输,它们是整个航空电信网(ATN)的一部分。目前,在中国民航基于 VHF 地空数据链的 ACARS 系统中,地面数据传输网络采用的是民航 X.25 分组交换网。

4. 远端地面站

作为数据链系统的地面节点的 RGS,是指用于飞机与地面数据通信网的连接、实现地面数据通信网节点间数据通信的设备。它由接收报文的 VHF 收发电台、对空数据调制解调器、单板计算机、集成控制单元、与地面网相连的路由器、与地面网相连的调制解调器、GPS 授时单元以及天线、UPS 电源单元和相应的系统软件等组成。

我国已建立 VHF 地空通信远端地面台站 80 多个,除西藏以外的大部分地区都已覆盖。在 VHF 未覆盖的区域可通过 HF 通信网或 AMSS 来实现。

5. 地面设备

由图 3.20 可看出,下行链路数据经过远端地面站(RGS)接收后,按照 ARINC - 620 协议规范,经地空网传送到数据处理中心(我国设在北京)。用户终端前端是数据处理中心的网络管理与数据处理系统(NMDPS),实现上、下行链路数据的分发和处理。用户子系统(包括 AOC 和 ATC)通过数据链提供的报文信息,进行下行链路数据的处理,并通过数据链向 ACARS 机载设备发送信息,实现用户与飞行机组的上行链路数据通信。地面设备还包括建设、维护地空数据通信网络的地空数据通信服务商(Data - link Service Provider,DSP),它是提供一定区域或全球的地空数据通信的服务机构或组织。

3.7.2　ACARS 的协议与报文

1. ACARS 的协议

ARINC - 618 是面向字符的地空通信协议,规定了飞机系统与通信服务商(DSP)网络系统间以面向字符方式进行数据传输的数据编码格式。候选空地数据链有 VHF、AMSS、VDL - 2 和 HF。

ARINC - 620 是数据链地面系统标准和接口协议,规定了 DSP 与数据链的使用者(飞机、地面用户)之间数据交互需满足的接口特性,同时为地面数据链用户研发应用系统提供相关信息。ARINC - 620 是针对数据链信息的地面传输而言的。飞机与地面用户是数据链的两类使用者,它们与 DSP 之间使用的是两种不同的协议。DSP除提供合适的信息路由外,还要提供这两种不同协议之间信息格式的转换。

ARINC - 622 是基于 ACARS 地空网络的空中交通服务数据链应用标准,对ACARS 系统在 ATS 中的应用进行了说明。

ARINC - 623 是面向字符的空中交通服务应用标准,对基于 ACARS 系统传输的 ATS 报文文本格式进行了定义。

2. ACARS 报文格式

报文格式是指飞机与地面应用系统进行数据通信时所使用的编码格式。只有满足编码格式标准的数据才能在通信网络中正确传输,并能被飞机设备和地面应用系统所使用。

ARINC - 618 描述了数据链在空地之间的通信协议,ARINC - 620 协议描述了系统空地之间和地地之间的通信协议,以及 DSP 系统的功能、输入及输出。

表 3.3 和表 3.4 分别列出了 ARINC - 618 下行报文格式和上行报文格式。

表 3.3　ARINC - 618 下行报文格式

Name	SOH	Mode	Address	TAK	Label	DBI	STX
Size	1	1	7	1	2	1	1
Exp	\<SOH\>	2	. UN1234	\<NAK\>	5Z	2	\<STX\>
Name	MSN	FlightID	AppText	Suffix	BCS	BCSSuffix	
Size	4	6	0～220	1	2	1	
Exp	M01A	XX0001	…	\<ETX\>		\<DEL\>	

表 3.4　ARINC - 618 上行报文格式

Name	SOH	Mode	Address	TAK	Label	UBI	STX	AppText	Suffix	BCS	BCSSuffix
Size	1	1	7	1	2	1	1	0～220	1	2	1
Exp	\<SOH\>	2	. UN1234	\<NAK\>	51	2	\<STX\>	…	\<ETX\>		\<DEL\>

表 3.3 和表 3.4 中 SOH、Mode、Address、TAK、Label、DBI/UBI 为报文头,主要用于控制报文的传输,STX(ASCII 码值为 0x02)标志正文开始,Suffix(ASCII 码值为 0x03)标志正文结束,二者之间则为报文正文的内容,BCS 为报文的 CRC 校验码,BCSSuffix(ASCII 码值为 0x7F)为报文的结束。

报文正文内容是由报文种类决定的,而报文头涉及通信传输且格式固定,因此,对其进行使用时需要了解报文头各个字段的含义和用途,介绍如下:

SOH(Start of Header):ASCII 码值为 0x01,标志报文的开始。

Mode:报文的模式。ACARS 报文分为 A 模式和 B 模式,在 A 模式下,发送的报文会被所有通信范围内的 RGS 接收,而在 B 模式下,仅由 Mode 字符指定 RGS 地址的 RGS 站接收发送的报文。

Address:指明发送下行报文的飞机注册号、上行报文对应下行报文中的飞机注册号或飞机的航班号。通过该字段来识别通信的双方。

TAK(Technical Acknowledgment):控制报文的确认信息。

Label:标志报文的类型,如 QG 为 OUT/Return In Report 报文。

DBI/UBI(D/U Block Identifier):ARINC - 618 协议规定发送报文的 BI 字段一般采用递增的方式,不能与前一条报文的 BI 字段相同,上行报文必须从 A 到 Z 或从 a 到 z,或为 null;下行报文必须为 0 到 9。

3. ACARS 报文类型

ACARS 的报文按要求分为基本和建议两类。报文类型很多,主要有以下几种。

① 飞机起降状态报告:有推出报(OUT)、起飞报(OFF)、着陆报(ON)、滑入报(IN);

② 飞机自动报告:位置报(POS)、航路位置报、预达时间报(EAT);

③ 机组手工报告:自由格式报(FREE TEXT)、气象请求报(WXR)、服务应答报(SVR)、配载平衡数据请求报(LOADSHEET)、旅客名单请求报(PASSENGERL-IST)、航班初始化请求报(INIT)、飞行计划请求报(PLAN)、桥位请求报(GATE);

④ 机务维修:起飞报(TKO)、发动机性能报告/巡航报(CRZ)、APU 性能报(APU)、发动机超限报告、颠簸报告(TUR)、重着陆报(HDL)、超重着陆报(OWL)、实时故障报;

⑤ 地面服务:自由格式报(FREE TEXT)、机坪服务报(RAMP)、服务应答报(SVR);

⑥ 航空器气象资料下传:爬升阶段、巡航阶段、降落阶段;

⑦ 空中交通服务报告:起飞前放行(PDC)、自动化终端区信息服务(D - ATIS)、管制员-飞行员数据链通信(CPDLC)与合约式自动相关监视(ADS - C);

⑧ 地面上行电报:语音通信请求(VOICE);

⑨ 自组织电报。

4. ACARS 报文译码和获取

　　ACARS 中 VHF 无线收发机接收到的 ARINC‑618 协议格式的报文不能直接使用,要首先译码为工程值。在 ARINC‑618 报文中,用 Label 字段来区别不同的报文类型,报文的有效信息存放在报文的正文部分,而报文正文存放信息的内容和格式则是由 ARINC‑620 协议规定的。因此,ACARS 报文的译码首先需要根据 ARINC‑618报文协议中的 Label 字段确定报文的类型,Label 字段用 ACARS 报文的第 11 和第 12 两个字符来标识,因此报文分类只需提取出报文的第 11 和第 12 两个字符即可;然后根据该类型对应的 ARINC‑620 正文格式对报文进行译码。

第**4**章

无线电导航设备

现代航空机载导航系统的作用是安全、精确地引导飞机到达预定飞行目的地。导航系统测量飞机的位置、速度、航迹、姿态等参数,供驾驶员或自动飞行控制系统引导飞行器按预定航线航行。目前广泛应用的民用机载无线电导航系统有自动定向机(ADF)、甚高频全向信标系统(VOR)、仪表着陆系统(ILS)、测距机(DME)、全球卫星导航系统(GNSS)等。此外,气象雷达(WXR)、低高度无线电高度表(LRRA)、避撞系统(TCAS)和近地警告系统(GPWS)的主要作用也是保证飞机安全、准确地飞行,也可以视为无线电导航设备。

4.1 导航系统概述

导航是一种为运载体航行时提供连续、安全和可靠服务的技术。顾名思义,它的基本作用是引导飞机、舰船、车辆等(统称为运载体)安全、准确地沿着所选定的路线,准时到达目的地。导航由导航系统完成,或者说导航系统所完成的功能称为导航或导航服务。因此,导航的基本功能就是回答"我在哪里",其基本任务如下:

① 引导运载体沿既定航线航行;

② 确定运载体当前所处的位置及其航行参数,包括航向、速度、姿态等实时运动状态;

③ 引导运载体在夜间和复杂气象条件下的安全着陆和进港;

④ 保证运载体准确、安全地完成航行任务所需要的其他引导任务。

因此,不论采用何种导航设备或导航方法,都必须解决以下三个导航课题:

① 如何确定航行体的位置;

② 如何确定它从一个位置向另一个位置前进的方向(航向);

③ 如何确定距离(或速度、时间)等。

也就是说,导航的任务是提供航行中的位置、方向、距离和速度等信息。因此,对导航的研究,就是要弄清楚如何测量和运用导航信息;而导航的实践,就是运用所得到的结果来保证运载体安全、有效地航行。

4.1.1　导航系统分类

在飞机导航实践中应用着各种不同的导航装置,但按实现导航的方法及原理的不同,导航技术一般可分为目视(观测)导航、仪表(推算法)导航、天文导航和无线电导航等几大类。

1) 目视导航

早期的飞机利用观测地标,目前飞机上采用气象雷达(也属于无线电导航)等实现的导航即为目视导航。

2) 仪表导航

仪表导航是借助飞机上的各种仪表(如磁罗盘、空速表、气压高度表、时钟等)引导飞机航行;在现代飞机上使用的惯性导航系统,是根据对飞机的运动方向和航行的距离(或速度、时间)的测量,从过去已知的位置来推算当前的位置,或预测将来的位置,从而可以得到一条运动轨迹,以此来引导航行。仪表导航不受天气地理条件的限制,保密性强,是一种自备式导航。但随着航行时间和航行距离的增加,位置累积误差越来越大。因此,航行一定时间后,需要进行位置校准。

3) 天文导航

天文导航是以天空中具有一定运动规律的星体为依据,利用机载六分仪等设备观测水平线和星体连线间的夹角(即为星体的高度),画出等高线,再求另一星体的等高线,取其交点来确定飞机的位置。但天文导航易受气象条件、地磁干扰和计算复杂性等限制,目前在飞机上很少使用。

4) 无线电导航

无线电导航是利用无线电的方法即通过对无线电信号某一电参量(如振幅、频率、相位或时间等)的测量来测定飞机的距离、距离差、方向和位置等导航几何参量,并引导飞机正确安全地航行。它主要是利用了无线电波传播的一些基本特性,即无线电波在传播路径中遇到媒质不连续边界面上必然反射,在理想均匀媒质中必然是直线等速传播等特性:利用反射的性质可以发现目标,如利用电波直线传播特性可以测定辐射或散射无线电波目标的方向;利用无线电波等速性可以确定到目标的距离,由此,目标的位置即可测定。

现代飞机上安装和使用了多种的无线电导航设备,如无线电自动定向机、无线电高度表、全向信标、测距机和气象雷达等。卫星导航系统也属于无线电导航范畴,它是利用人造地球卫星、机载设备和地面设备相配合,采用无线电方法的一种新型导航系统,如 GPS 系统。

无线电导航的特殊优点是:不受时间、气候的限制,精度高,定位时间短,可连续、适时地定位,设备简单、可靠。在复杂气象条件下或夜间,飞机着陆过程中,无线电导航是唯一的导航手段。

无线电导航的缺点是:它必须辐射和接收无线电波,因而易被发现、易受自然因素和人为因素的干扰,有些导航系统还需要配备必要的地面设备。

5) 卫星导航系统

卫星导航系统是利用导航卫星来实现的导航。导航卫星严格地控制在预定的轨道上运行,利用装在运载体上的无线电装置测出运载体与卫星之间的相对速度或位置,进而得出运载体在地球上的位置等导航参数。

卫星导航系统有其精度极高的突出优点,但它仍属于被动式导航,易受外界因素影响,在少数地区无法覆盖。

6) 惯性导航系统

惯性导航利用惯性敏感元件测量运载体相对于惯性空间的线运动和角运动参数,在给定的运动初始条件下,由计算机推算出航行体的姿态、方位、速度和位置等参数,从而引导运载体完成预定的航行任务。

惯性导航系统的突出优点是:

① 自主性比较强,它可以不依赖任何外界系统的支援而单独进行导航;

② 对准后的短时定位精度较高。

此外,它的输出参数多,尤其是它还可输出运载体的姿态参数,这是其他导航系统所没有的。

惯性导航系统的缺点是定位精度随时间的增加而降低,或定位误差随时间的增加而积累。这对飞机和舰船,尤其是远程飞行的飞机,是应当考虑的。

上述几种类型的导航系统各有优缺点。为了提高导航系统的定位精度和性能,往往将上述两种以上的导航系统组合成为组合式导航系统。目前通常应用的是由惯性导航系统与无线电导航系统组成的组合方式,或由惯性导航系统与卫星导航系统组成的组合方式。

4.1.2 位置线与无线电导航定位

1. 位置线

在无线电导航中,通过无线电导航系统测得的电信号中的某一电参量,如幅度、频率、相位及时间延迟等,可获得相应的导航参量(如方向、高度、距离、距离差等)。对接收点而言,某导航参量为定值的点的轨迹称为位置线。

导航系统可实现的位置线有直线、圆、等高线、双曲线等,如图 4.1 所示。相应地,可以把导航系统划分为测向系统、测距系统、测高系统及测距差系统。

测向系统(如 VOR、ADF)的位置线是直线,见图 4.1(a)。

测距系统(如 DME)的位置线是平面上的圆,见图 4.1(b)。

测高系统(如 LRRA)的位置线也是一个圆,不过这个圆是以地心为圆心、以地球半径与飞机离地高度之和为半径的,见图 4.1(c)。在可以把地球表面看成是平面的范围内,才可以把等高线看成是与地平面平行的直线。

测距差系统,如利用测距差原理工作的奥米伽导航系统、罗兰系统等,其位置线为双曲线,见图 4.1(d)。这类系统又可以称为双曲导航系统。

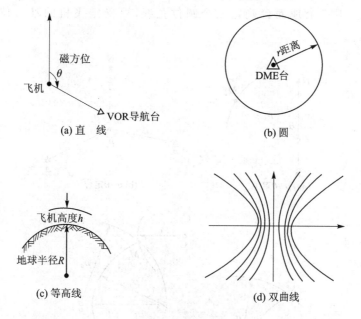

(a) 直　线

(b) 圆

(c) 等高线

(d) 双曲线

图 4.1　位置线

2. 无线电导航定位

目前,无线电导航定位可采用不同的设备和方法,如惯导定位,它根据飞机的初始起飞位置,利用飞机的飞行速度和惯性加速度来计算出飞机位置。新型导航定位采用全球卫星导航定位系统(GPS),它实际是无源测距系统,用户(飞机)接收其视界内一组卫星发射的信号,从中获取卫星的星历、飞机与卫星间的距离、时钟及大气校正参数等数据,通过定位计算来确定飞机的位置。

利用无线电测向、测距等系统测得导航参量的位置线实现对飞机定位,可按位置线的形状分为 ρ-θ 定位系统、θ-θ 定位系统、ρ-ρ 定位系统和双曲线定位系统(见图 4.2)。

1) ρ-θ 定位系统

用测距系统(如 DME)的圆位置线与测向系统(如 VOR)的直线位置线相交的方法可确定飞机的位置 M,该定位法称为 ρ-θ 定位(ρ 表示距离,θ 表示角度或方位),也称为极坐标定位。

2）θ-θ 定位系统

由飞机测定对两个地面导航台（如两个 VOR 台）的方位，可获得两条直线位置线，其交点 M 即为飞机的位置。

3）ρ-ρ 定位系统

由飞机测定对两个地面导航台（如两个 DME 台）的距离，可获得两个圆位置线，其交点 M 为飞机位置。但两个圆位置线有两个交点，出现定位双值，因此，采用 $\rho-\rho-\rho$ 系统，用三个地面台确定三个圆位置线，可确定飞机的唯一位置 M_1（见图 4.2(d)）。

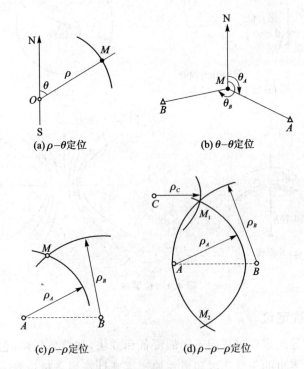

图 4.2　位置线定位法

4）双曲线定位系统

利用奥米伽导航系统（或罗兰系统等）首先测得一组两个导航台间的距离差，得到一组双曲线位置线，然后再测出另一组导航台的距离差，得到另一组双曲线位置线，最后用两组双曲线位置线的交点确定飞机的位置。

4.1.3　无线电导航系统的要求

无线电导航的基本作用是为运载体提供导航服务，它所提供的服务应该满足航行所提出的特定要求，这些要求是安全性、服务连续性等。

一般来说，要描述一个无线电导航系统，必须考虑其精度、可用性、可靠性及其完好性等。

1. 精　度

导航系统的精度是指系统为运载体提供的实时位置与运载体当时的真实位置之间的重合度。受各种因素的影响,如发射信号不稳定、接收设备的测量误差、气候及其他物理变化对电磁波传播媒介的影响等,这种重合度有时好有时差,即导航误差是一个随机变化的量,因此只能用统计的度量单位来描述,也就是用定位误差不超过一个数值的概率来描述。

在民用卫星导航中,现在有一种表示精度的趋向,即不管误差分布成什么样子,水平定位、垂直定位和时间的精度都用与 95% 置信水平相对应的数来表示。

导航系统的精度通常有以下三种类型:

第一种是预测精度,它是导航系统的测量结果相对于地图上标出位置而言的精度。

第二种是重复精度,它指用户回到从前用过的同一导航系统测定过的位置的精度。

第三种是相对精度,它指用户测量出的位置相对于另一个差不多同时用同一导航系统测量出的位置的精度。

2. 可用性

交通运输是昼夜不间断进行的,因此导航服务也不能间断,要全年 365 天、每天 24 h 地提供服务。这就要求无论在什么天气、地形和电波传播条件下都能提供符合要求的导航服务,然而导航系统受各种因素的影响,有时仍然可能要停止工作。因此对导航系统提出了可用性这一指标。系统可用性是它为运载体提供可用的导航服务时间的百分比。

在导航中还有信号可用性的提法。信号可用性指从导航台发射的导航信号可以使用的时间百分比,它与发射台即电波传播环境有关。

3. 可靠性

系统的可靠性是系统在给定的使用条件下,在规定的时间内,以规定的性能完成其功能的概率。可靠性用于说明系统发生故障的频率。

系统可用性和可靠性是不同的概念。例如:有些导航系统每年有几天要停下来检修发射台的大型铁塔天线,这当然对其可用性有影响;然而除停机那几天外,它的服务十分连续,发射台、用户设备工作和电波传播都很稳定,因此可靠性高。相反,有些系统每年不需要停机检修,因此可用性指标很高,但时不时爱出点短期毛病,这就是可靠性不高。

4. 覆盖范围

覆盖范围是指一个面积或立体空间,这里导航台发射的信号足以使机载或船载导航设备以规定的精度给出载体的位置。覆盖范围受到系统几何布局关系(许多无线电导航系统,当运载体与导航台之间的距离或方位不一样时,导航精度便不同)、发射信号功率电平、接收机灵敏度、大气噪声条件等因素的影响。

5. 导航信息更新率

导航信息更新率是指导航系统在单位时间内提供定位或其他导航数据的次数,对更新率的要求与运载体的航行速度和航行阶段有关。例如:对于航空,如果导航信息更新率不够,在两次为飞行员提供位置数据之间的时间内,飞机的当前位置与上一次的指示位置有可能已相差很远,这就使导航服务的实际精度大打折扣。另外,现代飞机常依靠自动驾驶仪以实现自动化操作,因此导航系统必须能与自动驾驶仪交联工作,自动驾驶仪要求它所输入的导航信息要有与飞机本身的动态条件和飞行操作相当的更新率,才能精确、平稳地驾驶飞机。

6. 系统完好性

完好性是指当导航系统发生任何故障或误差超出了允许的范围时,自动向驾驶员发出及时报警的能力。这显然是必要的。例如,飞机向跑道下滑的阶段,如果导航系统发生了故障或误差超过了允许的范围而未向驾驶员及时发出报警信号,若飞机继续按仪表飞行,便有可能使飞机偏离或飞出跑道甚至撞到地上,酿成事故。

完好性是保证交通安全的必要功能,所有为交通服务的导航系统必须具有这项功能。

7. 导航信息的维数

导航信息的维数是指导航系统为用户所提供的是一维、二维或三维的位置数据。导航系统从导航信号中导出的第四维(时间)信息也属于这个参数。

总之,导航是一种为运载体进行交通运输航行时提供连续、安全和可靠服务的技术。为了便于国际和国内的顺利通航,要在全世界范围内建立规定种类和具有规定性能的导航系统。导航系统的性能除了由其信号特性和上述参数来描述外,还有导航信息多值性、系统容量等参数要求。也就是说,为了保证交通运输的安全和连续进行,对导航的性能要求是特定的,也是多方面的,不能把任何一个能定位的系统都说成是导航系统。

4.2 自动定向机

早在 1912 年,人们就开始研制世界上第一个无线电导航系统,即自动定向机(Automatic Direction Finding,ADF),又称无线电罗盘(Radio Compass)。它是一种地基定向系统,通过接收地面各地的民用中波无线广播电台或专用的地面导航台NDB(无方向信标),获得相对方位角,实现对飞机的导航。它的位置线为直线。自动定向机具有结构简单、性能可靠、使用方便等特点,所以至今仍为各种飞机必备的一种无线电导航设备。

4.2.1　自动定向机的功能及组成

1. 自动定向机的主要功能

现代飞机的自动定向机具有以下功能:

① 测量电台相对方位角,并显示在方位指示器上。

② 定位。在现代飞机上,一般都装有两部自动定向系统,在使用中将它们分别调在两个不同方位的导航台上。两个定向机的指针装在同一个仪表内,分别指出各自相应电台的相对方位角。根据这两个相对方位角,在地图上可以划出飞机对地面导航台的两条相应的位置线,两条位置线的交点便是飞机的位置。

③ 判断飞机越台时间。在飞机飞向导航台,然后飞越导航台,进而背台飞的过程中,可根据相对方位角的变化来判断飞越导航台的时间。如方位指示器的指针由 $0°$ 转向 $180°$ 的瞬间,即为飞机飞越导航台的时间。

④ 沿预定航线飞行。可连续、自动地对准地面导航台,利用自动定向机的方位指示保持沿预定航线飞行,即进行向台或背台飞行,从而可以完成:从一个台站至另一个台站的飞行;引导飞机进入空中走廊的出口、入口;引导飞机完成着陆前的进场机动飞行和下降飞行,使飞机对准跑道中心线,配合仪表着陆系统引导飞机着陆。

⑤ 由于自动定向机一般工作在 190～1750 kHz 的中长波段范围内,因此可以接收民用广播电台的信号,并可用于定向;还可收听 500 kHz 的遇险信号(700 型自动定向机可收听 2 182 kHz 的来自另一海岸的遇险信号),并确定方位。

自动定向机的技术指标,根据 ARINC - 570 规范三的选定和概括,应具有下列主要性能:

频率范围:190～1750 kHz,频率间隔 0.5 kHz,频率转换时间小于 4 s。

作用距离:由地面导航台发射功率及机上接收机灵敏度决定,一般可达 300 km 左右。

定向摆动:小于 $±1°$。

接收机选择性:调谐频率为所选频率 $±175$ Hz;频带宽度 -6 dB 处最小,为 1.9 kHz;频带宽度 -60 dB 处不大于 7 kHz。

设备精度:信号较强时,不考虑飞机结构的影响,设备精度为 $2°$ 左右;信号较弱时,设备精度为 $3°$ 左右。

2. 自动定向机的组成

自动定向机由地面设备和机载 ADF 设备组成,其工作示意图如图 4.3 所示。

1) 地面设备

地面设备主要是地面导航台,它由中波导航机(发射机)、发射天线及一些辅助设

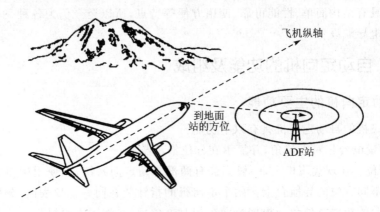

图 4.3 自动定向机的工作示意图

备组成，安装在每个航站和航线中的某些检查点上，不断地向空间全方位地发射无线电信号，因此也叫作无方向性信标（NDB）。典型的用于自动定向的地面电台是一个调幅制的 NDB，其工作频率为 190～550 kHz。天线与发射机如图 4.4 所示。

(a) NDB天线　　　　(b) 发射机

图 4.4 ADF 地面设备

根据用途不同，地面导航台又可以分为两种：一种是供飞机在航线上定向和定位使用的，要求发射功率大，作用距离远，通常称为航线导航台；另一种是供飞机在着陆时使用的，安装在飞机着陆方向的跑道延长线上，因为需要两个导航台，所以称为双归导航台。

（1）航线导航台

航线导航台工作在 190～550 kHz 频率范围内，发射功率为 400～1 000 W（我国一般用 500 W），有效作用距离不小于 150 km。不同的航线导航台使用不同的识别信号，识别信号由两个英文字母组成（如 EX），用国际莫尔斯电码拍发，拍发速度为 20～30 个字母/min，一般用等幅报方式以相等的间隔发射识别信号，每 30 s 至少发 3 遍。

航线导航台可用于归航。当飞机要求飞往某导航台时，飞行人员首先调节机载自动定向机接收该导航台的信号，观察指示器所指的刻度，然后改变飞机航向，使指针对准指示器的航向标记(即机头方向),并且在飞行中保持航向不变,飞机就能飞到该导航台上空。

驾驶员经常需要了解飞机在飞行中是否偏离了航线以及飞机是在某一导航台的哪个方位上飞行,因此航线导航台可以与机载自动定向机配合为飞机定向。

此外,利用两个航线导航台与两部机载自动定向机配合,可确定飞机的地理位置。

航向导航台的开放与关闭由航站指挥调度部门控制和掌握。导航台的值班人员根据指挥调度部门的通知开放和关闭航线导航台,也有的通过遥控装置直接由调度人员在塔台控制。

(2) 双归航台着陆系统

用于飞机着陆的双归航台,不仅可以引导飞机进场,完成机动飞行和保持着陆航向,而且可以在夜间或气象条件很差的白天,利用双归航台和机载自动定向机引导飞机对准跑道,安全下降到一定高度(一般为 50 m)穿出云层,然后进行目视着陆。

双归航台的使用频率范围与航线导航台一样,也为 190~550 kHz,一般远台频率和近台频率的间隔不能小于 15 kHz,以保证机载自动定向机在工作中不会相互干扰。

远台一般都兼作航线导航台使用,故发射频率与航线导航台的规定相同,有效作用距离不小于 150 km。近台发射功率为 100 W 左右,有效作用距离为 50 km。

远台发射的识别信号由两个英文字母组成,如 DF;近台识别信号用远台的头一个字母,如 D。两台的识别信号均采用国际莫尔斯电码发射,拍发速度为 20~30 个字母/min,拍发次数要求用相同间隔,每分钟拍发 6 遍。

远台和近台都要以调幅报方式发射识别信号,调制频率为 1 020 Hz。因为在调幅报方式下高频载波是连续发射的,这样可以防止拍发识别信号过程中引起的自动定向机指示器指针的摆动。同时要求远归航台能够发话,以便当飞机上的通信设备发生故障时,驾驶员可用自动定向机来接收地面的指挥信号。

远台和近台处同时配有的指点标台是一个发射机,发射频率为固定的 75 MHz,通过一个方向性很强的天线向上垂直发射一个很窄的倒锥形波束。当飞机刚好飞过指点标台的上空时,飞机上的指点标台接收机就可收到该电波信号,在驾驶舱内就可显示灯光和音响信号,表示飞机正通过归航台上空。

指点标台和双归航台是同时开放和关闭的,都受到指挥调度部门控制。因为远台兼作航线导航台使用,所以至少要在飞机到达前 30 min 开放,以便引导飞机进场,近台可以在飞机到达前 15 min 开放。如果装有双向双归航台,跑道两端的双归航台所使用的频率一般是相同的,但识别信号不同,在使用双归航台时,只能根据飞机着陆方向开放其中一边的双归航台,不能两边同时开放,以免影响飞行安全。

2) 机载 ADF 设备

机载 ADF 设备一般包括自动定向接收机、控制盒、方位指示器、环形天线和垂直天线或组合型环形/垂直天线等,如图 4.5 所示。

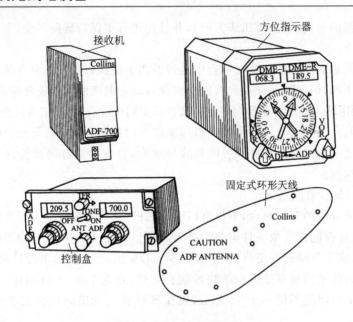

图 4.5　机载自动定向机

（1）自动定向接收机

自动定向接收机主要用来接收和处理环形天线与垂直天线收到的地面导航台的信号,将处理后的方位信息送至无线电磁指示器(RMI)或 EHSI 等指示器,显示出飞机与地面台的相对方位角,并分离出地面台的识别信号,送至飞机的音频系统。自动定向接收机不仅可接收地面 NDB 台的信号,也可接收中波民用广播电台和商用电台的信号作为普通收音机使用,也可利用这些电台为飞机定向。现代自动定向接收机是一个普通二次变频的超外差接收机,采用频率合成等技术,直接以二十进制(BCD)编码和 ARINC - 429 数据总线的调谐方式,采用组合式(环形/垂直)天线或固定环形天线测角器电路,以及正余弦调制的方位信息处理电路和监控电路等。

（2）控制板

控制板可用来选择接收机的工作频率和工作方式,如图 4.6 所示。

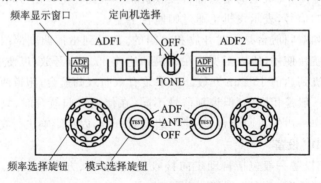

图 4.6　ADF 接收机控制板

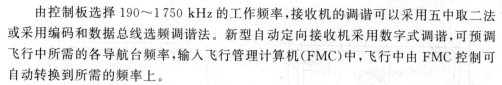

由控制板选择 190～1 750 kHz 的工作频率,接收机的调谐可以采用五中取二法或采用编码和数据总线选频调谐法。新型自动定向接收机采用数字式调谐,可预调飞行中所需的各导航台频率,输入飞行管理计算机(FMC)中,飞行中由 FMC 控制可自动转换到所需的频率上。

工作方式的选择一般有自动定向(ADF)方式、天线(ANT)方式、测试(TEST)方式、断开(OFF)方式等。

① 自动定向(ADF)方式。此时定向机可利用方向性天线和垂直天线的信号实现自动定向。

② 天线(ANT)方式。当方式开关置于天线方式时,只有垂直天线所接收的信号可以输入接收机。因此,定向机只能用于接收所选择电台的信号,相当于一台收音机,用于手动调谐,不能定向。

③ 测试(TEST)方式。测试(TEST)方式用于测试定向机系统。此时定向指针在一些飞机上应指向 135°,在另一些飞机上则指向 315°。

(3)方位指示器

方位指示器有几种不同的类型,如 RMI、RDMI、EHSI 等,如图 4.7 和图 4.8 所示。ADF 直接测得的角度是以飞机轴线为基准,顺时针转向飞机到导航台连线之间的夹角,如图 4.9 所示。

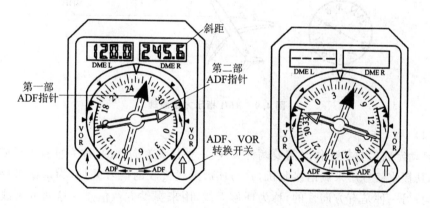

图 4.7　无线电磁指示器

要确定导航台相对于飞机的方位,还必须知道飞机的航向,因此需要与磁罗盘或其他航行测量设备相结合。无线电磁指示器(Radio Magnetic Indicator, RMI)顶端固定标记(航向标记)所指罗盘(可转动的刻度盘)的刻度为飞机的磁航向,指示器指针指示罗盘上的刻度数为地面导航台(电台)的磁方位角,机载 ADF 所测的方位角就是指示器的航向标记与指针方向的夹角,也就是飞机与地面台的相对方位角。它们之间的关系如下:

$$电台的相对方位 = 电台磁方位 - 飞机磁航向$$

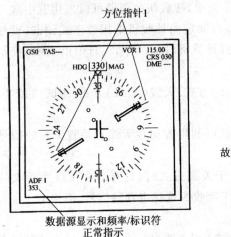

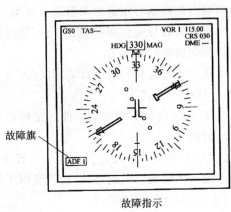

图 4.8 EHSI 的 ADF 指示器

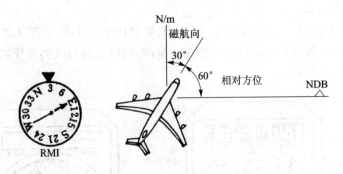

图 4.9 RMI 指示方位原理

（4）天　线

自动定向接收机工作时需要两种天线：一种是无方向性的，称为垂直天线或辨向天线，其接收信号用来调谐接收机，并与环形天线接收的信号叠加，为定向机提供单值定向；另一种是有方向性的，称为环形天线，用来提供方位信息。这两种天线都工作在 190～1 750 kHz 频率范围内。

环形天线的结构从早期的人工旋转或电动机带动旋转的较大线环，发展到今天的环形，它是一种将多匝线环绕在高导磁率的铁氧体上所构成的两个正交的环形天线，与飞机机身平齐安装，且固定在飞机上。其方向性图为以环形天线为中心的 8 字图形。

垂直天线是一根单独安装在机身外部的鞭状天线。现代飞机采用飞机翼根处整流罩上的金属涂层作为垂直天线。

新型自动定向机系统如 ADF-700 系列将垂直天线与环形天线组合在一起构成组合型天线。

4.2.2　自动定向机的基本原理

自动定向机利用环形天线方向性特性测定飞机纵轴与飞机到导航台连线之间的相对方位。

1. 环形天线的方向特性

环形天线的外形可以是各种形状，一般机载是一个用导线制成的矩形或圆形的线环，如图 4.10 所示。

假设环形天线平面垂直于地平面，并假定接收的无线电波为垂直极化波（电场强度矢量垂直于地面），则环形天线的定向原理可用图 4.11 说明，只有与电场矢量平行的导体 1 和 2 才能产生感应电动势 e_1 和 e_2，而与电场矢量垂直的水平边不能感应出电动势。每匝天线的合成电动势为

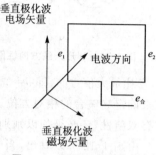

图 4.10　环形天线示意图

$$e_合 = e_1 - e_2$$

从图 4.11 中可以看出，当天线平面垂直于电波来向的时候（见图 4.11(a)），e_1 和 e_2 的相位和振幅都相同，因此合成电动势等于零，信号幅度达到最小值。在其他几种情况中，电波到达导体 1 和 2 的时间不同，感应电动势 e_1 和 e_2 的相位不同，显然相位差越大，合成电动势 $e_合$ 的振幅也越大。当天线平面与电波来向平行时（见图 4.11(c)），$e_合$ 的振幅达到最大值。比较图 4.11(b) 和 (d) 可以看出，由于导体 1 和 2 相对于电波的位置互换，合成电动势 $e_合$ 的相对方位也改变了 180°。

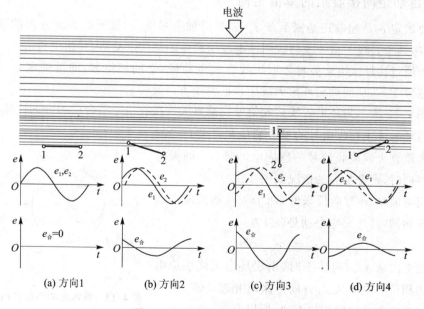

图 4.11　环形天线的定向原理

根据上述分析,可以画出环形天线的水平方向性图,如图 4.12 所示。

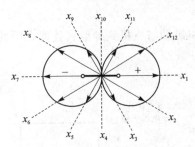

图 4.12　环形天线方向性图

在 $\theta=0°$ 或 $180°$ 方向上,感应电动势最大;在 $\theta=90°$ 或 $270°$ 方向上,感应电动势为零。因此,电波来波方向和环形天线感应电动势的关系在极坐标上表现为 8 字形,称为 8 字形方向性图。

利用环形天线的 8 字形方向性图,可以根据环形天线接收信号振幅的变化确定电波的来向,从而确定 NDB 导航台的相对方位。

8 字形方向性图中,最小值方向(即 $\theta=90°$ 或 $270°$)比最大值方向(即 $\theta=0°$ 或 $180°$)灵敏,因此在 ADF 中,常用最小值方向对准电波来确定导航台的相对方位。但环形天线有两个最小接收方向,即用最小值测向时具有双值性,还必须加以判别。

由图 4.12 可以看出,当 $90°<\theta<270°$ 时,导体 2 上的感应电动势 e_2 将超前于导体 1 上的感应电动势 e_1。此时,若通过随动装置使环形天线顺时针旋转,则 θ 将逐渐减小,当 θ 减小到 $90°$ 时,环形天线感应的合成电动势为 $e_合$,天线停止转动,$\theta=90°$ 的方向即为导航台方向。反之,若 $-90°<\theta<90°$,则 e_1 超前于 e_2,通过随动装置使环形天线逆时针旋转,θ 将逐渐增大,直至 $\theta=90°$ 为止。采用这种办法后,环形天线将只有一个稳定的最小值方向(对应于上述情况为 $\theta=90°$),而另一个最小值方向(对应于上述情况为 $\theta=270°$)将是不稳定的,即只要电波的来向稍有变化,环形天线将自动转向,以稳定的最小值方向对准电波的来向。

2. 自动定向接收机的单值定向

要确定 e_1 是超前还是滞后于 e_2,需要另加一根天线,该天线为无方向的垂直天线,亦称判读天线。该天线接收同一电波所产生的感应电动势,其相位与 e_1 或 e_2 基本同相。通过比较该电动势与环形天线合成电动势 $e_合$ 的相位差,即可确定 e_1 是超前还是滞后于 e_2,从而确定环形天线应该向哪个方向旋转。

图 4.13 所示为环形天线接收信号同垂直天线接收信号结合后的方向性图情况。

当环形天线接收信号的最大感应电动势(e_1)的振幅和垂直天线接收信号的感应电动势(e_v)的振幅相位相同时,则叠加后的情况如图 4.13 所示。

当电波从 x_1 方向传来时,两个天线的感应电动势相位相同,其总感应电动势(e_t)为

$$e_t = e_1 + e_v = 2e_1 = 2e_v$$

当电波从 x_7 方向传来时,由于环形天线感应电动势的相位与电波从 x_1 方向传来时相差 $180°$,而垂直天线感应电动势的相位不变,所以有

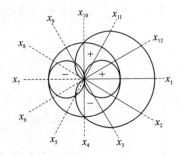

图 4.13　叠加后的心形方向性图

$$e_t = e_1 - e_v = 0$$

当电波从 x_4、x_{10} 方向传来时,环形天线的感应电动势等于零,所以

$$e_t = e_v$$

用同样的方法,可以得到电波从其他方向传来时的总感应电动势,按照画方向性图的方法,把这些总感应电动势的向量连起来,将得到一个心形方向图曲线。这就是环形天线和垂直天线结合后的方向图。

为了确定最小值方向,并不一定要转动环形天线,也可以在一架飞机上安装两个固定的环形天线,分别与飞机的纵轴平行、垂直放置,两个无线感应电动势的振幅将分别与 $\cos\theta$ 和 $\sin\theta$ 成正比。将这两个感应电动势分别加在测角器的固定绕组上,测角器的转子将在合成磁场的作用下转动,类似于可转动的环形天线指示出导航台的相对方位。

4.2.3　自动定向机的测向误差

影响自动定向机测向误差的原因除设备误差外,还包括以下几种误差。

1. 夜间极化误差(夜间效应)

虽然地面导航台发射的是垂直极化波,但经电离层反射后,其极化方式有所改变,天波中除垂直极化分量外,常存在水平极化分量。水平极化分量将在环状天线的水平部分产生感应电动势,使环状天线平面对准导航台方向时,合成电动势不为零,进而引起指示器指针的摆动造成误差。由于天波的影响在夜间尤为显著,因此称为夜间极化误差(夜间效应)。在频率较高的中波波段,其误差范围为 $10°\sim15°$。在黄昏和日出时,由于电离层的参数变动剧烈,其误差可能更大。减小夜间效应的根本方法是避免接收天波。长波的波长比较长,反射较弱,所以应尽量选择频率低、距离近的导航台,并在测定方位时注意读取平均值。

2. 地形误差

无线电波在传播过程中,若遇到地形变化(如山峰、海岸等),则会产生绕射、折射等使传播方式发生改变的现象,从而使 ADF 的测向产生误差。例如,电波在山区绕射所引起的方位误差如图 4.14 所示。

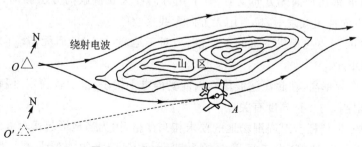

图 4.14　电波绕射引起的方位误差

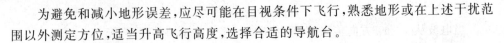

为避免和减小地形误差,应尽可能在目视条件下飞行,熟悉地形或在上述干扰范围以外测定方位,适当升高飞行高度,选择合适的导航台。

3. 大气干扰误差

空中的雨、雪、云、冰晶、沙尘等微粒均可能带有电荷,它们与飞机摩擦后,可能产生静电放射。静电放射时会产生各种频率的电波,其中主要是中、长波。这些干扰电波加强了接收机的噪声,造成了调谐的困难,并使指示器出现摆动或缓慢旋转。当飞机在雷、雨、云附近飞行时,由于雷、雨、云中存在大量静电放射,其影响更大。遇到这种干扰时,应仔细辨听信号,读取方位角的平均值,选择距离近、功率大的导航台。

4. 无声锥的影响

地面导航台由于采用垂直天线发射信号,在天线上空信号很弱。因此,当飞机处于导航台上空的一个圆锥形区域时,指示会不稳定;当飞机飞越导航台上空时,指示也不能立即改变180°。该区域称为无声锥。

4.3 甚高频全向信标(VOR)

甚高频全向信标(VHF Omnidirectional Range,VOR)是一种近程无线电相位测角系统,位置线为直线,简称伏尔(VOR)。它的机上设备通过接收地面 VOR 导航台发射的电波,可以直接确定以导航台所在位置的北向为基准的飞机方位。VOR 是第二次世界大战后期在美国首先发展起来的,1949 年正式被国际民航组织确定为国际标准航线的无线电导航系统使用。为了克服地面站内地形地物带来的影响,在普通伏尔(CVOR)的基础上又发展了多普勒伏尔(DVOR),进一步提高了系统的测向精度。

4.3.1 VOR 的特点及功用

1. 特 点

与同样是测向导航设备的 ADF 相比较,VOR 具有下列特点:

① ADF 采用地面无方向发射,机上用方向性天线接收的方法测向;而 VOR 采用地面用方向性天线发射,机上用无方向天线接收的方法测向。

② VOR 可直接提供飞机的方位角(相对于地面导航台)而无需航向基准,其精度高于 ADF。

③ 工作频率高(在超短波波段),因此受静电干扰小,指示较稳定,但作用距离受视线距离限制,与飞行高度有关。

④ CVOR 信标台对周围场地的要求相当严格,因为当地形起伏较大或有大型建筑物位于天线附近时,由于反射波的干涉,会引起较大的方位误差。目前使用的

DVOR 地面信标克服了 CVOR 对场地要求严格的缺点,只是产生辐射信号的方法不同,而机载 VOR 接收机对两者均可兼容。

2. 相关的角度

1) VOR 方位角

VOR 方位角是指从飞机所在位置的磁北方向顺时针测量到飞机与 VOR 台连线之间的夹角。VOR 方位也称电台磁方位、电台方位角、磁方位角,缩写为 QDM (Magnetic Bearing to a Direction-Finding Station),它是以飞机为基准来观察 VOR 台在地理上的方位,如图 4.15 所示。

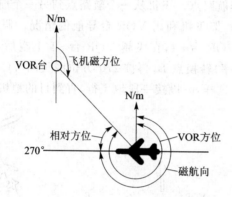

图 4.15 VOR 方位、飞机磁方位示意图

2) 飞机磁方位

从 VOR 台的磁北方向顺时针测量到 VOR 台与飞机连线之间的夹角,称为飞机磁方位,也称飞机方位角、VOR 径向方位角,缩写是 QDR(Magnetic Bearing from the Station)。它是以 VOR 台为基准来观察飞机相对 VOR 台的磁方位。

3) 磁航向

磁航向指飞机所在位置的磁北方向和飞机纵轴方向(机头方向)之间顺时针方向测量的夹角。

4) 相对方位角

飞机纵轴方向和飞机到 VOR 台连线之间顺时针方向测量的夹角,称为相对方位角或电台航向。

3. 功 用

第一,用于定位。

利用 VOR 设备定位有以下两种方法:

① VOR 机载设备测出从两个已知的 VOR 台到飞机的磁方位角,便可得到两条位置线,利用两条位置线的交点便可确定飞机的地理位置。这种定位方法叫作测角定位,即 $\theta-\theta$ 定位。

② VOR 台通常和 DME 安装在一起,利用 $\rho-\theta$ 定位(极坐标定位)。

第二,沿选定的航路导航。

VOR 台能够辐射无限多的方位线(或称径向线),每条径向线表示一个磁方位角(磁北为基准零度)。驾驶员通过机上全方位选择器 OBS 选择一条要飞的方位线,称预选航道;飞机沿着预选航道可以飞向(To)或飞离(From)VOR 台,并通过航道偏离指示器指出飞机偏离预选航道的方向(左边或者右边)和角度,以引导飞机沿预选航道飞往目的地。

在一条"空中航路"上,根据航路的长度,可以设置很多个 VOR 台。VOR 台在航路上的安装地点叫作航路点。飞机从一个航路点到另一个航路点就按选定的航道飞行。图 4.16 所示为一架飞机利用 VOR 台导航的情况。假定飞机从起飞机场 A 选定 225°方位线飞向 VOR 台-1,在飞越 VOR 台-1 上空后,再选 90°方位线飞离 VOR 台-1,在距离(频率)转换点 B,再按 270°方位线飞向 VOR 台-2,接着按 45°方位线飞离 VOR 台-2。这样,一段接一段地飞行,直到目的地机场 C。

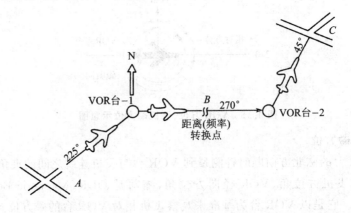

图 4.16　沿选定航路导航

图 4.17 所示为在全向信标系统引导下,一架由成都飞往北京的飞机在航线上飞行的情况。图中各数字所指含义为:1——所在地名;2——所在地名代号;3——VOR 台所在地理位置经、纬度信息(NXX WXX);4——电台识别码;5——VOR 台频率(MHz);6——北京 VOR 台;7——西安 VOR 台;8——广元 VOR 台;9——成都 VOR 台。

第三,具有航道偏离指示和向/背台指示。

4. VOR 工作频率

在现代飞机上,VOR 导航系统的机载设备与仪表着陆系统(ILS)的航向信标(LOC)的机载设备有些部分是共用的,如天线、控制盒、指示器、接收机的高频和中频部分。安装在机场的 VOR 台叫作终端 VOR 台(TVOR)。VOR 工作频率范围为 108.00~117.95 MHz,频率间隔 50 kHz,共 200 个波道。在 108.00~111.95 MHz

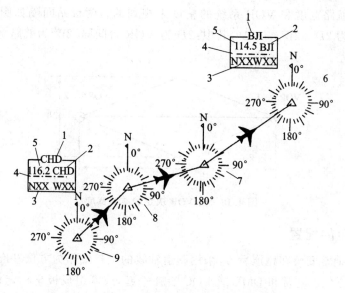

图 4.17　由全向信标系统引导飞行的飞机

内共有 80 个波道,为 TVOR/LOC 共用,其中:十分位为偶数的频率有 40 个波道
(108.05 MHz、108.20 MHz、108.25 MHz……117.85 MHz),为 TVOR 工作频率;
十分位为奇数的 40 个波道(108.10 MHz、108.15 MHz……107.95 MHz),为 LOC
工作频率。

此外,在 112.00~117.95 MHz 范围内,频率间隔 50 kHz,共有 120 个波道,用
于航路 VOR 使用。

5. VOR 的误差及布置

如表 4.1 所列,VOR 系统的误差归因于多种不同的要素,总误差是各要素误差
平方和的根。目前广泛应用的 DVOR 的精度至少是表 4.1 所列示例的 10 倍。

表 4.1　VOR 误差估计

误差要求	误差值
辐射方向信号误差 E_r(基于实测信标数据)	±1.4°
机载设备误差 E_a(基于典型航空电子系统精度,现代设备精度相对较高)	±3.0°
仪表误差 E_i(基于模拟系统,数字系统误差相对小)	±2.0°
飞行技术误差 E_f(假定与其他变量相独立,影响很可能是消极的)	±2.3°
总误差 $=(E_r^2+E_a^2+E_i^2+E_f^2)^{0.5}$	±4.5°

VOR 在 1200 m 高空,典型作用距离为 370 km,能在 360°视线范围内向飞行员
提供相对于地面台磁北向的方位,被广泛用来确定航路及走廊口宽度。

我国规定的航路宽度为±10 km,走廊口航路宽度为±5 km。VOR 系统布台是

根据规定的航路宽度和 VOR 系统的精度来规划的。两台站间隔如图 4.18 所示。两台站间隔为 $2D = 2W/\tan \Delta\theta$，其中：$2D$ 为 VOR 台间隔；$2W$ 为航路宽度；$\Delta\theta$ 为系统的侧角误差。

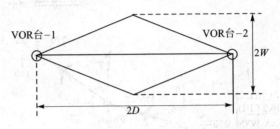

图 4.18 由 VOR 决定的航路宽度

6. 地面台的配置

TVOR 通常安装在跑道后方，采用跑道轴线的延长线作为方位基准来指示飞机相对跑道的方位。它常和 DME 或 LOC 装在一起，或者组成极坐标定位系统，或者利用和跑道中心延长线一致的 TVOR 台方位线，代替 LOC 对飞机进行着陆前的引导。TVOR 使用 108.00～111.95 MHz 的 40 个波道。发射功率约为 50 W，工作距离为 25 n mile。TVOR 台采用低功率发射，不干扰在相同频率上工作的其他 VOR 台；TVOR 台建于建筑物密集的机场，多路径干扰严重影响 VOR 的精度，因此，只能用于短距离导航。

安装在航路上的 VOR 台叫作航路 VOR，台址通常选在无障碍的地点，如山的顶部。这样，因地形效应引起的台址误差和多路径干扰可以大大减小。航路 VOR 使用 112.00～117.95 MHz 的 120 个波道，发射功率为 200 W，工作距离为 200 n mile。在一条"空中航路"上，根据航路的长短、规定的航路宽度和 VOR 系统的精度，可以设置多个航路 VOR 台，飞机沿着预定航道可以飞向或飞离航路 VOR 台，并指出飞机偏离航道的方向（左或右）和角度，实现飞机的归航和出航。航路 VOR 台还可以作为航路检查点，为空中交通管制服务。

VOR 系统的工作范围取决于接收机灵敏度、地面台的发射功率、飞机高度及 VOR 台周围的地形。工作范围主要受视距限制，而视距又受地面曲率限制。只有飞机高度达到 3 000 ft 时，VOR 工作距离才能达到 200 n mile。

4.3.2 CVOR 的工作原理

我们可以把 VOR 地面台想象为这样的一个灯塔：它向四周发射全方位光线的同时，还发射一个自磁北方向开始顺时针旋转的光束，如图 4.19 所示。

如果一个远距观察者记录了从开始看到全方位光线到看到旋转光束之间的时间间隔，并已知光束旋转速度，就可以计算出观察者的磁北方位角，即

$$观察者方位 = 360°/光束旋转周期 \times 观察时间间隔$$

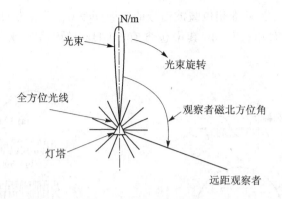

图 4.19　VOR 工作原理

实际上,VOR 台发射被两个 30 Hz 低频信号调制的射频信号。这两个低频信号,一个称为基准相位信号,另一个称为可变相位信号。基准信号相当于全方位光线,其相位在 VOR 台周围的各个方位上相同;可变相位信号相当于旋转光束,其相位随 VOR 台的径向方位而改变。飞机磁方位取决于基准和可变相位信号之间的相位差(相当于看到全方位光线和光束之间的时间差)。

机载设备接收 VOR 台的发射信号,并测量出这两个信号的相位差,就可以得到飞机磁方位角,再加 180°就是 VOR 方位。

1. CVOR 地面台发射信号

由 VOR 的基本工作原理可知,VOR 是利用两个 30 Hz 的低频信号进行比相来测定飞机方位的。这两个信号分别称为基准相位信号和可变相位信号。

1)基准相位信号

CVOR 的基准相位信号是用 30 Hz 低频信号先调频到 9 960 Hz 的副载频上,然后调幅到载频(108.00～117.95 MHz 中 VOR 频率)上,用无方向性天线发射,如图 4.20 所示。天线方向图在水平面上为一个圆形,其最大值在任何方位上都是同时出现的。

首先由 30 Hz 信号产生器产生的 30 Hz(F)低频信号对副载波产生器的 9 960 Hz(f_s)调频,其频偏为 ± 480 Hz$(\pm \Delta f_s)$,得到 9 960 Hz 的调频副载波为

$$U(t) = U_m \cos\left[\Omega_s t + \frac{\Delta \Omega_s}{\Omega} \cos(\Omega t)\right] = U_m \cos[\Omega_s t + m_f \cos(\Omega t)]$$

式中:$\Omega_s = 2\pi f_s$;$\Omega = 2\pi F$;$\Delta \Omega_s = 2\pi \Delta f_s$;$U_m$ 为调频副载波的振幅;$m_f = \Delta \Omega_s / \Omega$ 为调频系数。

再用 9 960 Hz 的调频副载波信号对辐射载波(ω_0)进行调幅,则发射机全向天线向空间辐射的信号,即基准相位信号 $U_R(t)$ 为

$$U_R(t) = [U_{Rm} + U(t)]\cos(\omega_0 t) = \{U_{Rm} + U_m \cos[\Omega_s t + m_f \cos(\Omega t)]\}\cos(\omega_0 t) =$$
$$U_{Rm}\{1 + m\cos[\Omega_s t + m_f \cos(\Omega t)]\}\cos(\omega_0 t)$$

式中：$\omega_0 = 2\pi f_0$；U_{Rm} 为基准相位载波信号的幅度；$m = U_m / U_{Rm}$ 为调幅系数。

$U_R(t)$ 作为基准相位信号，其中包含有 30 Hz 调频信号成分，其信号波形如图 4.21 所示。

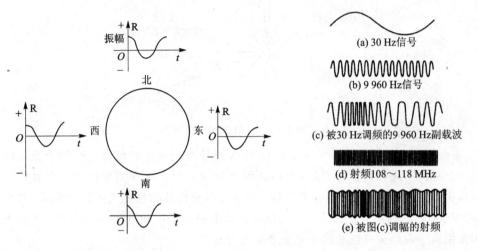

图 4.20　基准相位信号　　　　图 4.21　基准相位信号的形成波形图

$U_R(t)$ 经 VOR 信标全向天线向空间 $0° \sim 360°$ 水平方位辐射的水平极化波信号，辐射信号的方向性图为一个圆形。机载接收机接收并检测出的该 30 Hz 信号称为基准相位 30 Hz 信号。

2) 可变相位信号

可变相位信号原理上是用一个方向图为 8 字形的方向性天线直接辐射载波形成的。8 字形天线辐射场在各个方位上的正向最大值出现的时刻不同，随方位角的变化而变化。若该天线以 30 r/s 的转速旋转，则任意方向上接收机所接收到的信号都将是一个用 30 Hz 低频信号对载频调幅后的已调波，但每个方向上该 30 Hz 低频调制信号的相位并不相同，故称其为可变相位信号，如图 4.22 所示。

在正北方向，让可变相位信号的正向最大值与基准信号的正向最大值同时出现，则在正东方向，可变相位信号的正向最大值出现时刻比基准信号的正向最大值出现时刻延迟 1/4 周期，其他方位情况依此类推。

由此可见，在相对于电台的任何方位上，通过测量基准相位信号和可变相位信号之间的相位差，即可确定飞机所在方位。

可变相位信号原理上是通过旋转方向性天线产生的，但由于机械地旋转天线比较困难，实际系统是用电气方法产生一个等效的"旋转"过程，具体是用边带产生器产生 30 Hz 正弦和余弦调制的调幅边带波信号，分别再由两对正交的裂缝天线（可变相位天线）向空间辐射。

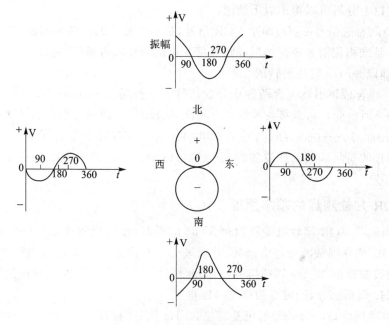

图 4.22　可变相位信号

3）全 VOR 信号

基准相位信号与可变相位信号是通过不同天线（全向天线和方向性天线）以水平极化方式向空间辐射的。飞机在空间某一点接收到的信号实际上是两者在空间的合成信号 $U_\Sigma(t)$，可表示为

$$U_\Sigma(t) = U_R(t) + U_V(t) =$$

$$U_{Vm}\cos(\Omega t - \theta)\cos(\omega t) + U_{Rm}\{1 + m\cos[\Omega_s t + m_f\cos(\Omega t)]\}\cos(\omega t) =$$

$$U_{Rm}\{1 + m_A\cos(\Omega t - \theta) + m\cos[\Omega_s t + m_f\cos(\Omega t)]\}\cos(\omega t)$$

式中：$m_A = U_{Vm}/U_{Rm}$，为可变相位信号的调幅系数。

全 VOR 信号的波形与天线辐射场如图 4.23 所示。

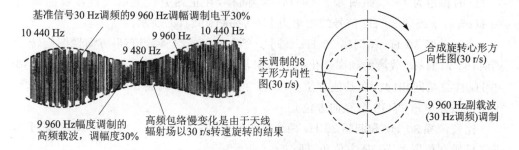

图 4.23　全 VOR 信号波形及空间合成辐射场

通过以上分析可以得出以下结论：

① 空间合成信号 $U_\Sigma(t)$ 即全 VOR 信号，是一个复杂的调频调幅波，其空间合成辐射场为基准相位信号辐射场形（圆）与可变相位信号辐射场形（旋转的 8 字形）的线性合成，即以 30 r/s 转速旋转的心形。

② 空间合成辐射场包含两种成分的信号。一种是 $[1+m_A\cos(\Omega t-\theta)]$，其相位随方位角 θ 而改变。机载接收机解调出的该 30 Hz 信号即可变相位 30 Hz 信号。另一种是 $m\cos[\Omega_s t+m_f\cos(\Omega t)]$，它是 9 960 Hz 调频副载波产生的调幅部分，与 θ 无关。机载接收机从调频副载波（9 960±480）Hz 中调频出的 30 Hz 信号为基准相位 30 Hz 信号。

2. VOR 方位测量的基本原理

① 当机载 VOR 接收机接收到全 VOR 信号时，接收机首先通过幅度检波器检出 9 960 Hz 调频副载波的包络信号，并通过一个双向限幅器变成等幅调频信号，再由频率检波器检出 30 Hz 调频信号，即基准相位 30 Hz 信号。经接收机包络检波器检出 30 Hz 调幅部分，为可变相位 30 Hz 信号。

② 基准相位 30 Hz 信号与可变相位 30 Hz 信号的相位关系如图 4.24 所示。

当心形方向图最大值对准磁北时，调频副载波的频率为最大值 10 440 Hz。以磁北方向作为相位测量的起始方位，若有四架飞机分别位于 VOR 台的北（磁北）、东、南、西四个方位上，同时接收 VOR 台发射信号，四架飞机接收的基准相位 30 Hz 信号如图 4.24(a) 所示。

在磁北方位上，两个 30 Hz 信号幅度最大值同时出现（同相），如图 4.24(b) 所示。在正东方位上的飞机，当心形方向性图最大值旋转 90°指向正东时，30 Hz 调幅信号的峰值最大，而调频副载波的频率变成 9 960 Hz，30 Hz 调频信号的幅度变到零点。因此，在 VOR 台的 90°方位线上，接收的调幅 30 Hz 落后于调频 30 Hz 的相角为 90°，如图 4.24(c) 所示。在正南方位上的飞机，当调幅 30 Hz 为最大值时，副载波频率变成 9 480 Hz，而基准相位 30 Hz 变成负最大值，这时调幅 30 Hz 落后于调频 30 Hz 的相角为 180°，如图 4.24(e) 所示。同样，在正西方位上的飞机接收的调幅 30 Hz 落后于调频 30 Hz 信号的相角为 270°，如图 4.24(d) 所示。

由于调频 30 Hz 和调幅 30 Hz 是同步变化的，也就是说当心形方向性图旋转一周时，9 960 Hz 副载波的频率变化一个周期，因此在磁北方位上，调频 30 Hz 和调幅 30 Hz 性总是同相的。在其他方位上，调幅 30 Hz 落后于调频 30 Hz，相角也总是等于飞机磁方位角（VOR 台径向方位）。

比较调频 30 Hz 和调幅 30 Hz 两个信号相位，并取其差角 θ 再加上 180°，即可求得飞机所在位置的 VOR 方位角，即

VOR 方位角 = 可变相位 30 Hz 信号落后基准相位 30 Hz 信号之差角 θ +180° =
飞机磁方位 +180°

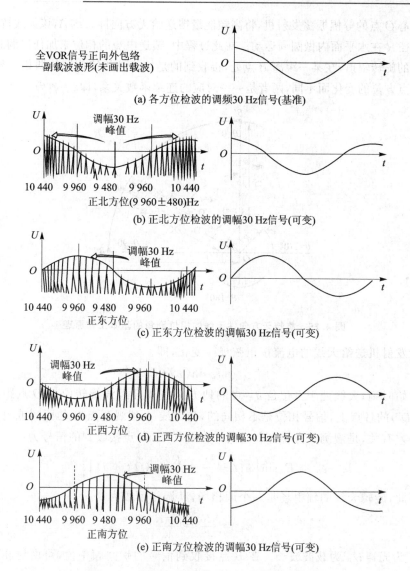

全VOR信号正向外包络
——副载波波形(未画出载波)

(a) 各方位检波的调频30 Hz信号(基准)

调幅30 Hz
峰值

10 440　9 960　9 480　9 960　10 440
正北方位(9 960±480)Hz

(b) 正北方位检波的调幅30 Hz信号(可变)

调幅30 Hz
峰值

10 440　9 960　9 480　9 960　10 440
正东方位

(c) 正东方位检波的调幅30 Hz信号(可变)

调幅30 Hz
峰值

10 440　9 960　9 480　9 960　10 440
正西方位

(d) 正西方位检波的调幅30 Hz信号(可变)

调幅30 Hz
峰值

10 440　9 960　9 480　9 960　10 440
正南方位

(e) 正南方位检波的调幅30 Hz信号(可变)

图 4.24　全 VOR 信号外包络波形及检波波形

4.3.3　DVOR 的工作原理

为了建立无方向性天线辐射信号与方位一一对应的关系,多普勒伏尔(Doppler VOR,DVOR)采用沿一定圆周旋转无方向性天线的相位测角原理。由于旋转天线的多普勒效应,辐射(或接收)的信号频率将被天线的转速所调制,就相当于对信号进行了频率调制,并使信号的相位发生相应变化,产生包络线相位与方位有一定关系的调相辐射场,从而可以确定远距离处运载体的方位。

图 4.25 所示为 DVOR 旋转无方向性天线的相位测角的基本工作原理。图中,在

圆周中心 O 点的等幅振荡发射机,将高频能量馈送给无方向性天线 A,该天线按角频率 Ω 以半径 R 在水平面内做圆周运动。在此过程中,馈送电流的相位未加任何调制,但由于天线的旋转辐射,在某一距离 B 点处,接收到的是按正弦规律调制的调相信号,相位随接收点方位的变化而不同,两者是一一对应的连续函数关系,即 $\varphi = \varphi(\theta)$。

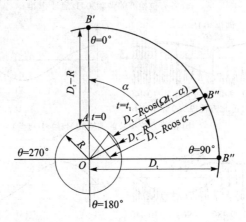

图 4.25　旋转无方向性天线的相位测角的基本工作原理

设发射机送给天线的电流按正弦规律变化,即

$$i = I_{\mathrm{m}} \sin(\omega t)$$

并设初始时刻,天线处于方位角 $\theta = 0°$ 的地方。在离开天线旋转中心 O 点距离相同(同为 D_{t})的各点上,信号相位是不相同的,与天线 A 到观测点 B 的距离或电波传播路径之差有关,是观测点方位 α 和时间 t 的函数,即 B 点接收到的信号为

$$e_B = E_{\mathrm{m}} \sin\left\{ \omega\left[t - \frac{D_{\mathrm{t}}}{c} + \frac{R}{c}\cos(\Omega t - \alpha) \right] \right\}$$

因此,旋转天线的辐射场是一个调相场,其调相系数为

$$\varphi_{\mathrm{m}} = \frac{\omega R}{c} = \frac{2\pi R}{\lambda_0}$$

式中:c 为光速;λ_0 为载波波长。在 B 点接收到信号的瞬间频率值,可由对相位的求导得出

$$\omega_B = \frac{\mathrm{d}\varphi}{\mathrm{d}t} = \omega\left[1 - \frac{\Omega R}{c}\sin(\Omega t - \alpha) \right]$$

上式表明,接收信号的频率是随天线旋转角频率 Ω 按正弦规律变化的,而信号的频偏取决于载频频率,发射天线的旋转角速度和旋转半径,即

$$\Delta\omega = \frac{\omega \Omega R}{c} = 2\pi\Omega\frac{R}{\lambda_0}$$

接收到 DVOR 信标台的信号后,测量 30 Hz 调制信号的相位,就可确定运载体相对于信标台的方位。与 CVOR 同理,DVOR 的信标台也必须发射一个基准相位信号。基准相位信号采用调幅方式由载频通道发射出去,并且使基准电压相位和天线

旋转相位协调一致。考虑了基准信号之后,在离开地面信标台距离为 x 的 $\theta=\theta_B$ 方位上,接收到的无线电信号为

$$e_B = E_{\mathrm{m}}[1 + m\sin(K\Omega t)]\sin\left[\omega t - \frac{\omega D_{\mathrm{t}}}{c} + \frac{\omega R}{c}\cos(\Omega t - \theta_B)\right]$$

式中:m 为调制系数;K 为整数或分数。

运载体上接收指示设备收到上述信号,分离出恒定相位信号(基准信号)和可变相位信号(方位信号),比较它们的相位差,即可单值地确定运载体相对于信标台的方位,其工作原理以及机载设备都与 CVOR 相同。图 4.26 所示为在不同方位角上收到的基准信号与方位信号相位变化图。

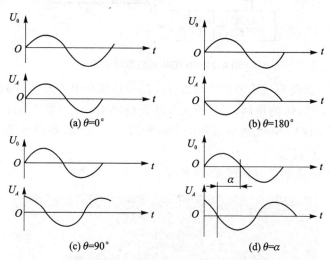

图 4.26　不同方位角上收到的基准信号与方位信号的相位变化图

为了比较方便地解调出可变相位信号,需要加大系统中旋转天线所带来的频偏,即得到大的调频系数,根据前面推导,在波长 λ_0 已定的情况下,可采用加大半径的方法。但在天线较大的情况下,由于直接旋转有一定困难,故可以将许多天线按一定的半径,排列成一个天线阵,对阵中的每个辐射单元轮流馈电,达到模拟天线转动的目的。图 4.27 所示为 DVOR 地面台的原理方框图。

DVOR 的天线系统由中央无方向性天线,和以它为中心、在一定半径的圆周上均匀排列的 $48\sim50$ 个边带天线组成,并安装在一个大的金属反射网上面。中央无方向性天线由带有 30 Hz 基准信号和 1020 Hz 识别信号调幅的载波信号馈电,向外辐射作为系统的基准信号。

圆阵中的天线由将载频偏移 9960 Hz 的连续波(边带)信号馈电,产生与方位有关的双边带信号,上、下边带信号频率分别为 f_0+9960 Hz 和 f_0-9960 Hz。为模拟天线的转动,圆阵中每个边带天线的馈电都经过一个电容转向器或固态开关的控制,一次把要发射的两个边带信号分别馈送给在直径方向上相对的两个天线振子,转换

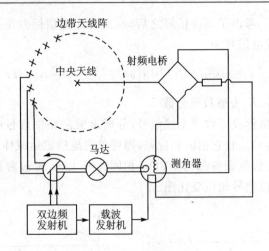

图 4.27　DVOR 系统原理框图

速率为 30 次/s,最终形成边带信号以 30 r/s 的转速环绕中央天线连续旋转。

为满足±480 Hz 的调制频偏,圆天线阵直径取 13.4 m,将产生 1 262 m/s 的圆周"速度",相当于 VOR 无线电信号的 480 个波长/s 变化,即产生了 VOR 要求的±480 Hz的频率偏移。

典型 DVOR 地面设备如图 4.28 所示。

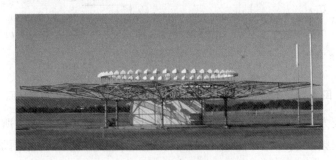

图 4.28　典型 DVOR 地面设备

DVOR 的优势主要体现在两个方面:一是可变相位信号为频率调制方式,由 2.2.2 小节可知,其解调性能优于采用幅度调制的 CVOR;二是采用了大天线阵,由于宽孔径天线具有削弱场地误差(如多路径效应)的能力,并且 DVOR 中采用了双边带发射,进一步减小了场地误差影响,其测量精度比 CVOR 大为提高,可以达到在任何径向(方位)上的误差不超过 1°的精度。因而 DVOR 在实际中得到了广泛应用,已基本取代了传统的 VOR 系统。

4.3.4　机载 VOR 接收系统

机载 VOR 接收系统由接收天线、控制盒、甚高频接收机和指示器所组成,如图 4.29 所示。

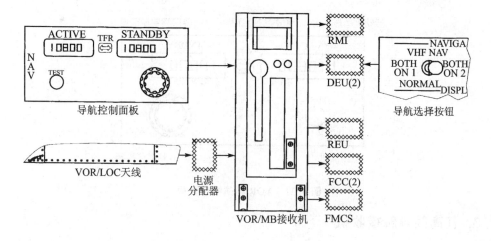

图 4.29　机载 VOR 接收系统的组成

1. 接收天线

VOR/LOC 接收天线是一种具有 50 Ω 特性阻抗的全向水平极化天线（见图 4.30），通常安装在飞机垂直安定面的顶部，可接收 VOR 信标和航向 LOC 信标的 108～117.95 MHz 的甚高频信号，经过 ILS 继电器把甚高频信号送至导航接收机组件。

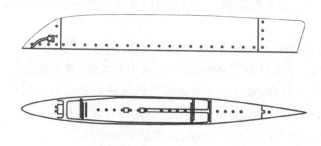

图 4.30　VOR/LOC 接收天线

2. 控制盒

目前飞机上 VOR 控制盒是与 ILS、DME 共用的，其控制面板如图 4.31 所示。它的主要功能如下：

① 频率选择和显示。人工选择并显示 108～117.95 MHz 之间间隔 50 kHz 的任一频率，其中包括 VOR 接收信号频率和航向 LOC 接收频率。当选定 LOC 频率时，与之配对的下滑 GS 信标接收频率即被选定；当选定 VOR 和 LOC 频率时，与之配对的测距机 DME 的接收频率也被选定。

② 试验按钮，可分别对 VOR、ILS 和 DME 的设备进行测试检查。

③ 可对识别信号和语音信号音量进行控制。

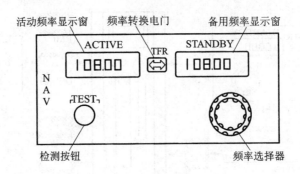

图 4.31　VOR 导航控制面板

3. 甚高频导航接收机

VOR 甚高频导航接收机是由一个二次变频的超外差接收机和一些相关的电路组成的。

VOR 甚高频导航接收机可以单独设置，也可与 ILS 或信标（MAK、LOC、GS）等构成组合型接收机。

4. 指示器

机载 VOR 系统通常使用的指示器有无线电磁指示器（RMI）、无线电方位/距离磁指示器（RDDMI）、水平状态指示器（HSI）以及电子水平状态指示器（EHSI），它们均为综合指示器。

RMI 可指示磁航向、VOR 方位或 ADF 方位、相对方位角。

RMI 在 4.2.1 小节已做了介绍，能够指示 4 个角度：罗盘由磁航向信号驱动，固定标线（相当于机头方向）对应的罗盘刻度指示飞机的磁航向；指针由 VOR 方位和磁航向的差角信号驱动，固定标线和指针之间的顺时针夹角为相对方位角；指针对应罗盘上的刻度指示为 VOR 方位（QDM），其指示刻度值等于磁航向加相对方位；而指针的尾部对应的罗盘刻度为飞机磁方位（QDR），它与 VOR 方位相差 180°。

为进一步理解 RMI 的指示，在图 4.32 上画出了多种飞机的姿态和相应的 RMI 指示。

图 4.32 中，旋转 RMI 指示器是为了与飞机的飞行方向保持一致，指示器旁边的数字为磁航向读数。

以图 4.32 中在 VOR 台东南方向上的那架飞机为例，固定标线（Lubber Line）对应的罗盘刻度为磁航向 30°，固定标线和指针之间的顺时针夹角为相对方位角 270°，指针对应的罗盘刻度为 VOR 方位 300°，而指针尾部对应罗盘上的刻度为飞机磁方位 120°。

HSI 指示器是一个组合仪表，如图 4.33 所示。

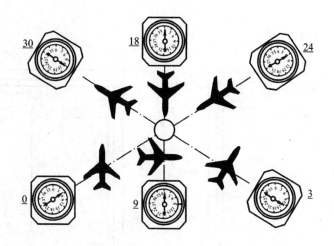

图 4.32　VOR 台周围 RMI 上的指示

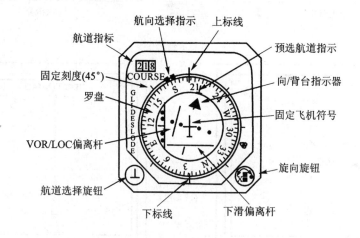

图 4.33　HIS 指示器

　　HSI 指示器用于指示飞机在水平面内的姿态。在 VOR 方式,航道偏离杆由飞机相对于预选航道的偏离信号驱动,指示飞机偏离预选航道的角度,每一格约为 2°。向/背台指示器由向/背台信号驱动,在向台区飞行时三角形指向机头方向,在背台区飞行时三角指向机尾方向。预选航道指针随 OBS 全方位选择器旋钮转动,指示预选航道的角度。警告旗在输入信号无效时出现。

　　在仪表着陆方式中,航道偏离杆由 LOC 偏离信号驱动,指示飞机偏离跑道中心线的角度,每一格约为 1°;而下滑指针指示飞机偏离下滑道的角度,每一个格为 0.35°。当下滑信号无效时,下滑旗出现(图 4.33 中未画出警告旗)。

　　电子水平状态指示器(EHSI)上的显示如图 4.34 所示。

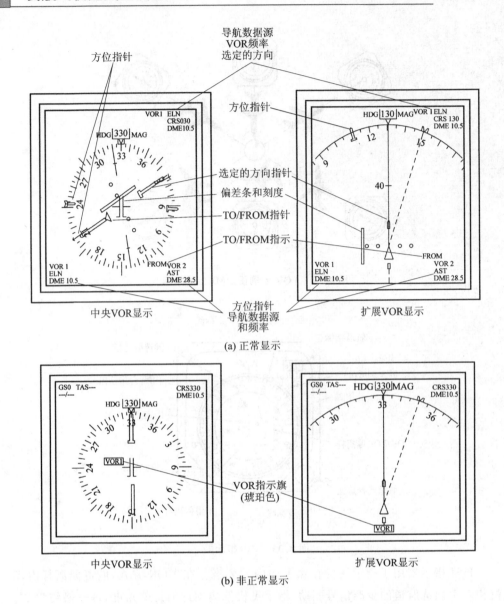

图 4.34　EHSI 正常显示和非正常显示

4.3.5　航道偏离与向/背台指示

1. 航道偏离指示

　　航道偏离是指飞机的实际飞行航道与驾驶员通过全方位选择器(OBS)选择的航道即预选航道之间的偏离情况,如图 4.35 所示。

　　预选航道是以磁北为基准 0°,包括两条方向相反的方位线,图 4.35 中所示的预选航道为 45°。

当实际飞行航道与预选航道不一致时,将在指示器上通过航道偏离杆指出当前飞机是在预选航道的左边或右边,即飞机应向右飞或向左飞。

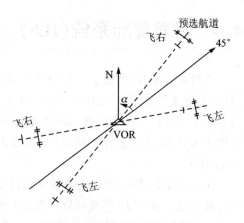

图 4.35 预选航道与航道偏离

2. 向/背台指示

当预选航道选定后,飞机可以沿着选定航道飞离(FROM)或飞向(TO) VOR台。在这两种情况下,偏离指示器给驾驶员提供的飞左或飞右指示是相同的,这就产生双值性。

向/背台(TO/FROM)指示器的功能就是用来消除这种"模糊性",指出此飞机在与预选航道方向相同的一边飞行或者在与预选航道方向相反的一边飞行。

图 4.36 中给出了一个向/背台指示的例子,通过 VOR 台画一条与预选航道(30°或 210°)垂直的线 $A-B$,$A-B$ 线为向/背台指示的分界线。如果预选航道方位是 30°,则飞机在 $A-B$ 线的右上方,无论飞机航向如何,均指背台(FROM);相反,飞机在 $A-B$ 线的左下方,则指向台(TO)。若预选航道方位是 210°,则在 $A-B$ 线的右上方,指向台;若在 $A-B$ 线的左下方,则指背台。

由上述可知,向/背台指示与飞机的航向无关,只取决于预选航道方位和飞机所在径向方位的差角。

图 4.36 向/背台指示

4.4 仪表着陆系统(ILS)

飞机在着陆时,驾驶员可以目视外界地标操纵飞机着陆。但为保证着陆安全,在《目视着陆飞行条例》(VFR)中规定,目视着陆的水平能见度必须大于 4.8 km,云底高不小于 300 m。当着陆机场气象条件不能满足上述条件时,着陆飞机只能依靠飞行仪表系统的引导进行着陆,该系统称为仪表着陆系统(Instrument Landing System,ILS)。

ILS 是目前国际、国内在机场终端区引导飞机精密进近着陆的主要引导设备,俗称盲降系统。在 1949 年被国际民航组织确定为飞机标准的进近和着陆设备。

ILS 的作用是用无线电信号建立一条由跑道指向空中的狭窄"隧道",飞机通过机载 ILS 接收设备确定自身与"隧道"的相对位置,只要飞机保持在"隧道"中央飞行,就能在复杂气象条件下沿下滑道平稳下降,最终下降至决断高度,进而转为目视进近着陆。

ILS 进场示意图如图 4.37 所示。

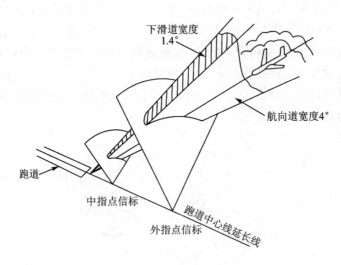

图 4.37 ILS 进场示意图

ILS 提供的引导信号在驾驶舱仪表上显示。驾驶员可根据仪表指示(或使用自动驾驶仪"跟踪"仪表指示),操纵飞机沿跑道中心线的垂直面和规定的下滑角下降到跑道入口水平面以上的一定高度上,再由驾驶员根据跑道情况操纵飞机目视着陆。ILS 只能引导飞机下降到最低允许的高度(即决断高度)上。

ILS 用于在恶劣气象条件下和能见度不良条件下给驾驶员提供引导信息,保证飞机安全进近和着陆。

4.4.1　着陆过程与标准等级

1. 着陆过程

整个着陆过程大体可以划分为进场、拉平、滑跑、滑行几个阶段。

1）进 场

这一阶段的任务在于将飞机从航线飞行引导到着陆航线的方向（即跑道中心线的延长线的方向），并保证飞机沿着进场航线（以远距导航台为标志），为下滑飞行做好准备。过渡飞行路径用 VOR、VOR/DME 和指点信标来规定起始进场点和最后进场点；进场高度用气压高度表和无线电高度表来测量。此外，也可以从进场控制塔得到距离、方位、仰角等数据。

当飞机进入进场航线，距离跑道端 25～30 km，高度为 400～500 m 时，进一步进场由 ILS 产生的无线电波来引导，一直引导飞机下降到 30 m 高度，距跑道端 300 m（内指点信标所在地）时为止。这期间，飞机沿一条由仪表着陆系统提供的下划线做下滑飞行。

国际民航组织规定下滑道必须在跑道起点上空的 15 m 高度经过，在离跑道起点 300 m 处着陆。这样，当飞行员看到跑道时，就要设法使飞机对准跑道中心线，并下降到所要求的这个高度上。从仪表着陆系统引导进场，过渡到 30 m 决断高度见到跑道期间，必须飞得很平稳并要求做好可能放弃着陆的准备。

2）拉 平

当飞机接近着陆地点时，不能以原来在下滑道上的下降速度（2～5 m/s）继续下降，否则会碰撞地面，所以必须执行一种拉平操控，使飞机下降速度在着陆时降为 0.6～1 m/s。

对于典型的喷气式飞机，当飞机轮子距离地面 9 m 时，就要开始拉平；由于俯仰方向上存在着惯性，所以飞行员或自动驾驶仪需提前 2 s 执行拉平操控，而且决断拉平还要再提前 1～2 s。所以，整个拉平过程要在离着陆点水平距离 750 m、垂直距离 22.5 m 范围内实现。

Ⅰ、Ⅱ类着陆时，拉平阶段完全靠驾驶员目视进行操控。

3）滑跑和滑行

在主轮着地约 182 m 后，大型喷气式飞机鼻轮才着地，以后的操作就与地面车辆相似了。这期间，飞机在跑道界限以内结束滑跑，找到出口，沿滑行道滑行到停机坪，最后完成着陆。

2. 着陆标准等级

国际民航组织根据着陆系统的引导性能，并综合考虑跑道上水平能见度的气象条件，把着陆标准等级分为Ⅰ、Ⅱ、Ⅲ三类，规定了相应的决断高度，如表 4.2 所列。

表 4.2　着陆标准等级划分

着陆标准等级	决断高度/m	跑道入口距离/m	最低引导高度/m	水平能见度/m
非精度进场	120	2 050	—	1 500
CAT Ⅰ	60	900	30	800
CAT Ⅱ	30	300	15	400
CAT ⅢA	15	0	0	200
CAT ⅢB	0	0	0	50
CAT ⅢC	0	0	0	0

决断高度 DH 是指驾驶员对飞机着陆或复飞做出判断的最低高度。在此高度上,飞行员根据能否清晰地看到跑道,对继续着陆或拉升复飞做出决断。决断高度在中指点信标(Ⅰ类着陆)或内指点信标(Ⅱ类着陆)上空,由低高度无线电高度表测量。

跑道视距 RVR 又称为跑道水平能见。它是指在跑道表面的水平方向上能在天空背景下看见物体的最大距离(白天)。

3. 着陆系统等级

根据着陆标准,仪表着陆系统的设施也分成相应的三类,分别与国际民航组织规定的着陆标准相对应,并且使用相同的罗马数字和字母表示。ILS 系统根据精度和运用的能见度极限来分类。系统总的精度应该包括台址误差、障碍物影响、跑道长度、跑道设备配置以及设备配置精度等。

ILS 系统不同类别设施能达到的运用性能目标如下:

Ⅰ类设施的运用性能:在跑道视距不小于 800 m 的条件下,以高的进场成功概率,能将飞机引导至 60 m 的决断高度。

Ⅱ类设施的运用性能:在跑道视距不小于 400 m 的条件下,以高的进场成功概率,能将飞机引导至 30 m 的决断高度。

ⅢA类设施的运用性能:没有决断高度的限制,在跑道视距不小于 200 m 的条件下,着陆的最后阶段凭借外界目视参考,引导飞机至跑道表面,因此叫作看着着陆(See to Land)。

ⅢB类设施的运用性能:没有决断高度的限制,不依赖外界目视参考,一直运用到跑道表面,接着在跑道视距 50 m 条件下凭外界目视参考滑行,因此叫作看着滑行(See to Taxi)。

ⅢC类设施的运用性能:没有决断高度的限制,不依靠外界目视参考,能沿着跑道表面着陆和滑行。

一般 ILS 系统能够满足 Ⅰ、Ⅱ 类着陆标准,例如配合飞行指引仪或自动驾驶仪来完成 Ⅱ 类着陆标准的自行着陆。但 Ⅲ 类着陆要求有更复杂的辅助设备相配合,Ⅲ类着陆标准不仅进近和着陆都必须使用自动控制设备,而且滑跑(Rollout)和滑行

(Taxiing)也必须在其他电子设备的控制下完成。

现代仪表着陆系统与飞机上的自动驾驶仪配合使用,一般可以达到Ⅲ$_B$类着陆条件。

4.4.2　ILS 的组成

ILS 由两部分组成:一是机场的导航设备,即地面台;二是机载导航设备。

1. ILS 地面台

仪表着陆系统地面台由航向信标台(LOC)、下滑信标台(GS)和指点标台(MB)组成。航向信标台的作用是提供航向道信号,形成巷道面;下滑信标台的作用是提供下滑道信号,形成下滑面;指点标台的作用是指示飞机距跑道入口的距离。

ILS 各信标台的安装位置如图 4.38 所示。

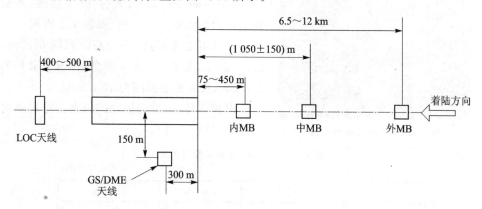

图 4.38　ILS 各信标台的安装位置

1) 航向信标台(LOC)

航向信标台一般安装在跑道末端的中心延长线上,距离跑道端 400～500 m。航向信标台的天线面向主降方向安装,有多种形式,如 V 形天线阵、圆形偶极天线阵等(如图 4.39 所示)。

图 4.39　航向信标台天线阵

航向信标的主要性能参数如下:

频率范围:108～111.95 MHz,十分位为奇数,以 0.05 MHz 为间隔,共 40 个频道。

信号的有效覆盖范围:跑道中心线两侧 0°～10°范围内为 25 n mile,10°～35°范围内为 17 n mile,35°以外为 10 n mile。

识别信号:航向信标的识别信号为远台或归航台识别码之前加上字母 I,为三个英文字母,如成都双流机场 ILS 02 跑道的识别码为 IZW。

2) 下滑信标台(GS)

下滑信标台一般安装在飞机接地带的旁边,远离建筑物的一侧,距跑道入口 300 m 左右,距跑道中心线 150 m 左右。下滑信标台由天线、特高频发射机、监视器及电源等组成。下滑信标台的天线由安装在铁架上的上、下天线阵组成(见图 4.40)。

图 4.40 下滑信标台天线

下滑信标的主要性能参数如下:

频率范围:329.15～335 MHz 的 UHF 波段,频率间隔 150 kHz,共有 40 个波道,和航向信标台的频率一一对应,如表 4.3 所列。

有效覆盖范围:跑道中心线两侧 8°以内,0.35θ 以上,$1.75\theta(\theta$ 为下滑角,标准下滑角为 3°)以下,最大覆盖范围为 10 n mile。

识别信号:下滑信标台的识别信号和航向信标台相同。

表 4.3 LOC 与 GS 频率配对关系

单位:MHz

航向信标	下滑信标	航向信标	下滑信标
108.10	334.70	109.50	332.60
108.15	334.55	109.55	332.45
108.30	334.10	109.70	333.20
108.35	333.95	109.75	333.05
108.50	329.90	109.90	333.80
108.55	329.75	109.95	333.65
108.70	330.50	110.10	334.40
108.75	330.75	110.15	334.25
108.90	329.30	110.30	335.00
108.95	329.15	110.35	334.85
109.10	331.40	110.50	329.60
109.15	331.25	110.55	329.45
109.30	332.00	110.70	330.20
109.35	331.85	110.75	330.05

续表 4.3

航向信标	下滑信标	航向信标	下滑信标
110.90	330.80	111.50	332.90
110.95	330.65	111.55	332.75
111.10	331.70	111.70	333.50
111.15	331.55	111.75	333.35
111.30	332.30	111.90	331.10
111.35	332.15	111.95	330.95

3）指点标台（MB）

根据机场安装的 ILS 类别，指点标台的安装有两台制和三台制两种：两台制一般在距跑道入口 1 km 左右的近台位置安装中指点标，在距跑道入口 4 km 左右的远台位置安装外指点标，我国民航大多数机场均采用这种安装方法；三台制则是在距跑道入口 75～450 m 处、约 1 km 处以及约 7.2 km 处分别安装内指点标台、中指点标台和外指点标台（如图 4.38 所示），以满足 Ⅱ 类和 Ⅲ 类盲降的运行要求。

指点标台天线系统发射的电磁波为水平极化波，辐射的最大方向位于天线的正上方。

指点标台的主要性能指标如下：载波频率为 75 MHz，最大作用高度不低于 3 000 m，输出功率为 6 ×（1±10％）W。调制音频的键控率是连续的 6 个点/s，连续的 2 划/s，是连续交替的点和划。调制音频：外指点标台为 400 Hz，中指点标台为 1 300 Hz，内指点标台为 3 000 Hz。

4）间隔要求

当机场比较密集或在一个机场有几条跑道且每条跑道上都设置 ILS 设备时，航向信标和下滑信道的发射信号对机载接收机可能会产生相互干扰。为此，需要规定两套设备的频率间隔和最小距离间隔。为防止因相互干扰而产生误差，在 ILS 保护点和进场航道所有点上至少要提供 20 dB 的保护，即接收机接收有用信号对干扰信号的最小信干比为 20 dB。

2. ILS 机载导航设备

ILS 机载导航设备属于甚高频导航系统之一，它与 VOR 和 DME 共用。

ILS 机载导航设备由 ILS 接收机、指点标接收机、航向天线、下滑天线、指点标天线、控制盒（其控制面板参见图 4.31）和指示器组成，如图 4.41 所示。

ILS 机载指示器主要由水平状态指示器和姿态指引仪组成。

仪表着陆系统的控制盒就是甚高频控制盒，由于下滑信标的频率和航向信标的频率一一对应，当飞行员调谐航向信标台的频率时，下滑信标台的频率将自动调谐。

VOR/LOC 共用天线为水平极化天线，GS 天线为折叠式偶极天线，MB 用环形天线。

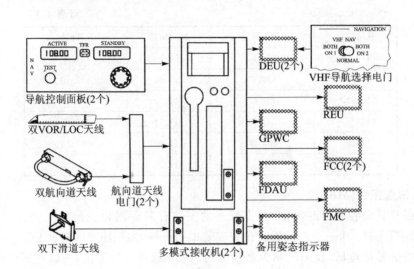

图 4.41 ILS 机载导航设备的组成

4.4.3 ILS 的工作原理

1. 航向偏离指示原理

如图 4.42 所示,ILS 航向信标台沿跑道中心线两侧发射两束水平交叉的辐射波瓣,跑道左边的甚高频载波辐射波瓣被 90 Hz 低频信号调幅,跑道右边的甚高频载波辐射波瓣被 150 Hz 低频信号调幅。当飞机在航向道上时,90 Hz 信号等于 150 Hz

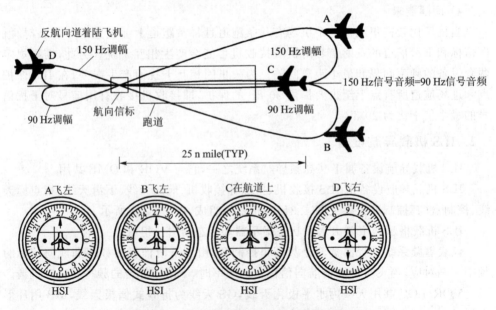

图 4.42 航向信标辐射场及航向道偏离指示

信号；当飞机偏离到航向道的左边时，90 Hz 信号大于 150 Hz 信号；当飞机偏离到航向道的右边时，150 Hz 信号大于 90 Hz 信号。

ILS 机载导航设备的功能就是接收和处理航向信标台的发射信号，即放大、检波和比较两个调制信号的幅度，由航道偏离指示器（CDI）指示飞机偏离航向道的方向（左边或右边）和角度大小。如飞机在航向道上（例如图 4.42 中的飞机 C），90 Hz 信号等于 150 Hz 信号，指示器指零；飞机偏离至航向道的左边（例如图 4.42 中的飞机 B），90 Hz 信号大于 150 Hz 信号，指示器向右指；飞机偏离至航向道的右边（例如图 4.42 中的飞机 A），90 Hz 信号小于 150 Hz 信号，指示器向左指。

LOC 是 ILS 中可以提供反航道进近的设备。当进行反航道进近时，为了使仪表指示与实际情况一致，飞行员可以按下指示器上的反航道 B/C 转换电门（例如图 4.42 中的飞机 D）。

如果没有 B/C 转换电门，则 CDI 指示与正向进近时相反。

机上 LOC/VOR 天线接收的地面台发射信号，被送到常规的单变频或双变频外差式接收机。由于 LOC 和 VOR 接收机部分是共用的，接收机接收和处理哪种信号，决定于控制盒选择的频率是 LOC 频率还是 VOR 频率，当选择 LOC 频率时，接收机接收 LOC 的发射信号。通过高频放大、中频放大和检波电路后，输出信号包括 90 Hz 导航音频、150 Hz 导航音频以及 1 020 Hz 的台识别码，然后由滤波器来完成这些信号的分离。

2. 下滑指示原理

下滑信标和航向信标工作原理基本类似，特别是机载设备。两者的主要不同之处是，下滑信标工作频率定在 UHF 波段（329.15～335.00 MHz），对飞机提供垂直引导（上/下引导）。下滑信标发射功率小，因为它的引导距离仅为 10 n mile。此外，下滑信标不发射识别码和地空话音通信信号，因为它是和航向信标配对工作的。

下面对下滑信标和航向信标的不同点进行简要说明。

下滑信标天线安装在跑道入口处的一侧。天线通常安装在一个垂直杆上。下滑信标天线的等效辐射场如图 4.43 所示。在沿着着陆方向上发射两个与跑道平面成一定仰角并有一边相重叠的相同形状的波束。两个波束信号以相同的频率发射，但上波束用 90 Hz 调幅，下波束用 150 Hz 调幅，调幅度均为 40%。

下滑接收机通过对 90 Hz 和 150 Hz 调制音频信号的比较，引导飞机对准下滑道。若所接收的 90 Hz 信号音频等于 150 Hz 信号音频，则下滑偏离指针指在中心零位（C 飞机）。若飞机在下滑道的上面，则 90 Hz 信号音频大于 150 Hz 信号音频，偏离指针向下指（A 飞机），表示下滑道在飞机的下面，飞机应往下飞；反之，飞机在下滑道下面时，150 Hz 信号音频大于 90 Hz 信号音频，指针向上指（B 飞机），表示下滑道在飞机的上面，飞机应往上飞。

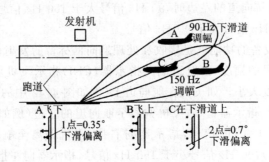

图 4.43　下滑信标天线辐射场和偏离指示

3. 指点信标系统

指点信标系统主要用于飞机在航路上的位置告知,以及在进近着陆阶段的距离引导。当飞机飞越机场跑道指点信标发射机时,指点信标系统提供音频和视频指示。

指点信标系统按其用途可分为航路信标(Course Marker)和航道信标(Runway Marker)。航路信标安装在航路上,向驾驶员报告飞机正在通过航路上某些特定点的地理位置。航道信标用于飞机进场着陆,用来报告着陆飞机与跑道头的距离。两种信标地面台天线发射垂直向上的扇形波束或倒锥形波束,以便飞机飞越信标台上空时可被机载接收机接收到。一般天线波束张角在 40°~60° 之间,飞机在波束上空飞行的时间可持续几秒至几十秒,波束垂直于跑道方向较宽,以便飞机稍微偏离跑道方位时也能收到信号。如果偏离一点就收不到信号,则会对安全造成很大威胁。

指点信标台发射频率均为 75 MHz,但调制信号频率和台识别码各不相同,以便使飞行员识别飞机在哪个信标台上空。航路指点标发射信号的调制频率为(3 000±75)Hz,键控发送莫尔斯识别码,以表示该指点标的名称或地理位置。在航道指点标中,远指点标台的音频调幅频率为 400 Hz,识别电码为 2 划/s(蓝色灯);中指点标台的音频调幅频率为 1 300 Hz,识别电码为 1 点 1 划/s(琥珀色灯);近指点标台的音频调幅频率为 3 000 Hz,识别电码为 6 点/s(白色灯),如图 4.44 所示。在发送识别信号间隙期间,载波不得间断。

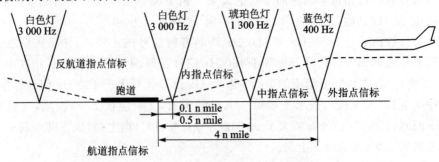

图 4.44　指点信标系统工作示意图

4.5 测距机(DME)

测距机(Distance Measuring Equipment，DME)是在第二次世界大战期间随着雷达的出现而发展起来的。DME 借鉴了一次雷达测距的原理,采用二次雷达的工作方式,分为普通测距机(DME)和精密测距机(PDME)。美国于 1955 年开发了塔康(TACAN)系统,其与民用伏尔组合构成伏塔克系统。1956 年伏塔克系统被国际民航组织所采纳,1959 年确定了与 TACAN 兼容的普通测距机的国际标准。

DME 主要用于航路和终端区的导航,可以与 VOR 联合组成 VOR/DME 近程导航系统,还可以协助 ILS 进行进场着陆的引导。一般情况下,航路用 DME 的覆盖范围不小于 200 n mile,测距误差不大于 0.5 n mile,终端用 DME 的覆盖范围不小于 60 n mile,而 PDME 的覆盖范围在 22 n mile 以上。由于 DME 一般和 VOR 合装在一起作为航路或终端导航设施,因此,在航图上一般以数据框的形式给出全向信标的频率、识别码、DME 波道号以及导航台安装位置的地理坐标,以供飞行员使用。国际民航组织规定,DME 最多能为 100 架飞机提供距离信息。

4.5.1 DME 的功用与波道划分

1. DME 的功用

如图 4.45 所示,DME 测量的是飞机到地面测距台的斜距 R。通常,大型飞机的飞行高度在 30 000 ft 左右,当飞机与测距台的距离在 35 n mile 以上时,所测得的斜距与实际水平距离 R_0 的误差小于 1%;当飞机在着陆进近的过程中离测距台的距离小于 30 n mile 时,其飞行高度通常也已降低(如距离为 6 n mile 时高度为 5 000 ft),因而所测得的斜距与水平距离的误差仍然为 1% 左右,所以在实际应用中把斜距称为距离是可以接受的。只有在飞机保持较高的高度平飞接近测距台的情况下,斜距与实际水平距离之间才会出现较明显的误差。

DME 提供的斜距信息在飞机导航中可以有多种用途。

在现代飞机无线电导航中,利用 DME 提供的信息,结合全向信标系统提供的方位信息,即可按 ρ-θ 定位方法确定飞机的位置,因此,地面测距台往往是和 VOR 同台安装的。同样,利用所测得的飞机到两个或三个测距台的距离,按 ρ-ρ 或 ρ-ρ-ρ 定位方法

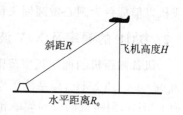

图 4.45 飞机到测距台的斜距

也可进行定位。DME 作为自动飞行控制系统的传感器所提供的距离信息,送到飞行管理计算机系统用于飞机的精确定位。

如果利用机场测距台和机场 VOR 台,则可以实现对飞机的进近到机场的引导。

如图 4.46 所示,在某些情况下,驾驶员可利用 DME 提供的距离信息操纵飞机以某个方位飞向 DME/VOR 信标台,然后转弯以便在新的方位上飞行到某个位置时再做圆周飞行,使飞机最后进入着陆航向。

有时驾驶员为了避开某个空中禁区,可以操纵飞机在距空中禁区某一距离上做圆周飞行,待飞到一个新的径线方位时,再朝向 DME/VOR 信标台飞行,如图 4.47 所示。

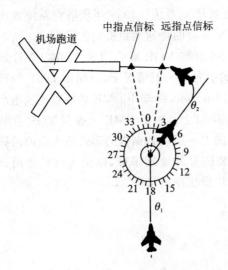
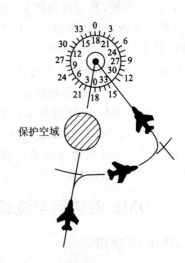

图 4.46　利用 DME 使飞机进近到机场　　**图 4.47　利用 DME 避开保护空域**

驾驶员可根据航站 DME 所提供的距离信息,保持 DME 距离指示器读数为常数,即做圆周飞行,以等待进场着陆。

飞机在飞行中,DME 询问器连续地测量到所选地面信标台的斜距。当然,这个斜距是随飞机接近或离开信标台而变化的。因而,测量斜距的变化率就可给出飞机接近或离开信标台的速度。由 DME 询问器所测得的这个速度叫作地速。显然,若飞机以信标台为圆心做圆周飞行时,DME 距离指示器上指示的地速为零。

2. DME 的频率及 X、Y 波道的划分

机载测距机的询问频率范围为 1025～1150 MHz,地面测距台的应答频率范围为 962～1213 MHz,即系统工作在 L 波段。地面信标台与机载询问机的波道间隔均为 1 MHz,测距机的询问频率和测距信标台的应答频率相差 63 MHz,即测距信标台的发射频率比询问频率高或低 63 MHz。

1) X、Y 波道

在 252 个波道中,所采用的脉冲对的时间间隔有两种,分别称为 X 波道和 Y 波道,X 波道的询问脉冲对时间间隔为 12 μs,应答脉冲对间隔与询问脉冲对间隔一致,也就是 12 μs;Y 波道的询问脉冲对间隔为 36 μs,但应答脉冲对的间隔则为 30 μs,与询问

脉冲间隔是不同的,如图 4.48 所示。所有询问脉冲和应答脉冲的宽度均为 3.5 μs,实际射频脉冲对的包络为钟形脉冲。

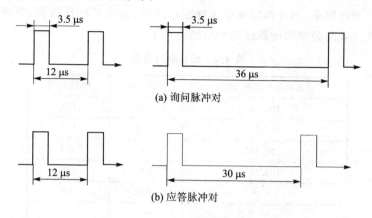

图 4.48 X、Y 波道的脉冲对信号

2) 频率安排

X、Y 波道的询问频率与应答频率关系如图 4.49 所示。在 1 025～1 150 MHz 范围中,波道间隔为 1 MHz,共可安排 126 个询问频率。采用 X、Y 波道安排,共有 252 个应答波道,分别称为 1X～126X 和 1Y～126Y 波道。

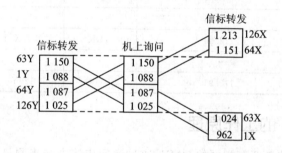

图 4.49 X、Y 波道的询问频率与应答频率关系

对民用测距台来说,这 252 个波道中的 52 个是不用的。这些不用的波道是 1X～16X、1Y～16Y、60X～69X、60Y～69Y。这是因为:首先,测距机通常是和 VOR 与 ILS 连用的,而 VOR 和 ILS 一共只有 200 个波道,所以测距机也只需要 200 个波道与之配对使用;其次,由于测距机和二次雷达的 ATC 应答机工作在同一频段,尽管两者采用了不同的脉冲编码,测距机还是应当避开 ATC 应答机所使用的 1 030 MHz 和 1 090 MHz 频率,以避免可能产生的相互干扰。

精密测距机 PDME 在 X、Y 编码的基础上又增加了 W、Z 两种编码方式,这样 PDME 共有 X、Y、W 和 Z 四种编码方式。

3) DME 与甚高频导航系统的频率配对关系

DME 的 200 个波道与 VOR 和 ILS 的频率配对关系如表 4.4 所列。由表 4.4

可知，当在甚高频控制盒上选择一个 VOR 频率或者 ILS 频率时，总是同时确定了与之配对使用的测距机的工作频率。如果选用的是 108.10～111.95 MHz 的十分位小数是奇数的 ILS 频率，则在调定频率选择旋钮之后，航向信标接收机、测距机及下滑信标接收机三者的频率均被调谐到相应的波道上。

表 4.4 频率配对关系

甚高频导航频率/MHz	波道分配	DME 波道
108.00	VOR	17X
108.05	VOR	17X
108.10	LOC	18X
108.15	LOC	18X
108.20	VOR	19X
...	...	...
111.95	LOC	56Y
112.00	VOR	57X
112.05	VOR	57Y
112.10	VOR	58X
...	...	...
112.25	VOR	59Y
112.30	VOR	70X
...	...	...
117.95	VOR	126Y

4.5.2 DME 的工作原理

飞机上通常装备两套相同的 DME，通过询问应答方式来测量距离。DME 的工作原理如图 4.50 所示。机载测距机内的发射电路产生射频询问脉冲对信号，通过无

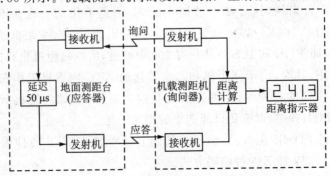

图 4.50 DME 的工作原理

方向性天线辐射出去;测距信标台的接收机收到这一询问信号后,经过 50 μs 的延迟,由其发射机产生相应的应答信号发射;机载测距机在接收到地面射频脉冲对应答信号后,即可由距离计算电路根据询问脉冲与应答脉冲之间的时间延迟 t,计算出飞机到测距信标台之间的视线距离。因此,也可以把机载测距机称为询问器,而把地面测距信标台称为应答器,或简称为信标台;通常所说的测距机是指机载询问器。由上述可知,地面测距台和机载询问器都包含有发射电路和接收电路。

50 μs 延迟通常称为主延迟。其作用如下:

① 使对询问的应答时间统一;

② 将地面信标台所在机场跑道的接地点处的距离指示为 0 n mile 处,因此 50 μs 延迟也叫作零海里延迟;

③ 有利于消除多路径反射波的干扰。

测距电路从发出询问至接收到应答,测到的总时延为 t_T,而信号在距离 R 内的单程传播时间为 t_R,系统固定时延(从信标台接到询问信号到发出应答信号)设为 t_0,则由 $R = ct_R$,有

$$t_T = 2t_R + t_0 = \frac{2R}{c} + t_0$$

$$R = \frac{c}{2}(t_T - t_0)$$

由上式可知,当 t_0 为已知时,只要测得 t_T,便可计算出飞机到达地面信标台的距离 R。

1. 机载测距机的询问

接通测距机的电源,在频率控制盒上把频率调到所需的测距信标台的工作频率/信道上,测距机即可正常工作。所选择的频率/信道可以是 252 个信道中的任何一个。但是,只有当飞机进入了系统的有效作用范围,在测距机接收到一定数量的测距信标台所发射的脉冲对信号的情况下,测距机才会产生脉冲对询问信号发射,以使测距信标台产生相应的应答信号。

测距机所产生的询问脉冲信号的重复频率是变化的。当测距机处于跟踪状态时,询问脉冲信号的平均重复频率较低,通常为 10~30 次/s;当测距机处于搜索状态时,询问重复频率较高,一般为 40~150 对/s。典型测距机在跟踪状态的平均询问率为 22.5 对/s,在搜索状态为 90 对/s。现代机载测距机的询问率较低,搜索时可以为 40 对/s,跟踪时则可以低至 10 对/s。

不论测距机是在搜索状态还是在跟踪状态,也不论是模拟式的测距机还是先进的数字式测距机,其询问重复频率都是围绕一个平均值随机抖动的。采用随机抖动重复频率询问的原理将在 4.5.3 小节中说明。

由于飞机上的测距机和空中交通管制应答机都工作在 L 频段,所以不应同时发射信号,以免相互干扰。为此,当一台测距机发射时,该机所产生的宽约 30 μs 的抑

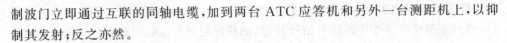

制波门立即通过互联的同轴电缆,加到两台 ATC 应答机和另外一台测距机上,以抑制其发射;反之亦然。

2. 测距信标台的应答

1) 询问应答与断续发射

测距信标台在接收到询问信号后,经过 50 μs 的延迟,便产生相应的应答信号发射,以供机载测距机计算距离,这就是询问应答信号。询问应答信号和询问信号一样,也是射频脉冲对信号。

地面测距台应能为进入有效作用范围的所有飞机的测距机提供询问应答信号。这样就产生了一个问题,即:有时测距信标台会接收到许多架飞机测距机的询问信号,因而要产生很密集的应答脉冲对;有时又可能只有很少的飞机测距机询问,因而只需产生很少的应答脉冲对;甚至有时还会出现没有测距机询问的情况。为了使测距信标台保持在它的最佳工作状态,且不因应答重复频率太高而使发射机过载,应使应答重复频率基本保持不变。应答脉冲重复频率一般规定在 1 000～2 700 对/s 的范围内。

2) 应答抑制

应答抑制是指测距信标台在接收到一次询问脉冲对后,使信标接收机抑制一段时间,一般为 60 μs,特殊情况下可达 150 μs。在抑制的寂静期中,信标台不能接收询问脉冲。

3) 测距信标台的识别信号

为了便于机组人员判别正在测距的信标台是否是所选定的信标台,信标台以莫尔斯电码发射三个字母的识别信号。识别信号由点、划组成,点持续 0.1～0.125 s,划持续 0.3～0.375 s。在点、划持续期内,信标发射机发射 1 350 对/s 的等间隔脉冲对,而不是随机脉冲对。在点、划之间的空隙内,仍发射随机间隔的脉冲对。

识别信号每隔 30 s 发射一次,每次所占用的时间不超过 4 s。

识别信号使机载测距机产生相应的由点、划组成的 1 350 Hz 音频识别码输出。

3. 测距机的接收

机载测距机在每发射一对询问脉冲后即转入接收状态。所接收的信号中,既可能有测距信标台对自己询问的应答信号,也包括信标台对众多的其他飞机测距机的应答脉冲,此外还包括信标台的断续发射脉冲信号及识别信号。

4.5.3 应答识别——频闪搜索

为了获得距离信息,测距机首先必须解决的一个基本问题是如何从信标台的众多应答信号中识别出对自己询问的应答信号来。

应用频闪原理可以达到这一目的。所谓频闪,就是在测距机中设法使询问脉冲信号的重复频率围绕一个平均值随机抖动而不是固定不变。这样,同时工作的多台测距机的询问脉冲重复频率就会各不相同,为对所接收的应答机信号进行同步识别提供了基础。询问的重复频率是由重复频率控制电路控制的。其中,定时电路产生稳定的定时脉冲信号,其脉冲重复频率是固定不变的,如图 4.51(a)所示。定时脉冲加到一个可变分频器上。该分频器的分频比是随机可变的,这也就是颤抖脉冲发生器。由于其分配比随机抖动,所以它所输出的脉冲的重复频率是在一定范围内随机抖动的,即相邻的两个脉冲之间的时间间隔不是固定不变的,如图 4.51(b)所示。用该颤抖脉冲去触发发射电路,则所产生的射频脉冲询问信号重复频率也是抖动的。

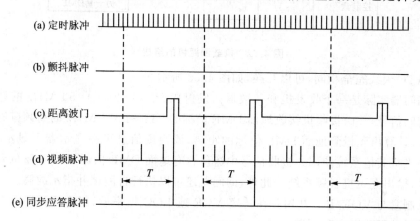

图 4.51 频闪原理

在每次询问后,接收电路可以收到多对应答脉冲信号,但其中只可能有一对是对本测距机询问的应答脉冲,如图 4.51(e)所示。为简明起见,图 4.51(e)中以单个脉冲来代表所接收到的应答脉冲对。设第一个应答脉冲相对于发射脉冲(见图 4.51(b))的延迟时间为 T,则由于相邻几个询问周期中距离变化所引起的应答脉冲延迟时间的变化很小,在这里可以简单认为在相邻几个周期中对本测距机的应答信号的延迟时间均为 T。这样,对本测距机的这些应答脉冲均可落入中心位于 T 处的具有一定宽度的距离波门内,从而得以输出。而与应答脉冲由解码电路一同输出的其他脉冲,则由于不可能与本测距机随机抖动的发射脉冲保持稳定的时间同步关系,因而不能落入距离波门内,如图 4.51(c)、(d)所示。可见,应用上述频闪原理,使询问脉冲的重复周期随机抖动,即可从众多的应答脉冲中识别出对本机询问信号的应答脉冲,从而进一步根据其延迟时间 T 计算距离。

4.5.4 机载测距机

1. 机载测距机的组成

机载测距系统是由询问器、天线、显示器和 VHF NAV 控制盒等组成,如图 4.52 所示。

DME 天线为(L 波段)刀形天线,用来发射询问信号和接收应答信号。该天线与

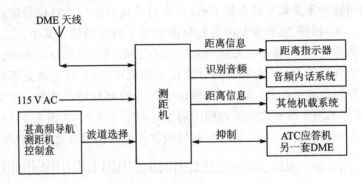

图 4.52　机载测距机的组成

机载 ATC 天线完全相同,可以互换,如图 4.53 所示。

询问器实际是一个收发机和计数器。发射机产生 1025~1 150 MHz 的射频脉冲对询问信号,并由接收机接收地面 DME 信标的 962~1 213 MHz 的高频应答脉冲对信号,计算出飞机到地面 DME 信标的距离,该距离信息可在显示器上显示,同时发送到飞机其他系统使用。接收信号中还包含有地面 DME 信标 1 350 Hz 的音频识别信号,输出至飞机音频系统。此外,询问器还可以执行自测试并指示故障。

控制盒与 VOR/ILS 共用。在选定 VOR 或 LOC 频率后,机载 DME 的工作频率即同时被配对选择和调谐。

显示器通常使用无线电距离磁指示器(RDMI)或 EHSI 显示距离信息。图 4.54 所示为 DME 的 RDMI 显示。正常显示 0~799.9 n mile 的 DME 距离;对于 DME 无计算数据或 DME 距离超出范围,则显示为若干短划;对于 DME 故障,DME 显示为空白。

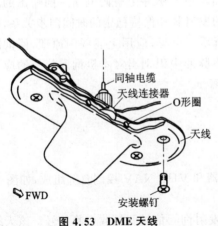

图 4.53　DME 天线

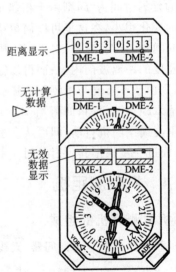

图 4.54　DME 的 RDMI 指示

如果 EFIS 控制板方式为 ILS,则 DME 距离在最高有效数位位置内包含一个 "L",最大显示值为 99.9 n mile,而不是 799.9 n mile。

2. 询问器工作状态及转换

测距机在进入正常的距离测量状态,跟踪飞机距离的变化,提供距离读数之前,需经历自动等待、搜索、预跟踪等进程。在距离测量过程中,同样也会因信号状态的变化而进入记忆或者回到搜索状态。所以,测距机的实际工作状态可能是上述自动等待、搜索、预跟踪、跟踪或者记忆状态中的一种。图 4.55 所示为 DME 工作状态及其转换关系。

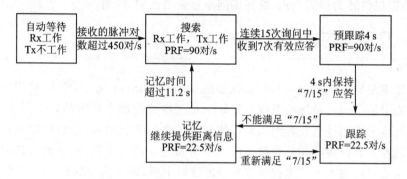

图 4.55 DME 工作状态及其转换关系

1) 自动等待

在空中接通 DME 的电源、选定波道后,测距机即工作于自动等待状态。自动等待状态也可以称为信号控制搜索(SCS)状态。

2) 搜 索

所谓搜索,是指机载测距机在不断发射询问信号的过程中搜寻测距信标台对自己询问的应答信号,并初步确定这一应答信号相对于发射时刻的间隔时间。如果在连续的 15 次询问中识别出 7 次对自己的应答信号(即"7/15"准则),DME 即可结束搜索,转入预跟踪状态。

3) 预跟踪

进入预跟踪状态后,测距机继续进行上述询问—接收识别过程。其询问仍然维持较高的询问率,即 90 对/s。

4) 跟 踪

在经历 4 s 的预跟踪状态后,测距机进入正常的跟踪状态。在跟踪状态,随着飞机与测距信标台距离的变化,应答脉冲与询问脉冲发射时刻之间的时间间隔也随之改变。此时,距离计算电路所产生的距离波门精确地跟踪应答脉冲,所提供的距离信息输往显示器,显示飞机的距离读数,距离读数跟踪飞机距离的变化,随之不断更新。由于已经进入了正常的跟踪状态,所以询问率可以比搜索状态时低,通常是从搜索状态的 90 对/s 降为 22.5 对/s,或者从 40 对/s 降为 12 对/s。

5) 记 忆

倘若在跟踪状态由于某种原因而使上述"7/15"准则得不到满足,则测距机将转为记忆状态。

在测距机进入记忆状态后,距离计算电路按照飞机进入记忆状态时的运动速度和运动方向更新距离信息。此时距离显示器所显示的距离读数继续更新。一旦搜寻到的应答信号重新满足"7/15"准则,测距机即由记忆状态返回跟踪状态,按照所获取的应答信号计算飞机的实际距离。

如果记忆状态持续 4~12 s(典型时间为 11.2 s)仍不能重新获得有效的应答信号,则测距机将转为搜索状态,脉冲询问率重新增加到 90 对/s。

4.6　卫星导航系统(GNSS)

全球卫星导航系统(Global Navigation Satellite System,GNSS)是把导航台设置在人造卫星上的一种导航系统。导航卫星严格地控制在预定的轨道上运行,利用装在航行体上的无线电装置测出航行体与卫星之间的相对速度或位置,从而确定航行体在地球上的位置等导航参数。由于卫星离地面的高度很高,因此其辐射的无线电波的覆盖区域很大。只要有一定数量的导航卫星,即可为全球提供不受天气、时间变化影响的导航服务。

世界上第一个卫星导航系统是美国的全球卫星定位系统(GPS)。1993 年 12 月 8 日,美国宣布 GPS 达到了初始运行能力(IOC);1995 年 7 月 17 日,宣布其达到了全面运行能力(FOC)。GPS 的额定星座由 24 颗卫星组成,分布在 6 条轨道上。

世界上第二个卫星导航系统是俄罗斯的 GLONASS 系统,1996 年 1 月 24 日宣布其 24 颗卫星正式发射信号,标志着系统正式投入运行。

1999 年,欧盟决定于 2001 年正式启动并发展自己的卫星导航系统 Galileo,经过多方论证后,于 2003 年 5 月正式启动。系统建成的最初目标是 2008 年,但由于技术等问题,推后到了 2011 年。2010 年年初,欧盟委员会再次宣布,Galieo 系统将推迟到 2014 年投入运营。Galileo 计划分别于 2011 年 10 月 21 日和 2012 年 10 月 12 日成功发射 4 颗卫星,初步发挥地面精确定位的功能,但由于经济与欧盟政治体制等原因,导致该系统目前还不能提供全球服务。

北斗卫星导航系统(Beidou Navigation Satellite System,BDS)是中国正在实施的自主研发、独立运行的全球卫星导航系统,是继美国的 GPS 和俄罗斯的 GLONASS 之后的世界第三个成熟的卫星导航系统,与 GPS,GLONASS 和 Galileo 系统并称全球四大卫星导航系统。北斗卫星导航系统于 2012 年 12 月 27 日起提供连续导航定位与授时(即时间和频率校准)服务。

4.6.1　GNSS 的特征及组成

1. GNSS 的基本分类

卫星导航按测量导航参数的几何定位原理分为测角、时间测距、多普勒测速和组合法等系统,其中测角法和组合法因精度较低等原因没有实际应用。

1) 多普勒测速定位

用户定位设备根据从导航卫星上接收到的信号频率与卫星上发送的信号频率之间的多普勒频移测得多普勒频移曲线,根据这个曲线和卫星轨道参数即可算出用户的位置。

2) 时间测距导航定位

在时间测距导航定位中,接收机利用到 4 颗卫星的伪距,求出并扣除用户时钟的偏差,确定用户的位置,并利用多普勒频移方法,或用三维位置的差除以所经过的时间,求解出用户的三维运动速度。采用时间测距定位的卫星导航系统可以对海陆空甚至外层空间的用户给出准确的实时三维位置、三维速度和时间信息。

2. GNSS 的特征

GNSS 泛指所有的卫星导航系统,包括全球的、区域的和增强的卫星导航系统,如 GPS、GLONASS、Galileo、BDS,以及相关的增强系统,如美国的 WAAS(广域增强系统)、欧洲的 EGNOS(欧洲静地导航重叠系统)和日本的 MSAS(多功能运输卫星增强系统)等,还涵盖在建和以后将要建设的其他卫星导航系统。国际 GNSS 系统是个多系统、多层面、多模式的复杂组合系统。GNSS 具有以下特征:

① GNSS 将由多星座系统组成,不能单纯依靠单个或单国的某一现存系统(星座),GPS、GLONASS 和 BDS(以及今后的 Galileo 系统)可以作为 GNSS 的选用部件。

② 考虑到民航对安全飞行的要求,GNSS 必须有完好性监控和增强技术。例如美国、加拿大准备发展由静地卫星发布广域完好性监控信息和广域差分信息,称为广域增强系统(WAAS);日本也将发射静地卫星——移动运输卫星(MTSAT),同样具有对 GPS 的广域增强作用(MSAS);欧洲利用 INMARSAT 卫星和 ARTREMIS 卫星实现欧洲静地卫星的 GPS 重叠系统(EGNOS),这也是一种广域增强系统。这些广域增强系统必须在地面上按地域建立对 GPS 的完好性监测台网,监测并生成完好性数据,通过上行链路注入卫星后向用户广播。这些台网和静地卫星都是 GNSS 的组成部件。

③ 机载接收机必须备有接收机自主式完好性监控(RAIM)手段,作为接收机适航批准的必要条件。

④ 希望由民间补发、加发民用的导航卫星,或建立民用导航星座,最终形成一个民用 GNSS 星座。

3. GNSS 的组成

GNSS 一般由 3 个部分组成,即航天部分(卫星段)、地面控制部分(控制段)和用户设备(用户段),如图 4.56 所示。

1) 航天部分

航天部分即导航卫星。卫星的正确位置是导航的基准,卫星上需要有精密的时间基准,并按一定时间向用户发布卫星的位置参数(星历),以便用户随时可以获得卫星的精确位置。

2) 地面控制部分

首先为了保证导航精度,有必要建立一些能够跟踪卫星运动轨迹的跟踪站(亦

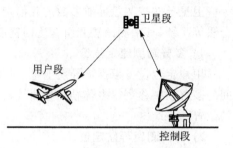

图 4.56　GNSS 的组成

称监控站)。跟踪站得到的卫星数据经初步计算后送到主控站。由主控站的计算中心计算后把需要的数据通过注入站向卫星传送,并存储在卫星的存储器内,由卫星按时向用户发布。除此之外,地面站可与航空交通管制系统和通信网相连接,利用卫星中继,实现用户与管制中心的通信,还可利用卫星进行遇难飞机的搜寻,监视大洋上空航路上的飞机间隔等。

3) 用户设备

用户设备部分通常由接收机、定时器、数据预处理器、计算机和显示器等组成。它接收卫星发来的微弱信号,从中解调并译出卫星轨道参数和定时信息等,同时测出导航参数(距离、距离差和距离变化率等),再由计算机算出用户的位置坐标(二维坐标或三维坐标)和速度矢量分量。用户定位设备分为船载、机载、车载和手持等多种形式。

4.6.2　全球卫星定位系统(GPS)

GPS 是 20 世纪 70 年代由美国陆、海、空三军联合研制的新一代空间卫星导航定位系统。其主要目的是为陆、海、空三大领域提供实时、全天候和全球性的导航服务,它可提供高精度的三维空间定位、三维速度和高精度的时间,并用于实现情报收集、核爆监测和应急通信等一些军事目的。

1. GPS 系统组成

GPS 系统由空间段(SS)、地面段(CS)和用户段(US)3 个部分组成,如图 4.57 所示。

1) GPS 的空间段

GPS 的空间段由 24 颗卫星组成,其中包括 3 颗备用卫星。卫星分布在 6 个轨道面内,这 6 个轨道分别称为 A、B、C、D、E 和 F。每个轨道面内各有 4 颗卫星,分别以

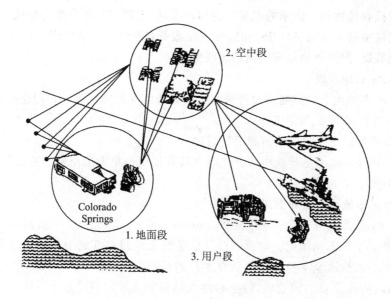

图 4.57　GPS 系统的组成

A1、A2、A3、A4；B1、B2、B3、B4；……表示,如图 4.58 所示。卫星轨道面相对地球赤
道面的倾角为 55°,轨道面平均高度为 20 180 km,卫星运行周期为 11 h 58 min。因
此,同一观测站上每天出现的卫星分布图形相同,只是每天提前约 4 min。每颗卫星
每天约有 5 h 在地平线以上;同时位于地平线以上的卫星数目,因时间和地点而异,
最少为 4 颗,最多可达 11 颗。应当指出,GPS 的这一空间分布,在个别地区仍有可
能在短时间内只能观测到 4 颗图形结构较差的卫星,而无法达到必要的定位精度。
24 颗卫星中有 3 颗备用,可根据指令替代发生故障的卫星,这对于保障 GPS 空间部
分正常而高效的工作是非常重要的。

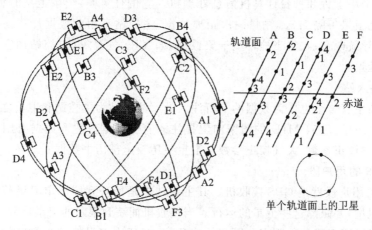

图 4.58　GPS 空间卫星星座示意图

卫星接收地面站发送来的卫星时钟修正参数、电离层校正参数等导航电文，以便为用户提供精密定位服务（PPS）和标准定位服务（SPS）。卫星向用户设备连续发射带有导航数据、测距码和精确时间的无线电信号。

2) GPS 的地面段

地面段由地面上的控制站和监测站组成的地面支持网构成。它们连续地监测并跟踪各个卫星，以完成如下工作：

① 监测并修正卫星的轨道和卫星时钟。

② 计算并生成卫星导航电文。此电文具有说明卫星未来位置的更新信息，并收集所有 GPS 卫星的最新数据。

③ 有规则地不断更新卫星导航电文。

GPS 的地面段由 1 个主控站（Master Monitor Station）、5 个监测站（Monitor Station）和 3 个注入站组成。监测站对卫星进行无源跟踪并对卫星信号品质进行监测，所产生的数据送至主控站。然后在主控站进行数据处理，产生对所有 GPS 卫星的星历和时间校正量的预报值，经上行注入站每隔 8 h 向卫星发送一次。卫星存储这些数据，格式化为电文，然后广播至地球附近的用户。

(1) 主控站

主控站（MSC）设在美国科罗拉多州斯普林斯的联合空间工作中心，还有一个位于马萨诸塞州的盖塞尔斯堡的备用主控站。主控站有一个原子钟，此钟是 GPS 的基准。主控站负责系统运转的全面控制，即提供 GPS 的时间基准，处理由各监控站送来的数据，编制各卫星的星历，计算各卫星钟的偏差和电离层校正参数等，然后把不断更新的导航电文送到注入站再转发给卫星。

(2) 监测站

监测站（MS）现在共有 12 个。每个监测站有一台用户接收机、若干台环境数据传感器、一个原子钟和一台计算机信息处理机。它的任务是：记录卫星时钟的精度；对所有视见卫星每隔 1.5 s 测量一次距离数据，主控站利用此数据计算并预测卫星轨道；监测导航电文；收集当地环境气象数据，如气压、气温等（主控站用它计算对流层的信号延迟）。

(3) 注入站

监测站中有 4 个也作为数据的上行注入站。注入站为主控站和卫星之间提供接口。它用 1 754～1 854 MHz 的频率向卫星注入有关数据。注入数据有用户导航电文（包括时钟校正参数、大气校正参数）、卫星星历及全部历书数据。

3) GPS 的用户段

GPS 的用户段就是 GPS 接收机。其主要功能是捕获到按一定卫星截止角所选择的待测卫星，并跟踪这些卫星的运行。当接收机捕获到跟踪的卫星信号后，就可测量出接收天线至卫星的伪距离和距离的变化率，解调出卫星轨道参数等数据。根据这些数据，接收机中的微处理计算机就可按定位解算方法进行定位计算，计算出用户所在地理位置的经纬度、高度、速度、时间等信息。要计算四维数据——经度、纬度、高度(位置)和时间,就需要 4 颗卫星。

4) GPS 信号

GPS 信号包含 10 种不同的信号,分别通过 3 个频段广播,这三个频段分别是 L1 (Link 1)、L2(Link 2)和 L5(Link 5)。L1 载波频率为 1 575.42 MHz;L2 载波频率为 1 227.6 MHz;L5 载波频率为 1 176.45 MHz。对于每一个频段,所包含的双边信号带宽为 30.69 MHz。

表 4.5 对所有的信号进行了总结,其中许多信号是在 GPS 现代化项目中才引入的,并没有被所有的卫星所广播。GPS 卫星发送状态数据给地面监视站的下行频率是 1 783.74 MHz,地面站发送信息到卫星的上行频率是 2 227.5 MHz。

表 4.5 GPS 信号的特性总结

信　号	频　段	中心频率/MHz	服务类型	数据速率×2/bit	卫星批次
C/A	L1	1 575.42	SPS/PPS	50	所有
P(Y)	L1	1 575.42	PPS	50	所有
M 码	L1	1 575.42	PPS	未公布	从 II R - M 开始
L1C - d	L1	1 575.42	PPS	100	从 III 开始
L1C - p	L1	1 575.42	PPS	未公布	从 III 开始
L2C	L2	1 227.60	SPS	50	从 II R - M 开始
P(Y)	L2	1 227.60	PPS	50	所有
M 码	L2	1 227.60	PPS	未公布	从 II R - M 开始
L5I	L5	1 176.45	SPS	100	从 II - F 开始
L5Q	L5	1 176.45	SPS	未公布	从 II - F 开始

2. GPS 导航定位原理

在卫星导航定位系统中,飞机通过测量对卫星的相对位置,进而确定自己在宇宙空间或在地球上的位置。

导航卫星是系统设置在空间的导航台,是基准。为了实现高精度导航定位,必须准确知道任一时刻卫星在空间的位置,这可通过导航卫星向外发射的卫星星历得到。导航卫星的星历是不同时刻的一组时空数据,第 i 颗卫星的星历数据中包含数据发送时间,以及该时刻卫星的三维位置坐标,即(t_i, x_i, y_i, z_i),其中 $i = 1, 2, 3, \cdots$。用户接收机上也安装了时钟,在接收到导航卫星的星历数据后,只要与自身时钟的当前时间对比,就可以获得发送时间与接收时间的时间差 τ(也就是电波传播时延),再乘以光速 c(电波传播速度)就可以得到与卫星的距离,即

$$r = c \times \tau$$

通过空间解析几何可知,在一个立体直角坐标系中,任何一个点的位置都可以通过三个坐标数据 x、y、z 来得到确定。如果能测得某一点与其他三点 A、B、C 的距离,并确知 A、B、C 三点的坐标,就可以建立起一个三元方程组,解出该未知点的坐标数据,从而得到该点的确切位置。因此,用户在地球上任何一个位置都需要观测到至少三颗卫星(分别编号为1、2、3)。因此,用户根据接收的卫星星历,测得与它们的距离,就可以解算出自身的坐标。设三颗卫星的坐标分别为 (x_1,y_1,z_1)、(x_2,y_2,z_2) 和 (x_3,y_3,z_3),建立的三元方程组为

$$\begin{cases} \sqrt{(x-x_1)^2+(y-y_1)^2+(z-z_1)^2} = R_1 \\ \sqrt{(x-x_2)^2+(y-y_2)^2+(z-z_2)^2} = R_2 \\ \sqrt{(x-x_3)^2+(y-y_3)^2+(z-z_3)^2} = R_3 \end{cases}$$

但在实际应用中,这种做法是难以实现的。由于用户机受成本、空间和能源等因素的限制,只能采用精度较差的石英钟,不可能做到与卫星时钟的完全同步,故存在时钟差 Δt。在有时钟差 Δt 的情况下,用户测量的传播延时 τ' 并不等于真正的电波传播延时 τ,而是相差了 Δt,如图4.59所示(用户机的时钟比卫星钟快了 Δt),即

$$\tau' = \tau + \Delta t$$
$$R' = c\tau' = c(\tau + \Delta t) = R + c \times \Delta t$$

把 τ' 对应的距离 R' 称为伪距(PR)。

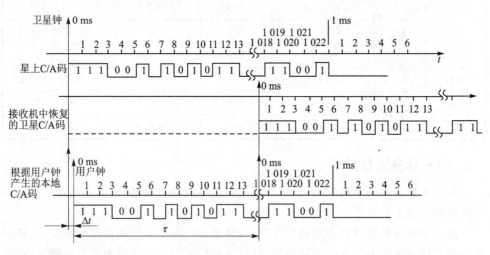

图4.59 GPS钟差示意图

由于时钟差 Δt 是未知的,这样测量出来的传播延时和由此计算得出的距离与真正的值有较大的误差。为消除这一误差,GPS测距就需要同时接收4颗卫星的信号(如图4.60所示),从而把时钟差 Δt 也作为一个未知数,与各卫星的坐标位置及伪距 R' 共同构成如下的四元方程组,与用户坐标一起解算出来,从而保证了相当高的定位精度:

$$\begin{cases}\sqrt{(x-x_1)^2+(y-y_1)^2+(z-z_1)^2}+c\Delta t=R'_1\\\sqrt{(x-x_2)^2+(y-y_2)^2+(z-z_2)^2}+c\Delta t=R'_2\\\sqrt{(x-x_3)^2+(y-y_3)^2+(z-z_3)^2}+c\Delta t=R'_3\\\sqrt{(x-x_4)^2+(y-y_4)^2+(z-z_4)^2}+c\Delta t=R'_4\end{cases}$$

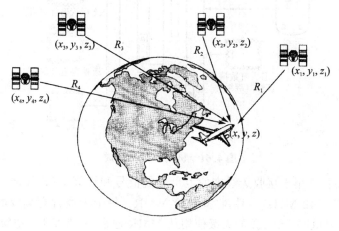

图 4.60 GPS 定位原理

从上述原理可知,除了最主要的三维位置导航外,GPS 也可以用于授时,只需利用同时解算出的时钟差 Δt 对时钟进行修正即可。

3. GPS 提供的两种服务

GPS 提供两种服务:

一种是民用服务,称为标准定位服务(SPS),用 GPS 卫星发射的 1 575.42 MHz L1 载频信号和传输速率为 1.023 Mbps 的 C/A 伪随机码提供,为全世界所有用户开放使用,按 2001 年公布的标准,其空间信号精度是:水平定位误差≤13 m(95%),垂直定位误差≤22 m(95%),定时误差≤40 ns(95%)。

另一种服务是军用服务,称为精密定位服务(PPS),用 GPS 卫星发射的 L1 和频率为 1 227.6 MHz 的 L2 两个载频信号以及传输速率为 10.232 3 Mbps 的保密的 P(Y)伪随机码提供。由于 PPS 用了双载频,因此可校正由电离层折射引起的误差。使用 P(Y)码,一方面对军用保密,另一方面因为码速率高而有较小的接收机噪声、高的扩频增益和抵抗多径干扰的能力,因而 PPS 无论是抗干扰能力还是精度都高于 SPS。

4. 机载 GPS 的组成及工作方式

1) 机载 GPS 的部件组成

机载 GPS 由 GPS 天线和多模式接收机组成,如图 4.61 所示。

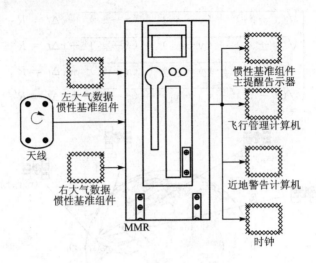

图 4.61　机载 GPS 的组成

多模式接收机用于接收天线来的卫星导航信号和计算 GPS 数据。GPS 天线接收 L 频段(1575.42 MHz)信号,将其送给 MMR。每个天线含有集成的预放大器为 MMR 提高信号电平,天线预放大级使用从 MMR 送来的 12 V DC 电源。

多模式接收机(MMR)的外部供电电源是 115 V、400 Hz 交流电。飞机上一般装两套 GPS 系统。GPS 天线 1 接收卫星信号并将它送给 MMR 1,而 GPS 天线 2 将卫星信号送给 MMR 2,MMR 计算出飞机位置和精确时间后将数据送给飞行管理计算机(FMC),FMC 把 GPS 位置信息与 IRS 数据结合起来,计算出飞机的最终位置。MMR 可以执行自检和指示故障。

GPS 数据显示在控制显示组件(CDU)上,位置基准页面(2/3)和位置偏离页面(3/3)都可以显示 GPS 数据。当 CDU 上显示位置初始化页面(1/3)时,可利用后页或前页键读取位置基准页面和位置偏离页面。

位置基准页面(POS REF)显示左(1)和右(2)GPS 位置;位置偏离页面(POS SHIFT)显示 GPS 位置相对于 FMC 位置的偏离。位置偏离包括方位偏离和距离偏离两部分,偏离的距离以海里(NM)计。位置基准页面(POS REF)和位置偏离页面(POS SHIFT)上显示的 GPS 信息如图 4.62 所示。当飞机在地面上时,位置偏离(POS SHIFT)页面的数据不显示。

2) 机载 GPS 的工作模式

机载 GPS 有以下几种工作模式:获取模式(Acquisition Mode)、导航模式(Navigation Mode)、高度辅助模式(Altitude Aided Mode)、辅助模式(Aided Mode)。

(1) 获取模式

在该模式下,GPS 搜索和锁定卫星信号。GPS 接收机在开始计算 GPS 数据之前必须找到至少 4 颗卫星。因此,GPS 首先从 ADIRU(大气数据惯性基准系统)获得当前飞机的位置和高度,然后再综合内部导航数据库计算出哪些卫星是可用的,这

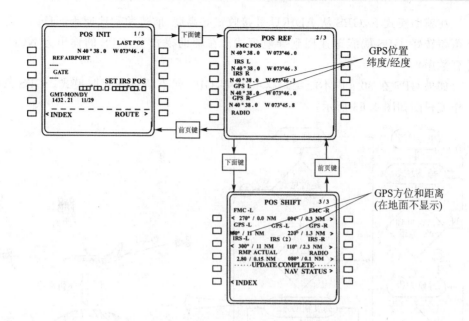

图 4.62　CDU 上显示 GPS 数据的页面

样就能很快进入导航模式。

即使 ADIRU 数据无效,GPS 仍能获得有效的卫星信号。只不过这样会多花一些时间,因为它要搜索所有卫星。通常在 ADIRU 数据有效的情况下,GPS 只要用 75 s 就可获得卫星信号;而在 ADIRU 数据无效的情况下,就得用 4~10 min。

(2) 导航模式

在 GPS 获得并锁定了至少 4 颗卫星后,就进入了导航模式。在该模式下,GPS 接收机就能计算出 GPS 数据。

(3) 高度辅助模式

借助 4 颗有效卫星,GPS 可以存储 ADIRU 高度与 GPS 计算高度之差。GPS 这样做的目的是为了当仅有 3 颗有效卫星的时候也可以估算出 GPS 的高度。

在该模式下,GPS 将 ADIRU 高度和地球半径进行求和,并作为第 4 距离。

GPS 在以下 3 种情况下进入高度辅助模式:

① GPS 曾工作在导航模式;

② 只有 3 颗有效卫星可供使用;

③ GPS 已在内存中存储了惯导高度和 GPS 高度的差值。

一旦第 4 颗卫星出现,GPS 将重新启动正常工作方式。

(4) 辅助模式

在短暂的卫星覆盖不好期间(小于 30 s),GPS 将进入辅助模式。这种情况的一个典型例子是:虽然在飞机上方有至少 4 颗有效卫星,但飞机却没能接收到卫星信号。

在辅助模式下,GPS 从 ADIRU 处接收惯导高度、航迹角和地速等信息。一旦卫星覆盖转好,GPS 就能迅速回到导航模式。在辅助模式下,GPS 的输出为 NCD(无计算数据)。

如果 GPS 在 30 s 内不能跟踪这些卫星,GPS 就重新进入获取模式。GPS 系统工作流程图如图 4.63 所示。

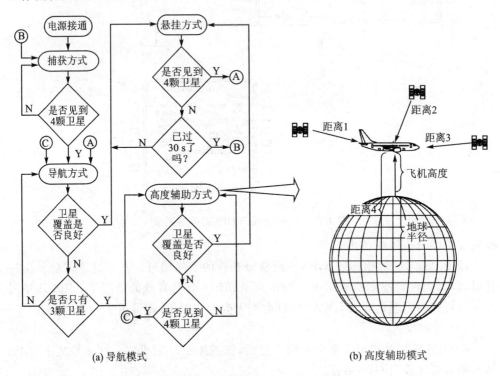

(a) 导航模式   (b) 高度辅助模式

图 4.63   机载 GPS 工作流程图

5. GPS 定位的误差

GPS 定位中存在的误差,主要是由以下几个方面引起的:

① 卫星星历误差。卫星位置是所有位置计算的初始点,所以星历数据直接影响系统的精度。GPS 卫星被投放到很高的轨道上,不受地球高层大气的影响。即便如此,它们也会从原轨道上缓慢漂移,从而造成了系统误差。

② 大气误差。无线电波速度以光速在真空中传播,当穿越电离层和地球大气时会逐渐变慢。这是因为分别受到电离层中带电粒子以及对流层中的水蒸气和中性气体的影响,这些延迟直接导致了位置误差。

③ 多路径误差。GPS 卫星信号的接收应是直线路径直接接收的,但也可能同时接收到地面反射信号。反射信号比直达信号略有延迟,形成多路径信号,由其产生的误差称为多路径误差。

④ 接收机时钟误差。GPS 接收机时钟的内部噪声引起的微小误差。

6. 差分 GPS

目前 GPS 可以得到的定位精度约为 10 m,有时满足不了精确性和综合性的要求。为此,一种辅助的导航方式——差分 GPS(DGPS)被开发出来用于提高定位精度,以适应日益增长的民用需求。

DGPS 可以定义为"对 GPS 伪距进行实时修正的移动站定位;修正数据是由静态基准站确定,并发送到移动站的;监控站可包括在该系统中,其对基准站发射信号进行性能监测"。DGPS 是一种相对定位方式,至少要有两台 GPS 接收机:一台放在位置已精确测定的已知点,称为基准站;另一台放在运动载体上,称为流动站。

图 4.64 所示为 DGPS 的原理图。基准站和流动站同时进行 GPS 观测,将基准站得到的单点定位的结果,与基准站坐标比较,求解出实时差分修正值,以广播或数据链传输方式将差分修正数据传送至流动站,以修正流动站 GPS 定位解,提高其局部范围内用户的定位精度:利用这一方法可以将用户的实时单点定位精度提高到米级。因为基准站和移动站的定位误差(星历误差、大气误差)是基本相同的,DGPS 可以抵消大部分的误差。

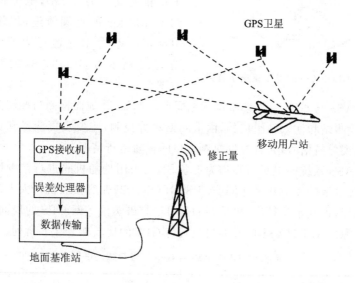

图 4.64　DGPS 的原理图

GPS 有局域 DGPS 和广域 DPGS 两种主要技术,其中局域 DGPS 又包括单基准站局域 DGPS 和多基准站局域 DGPS。单基准站局域 DGPS 是只由一个基准站和若干流动站组成的 DGPS 系统。对于单基准站局域 DGPS 而言,随着基准站与流动站距离的增加,两种站之间的误差相关性逐渐减小,因此,精度会随着距离的增加而降低。多基准站局域 DGPS 是指在局部区域内,布设若干个基准站和一个监控站,组成一个 DGPS 基准站网;位于该区域中的流动站,根据与其周围的基准站之间的距离远近,对来自多个基准站的修正信息进行平差计算。若在局部区域内,基准站布设得很多、很密,流动站总能找到一个与自身误差相关的基准站,这样就能保证定位精度。广域DGPS 的基本思想是,首先对 GPS 观测量的误差源进行区分,分别对每一误差源进行模型化,然后将每一误差源的数值通过数据链传输给流动站,对流动站的 GPS 定位误差加以修正。

4.6.3　GLONASS 系统

GLONASS 是苏联在 1976 年开始研究规划的,于 1996 年建成并正式投入使用,后由俄罗斯国防部控制。该系统由 3 个分系统组成,即空间卫星分系统、检测与控制分系统和导航用户设备。目前 GLONASS 系统的空间段共有 31 颗在轨卫星,其中 24 颗卫星运行在工作状态,4 颗卫星处于备份状态,1 颗卫星正进行飞行参数测试,其余 2 颗卫星处于维护状态。24 颗工作卫星均匀分布在三个轨道平面上,每个轨道平面上均匀分布 8 颗卫星,卫星轨道倾角为 64.8°,每个轨道为高度约 19 130 km 的近圆轨道,相邻轨道上的卫星相位差为 45°,运行周期约为 11 h。图 4.65 所示为 GLONASS 的卫星星座示意图。

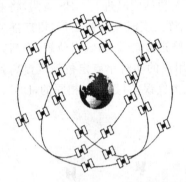

图 4.65　GLONASS 的卫星星座示意图

GLONASS 与 GPS 有许多基本的相同点。例如,其地面检测与控制分系统也是由主控站、检测站和注入站组成的,由俄罗斯军方控制,主要负责测量和预报各卫星的星历并监视导航信号,并且控制每颗卫星的在轨运行情况。

GLONASS 系统的卫星射频均为 L 波段,均采用伪随机码进行扩频调制的伪码测距系统,各卫星的发射功率相同。GPS/GLONASS 兼容接收机可大大改善卫星空位的几何图形,提高定位精度,更重要的是可以打破美国垄断 GPS 的局面,充分利用导航卫星资源。GLONASS 信号参数及其与 GPS 的比较如表 4.6 所列。

表 4.6　GLONASS 与 GPS 信号参数的区别

参　数	GLONASS	GPS	参　数	GLONASS	GPS
卫星数	21+3 备用	21+3 备用	L2 频率/MHz	1 242.937 5～1 251.687 5	1 227.60
轨道平面数	3	6	C/A 码速率/Mcps	0.511	1.023
轨道倾角	64.8°	55°	P 码速率/Mcps	5.11	10.23
轨道高度/km	19 130	20 180	C/A 码长度/码元	511	1 023

续表 4.6

参　数	GLONASS	GPS	参　数	GLONASS	GPS
多址技术	FDMA	CDMA	P 码长度/码元	5.11×10^{6}	$6.187\,104\times10^{12}$
基准时钟频率/MHz	5	10.23	超帧长度/bit(min)	7 500(2.5)	37 500(12.5)
L1 频率/MHz	1 598.062 5～1 609.312 5	1.575.42	帧长度/bit(s)	100(2)	30(0.6)

4.6.4　北斗卫星导航系统

北斗卫星导航系统(BDS)是由我国自主发展、独立运行的全球卫星导航系统,能够向覆盖区域内的用户提供高质量的定位、导航、授时服务,是联合国卫星导航委员会认定的四大核心供应商之一。

北斗系统的建设分为两步完成,首先建立北斗导航试验系统(北斗一代),然后在此基础上进行完善,实现具有全球卫星导航功能的北斗卫星导航系统(北斗二代)。北斗一代于 2003 年建成,具有区域导航功能,之后开始构建服务全球的北斗卫星导航系统,并且已经在 2012 年开始向亚太大部分地区正式提供服务,计划至 2020 年完成全球系统的构建。

北斗卫星导航系统的空间段计划由 35 颗卫星组成,包括 5 颗地球静止轨道卫星、30 颗非静止轨道卫星。5 颗地球静止轨道卫星高度为 36 000 km,分别位于东经 58.75°、80°、110.5°、140°和 160°上空。30 颗非静止轨道卫星由 27 颗中地球轨道卫星和 3 颗倾斜同步轨道卫星组成,其中 27 颗中地球轨道卫星在倾角为 55°的 3 个轨道面上,各轨道面均匀分布,分别间隔 120°,轨道高度为 21 150 km。图 4.66 所示为北斗卫星导航系统的卫星轨道示意图。至北斗系统正式向亚太区域服务时,我国已

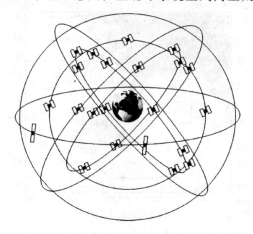

图 4.66　北斗卫星导航系统的卫星轨道示意图

经发射了 16 颗卫星,其中 14 颗卫星组网并提供服务,分别为 5 颗静止轨道卫星和 9 颗非静止轨道卫星。

北斗卫星导航系统自 2012 年 12 月 27 日起正式提供卫星导航服务,范围涵盖亚太大部分地区,从南纬 55°到北纬 55°,从东经 55°到东经 180°,如图 4.67 所示。该系统提供开放服务和授权服务两种服务。开放服务是在服务区免费提供定位、测速和授时服务,定位精度 10 m,授时精度为 50 ns,测速精度为 0.2 m/s;授权服务是向全球用户提供更高性能的定位、测速、授时服务,以及为亚太地区提供广域差分和短报文通信服务,广域差分定位服务精度为 1 m,短报文通信最多为 120 个汉字。

北斗卫星导航系统的地面部分包括 1 个主控站、2 个注入站和 30 个监控站,是导航系统的控制、计算、处理和管理中心。主控站位于北京,控制整个系统工作。其主要完成的任务是收集各个监测站的观测数据,进行数据处理,生成卫星导航电文和

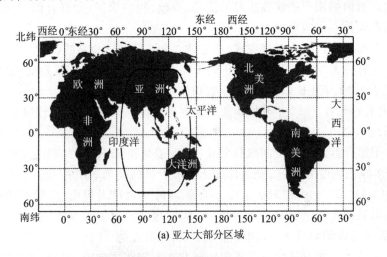

(a) 亚太大部分区域

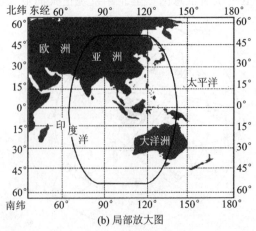

(b) 局部放大图

图 4.67　目前北斗卫星导航系统的服务区域示意图

差分完好性信息,完成任务规划和调度,实现系统运行管理与控制等。注入站的主要任务是在主控站的统一调度下,完成卫星导航电文、差分完好性信息注入和有效载荷的控制管理。监测站接收导航卫星信号,发送给主控站,实现对卫星的跟踪、监测,为确定卫星轨道和时间同步提供观测资料。

用户部分(用户终端)既可以是专用于北斗卫星导航系统的信号接收机,也可以是同时兼容其他卫星导航系统的接收机。北斗卫星导航系统的用户终端不仅可以为用户提供卫星无线电导航服务,而且具有位置报告及短报文通信功能。

北斗卫星导航系统与 GPS 和 GLONASS 系统的最大不同,在于它不仅能使用户知道自己的所在位置,还可以告诉别人自己的位置,特别适用于同时需要导航与移动数据通信的场所,如交通运输、调度指挥、搜索营救、地理信息实时查询等。

北斗卫星导航系统与 GPS、Galileo 系统在载波频率、信号结构和定位原理等方面有很多相似之处。北斗卫星导航系统采用码分多址(CDMA)技术,与 GPS、Galileo 一致,但不同于 GLONASS 的频分多址(FDMA)技术。在频谱资源非常有限的情况下,CDMA 的抗干扰能力强,并且更容易与其他卫星导航系统兼容。北斗卫星导航系统在 L 波段和 S 波段发送导航信号,在 L 波段的 B1、B2、B3 频点上发送服务信号,包括开放服务信号和授权服务信号。各频点的范围如下:B1 频点为 1559.052~1591.788 MHz,B2 频点为 1166.220~1217.370 MHz,B3 频点为 1250.618~1286.423 MHz。北斗卫星导航系统的信号特性如表 4.7 和表 4.8 所列。出于安全保密以及与其他卫星导航系统兼容,避免在相同波段内与其他卫星导航系统的信号产生干扰等考虑,北斗卫星导航系统采用二元偏置载波(BOC)、复用二元偏置载波(MBOC)、交替二元偏置载波(AltBOC)等调制方式。

表 4.7 目前北斗卫星信号的特性总结

通 道	B1(I)	B1(Q)	B2(I)	B2(Q)	B3	B1-2(I)	B1-2(Q)
调制方式	QPSK		QPSK		QPSK	QPSK	
载波频率/MHz	1 561.098		1 207.14		1 268.52	1 589.742	
码片速率/Mcps	2.046	2.046	2.046	10.23	10.23	2.046	2.046
带宽/MHz	4.092		24		24	4.092	
服务类型	开放	授权	开放	授权	授权	开放	授权

表 4.8 北斗卫星导航系统新增信号

频 带	载波频率/MHz	码片速率/Mcps	调制方式	服务类型
B1-CD	1575.42	1.023	MBOC(6, 1, 1/11)	开放
B1-CP				
B1		2.046	BOC(14, 2)	授权

续表 4.8

频 带	载波频率/MHz	码片速率/Mcps	调制方式	服务类型
B2aD				
B2aP	1 191.795	10.23	AltBOC(15, 10)	开放
B2bD				
B2bP				
B3		10.23	QPSK(10)	授权
B3aD	1 268.52			
B3aP		2.5575	BOC(15, 2.5)	授权

4.6.5 Galileo 系统

Galileo 卫星导航系统是欧盟正在建设中的全球卫星导航定位系统,于 2003 年 5 月 6 日正式启动,2013 年 3 月利用在轨的 4 颗试验卫星首次实现了定位。它是世界上第一个完全向民用领域开放的具有商业性质的卫星定位系统。

Galileo 系统由全球部分、区域部分、局地部分、用户部分和服务中心组成。

全球部分分为空间部分和地面部分。其中,空间部分是由 30 颗卫星组成的一个全球星座,卫星按最优方案分布在 3 个中等高度的地球轨道平面上,轨道平均高度约为 23 222 km,轨道倾角 56°,卫星运行周期约为 14 h,每个轨道面上有 9 颗工作星和 1 颗备份星。地面部分有 2 个位于欧洲的控制中心和分布于全球的 5 个 S 波段上行站及 10 个 C 波段上行站。图 4.68 所示为 Galileo 系统的卫星星座示意图。

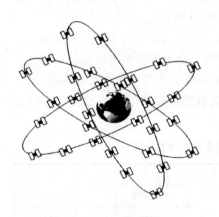

图 4.68 Galileo 的卫星星座示意图

区域部分地面设施由 1 个附加网络和 1 个处理中心组成。附加网络负责监控信号的完好性,处理中心负责提供 Galileo 卫星导航服务。

局地设施部分除了提供差分校正量与完好性报警外,还提供下列服务:商业数据(差分校正量、地图和数据库);附加导航信息(伪卫星);在接收 GSM 和 UMTS 基站计算位置信号不良的地区(如地下停车场和车库),增强定位数据信号和移动通信信道等服务。

服务中心提供 Galileo 系统用户与增值服务供应商(包括局地增值服务商)之间的接口。根据各种导航、定位和授时服务的需要,服务中心能提供下列信息:性能保证信息或数据登录;保险、债务、法律和诉讼业务管理;合格证和许可证信息管理;商贸中心；支持开发应用与介绍研发方法等。

Galileo 系统的信号参数如表 4.9 所列。

表 4.9 Galileo 系统信号参数

频 段	E1/L1	E6	E5/L5	
信号名称	Galileo E1	Galileo E6	Galileo E5a	Galileo E5b
载波频率/MHz	1 575.42	1 278.75	1 176.45	1 207.14
多址技术	CDMA	CDMA	CDMA	CDMA
信号带宽/MHz	24.552	40.92	51.15	
PRN 码率/Mcps	1.023	5.115	10.23	10.23
NAV 电文速率/bps	125	—	25	125
NAV 电文符号速率/sps	250	1 000	50	250
调制方式	CBOC	BPSK	AltBOC(15, 10)	

4.6.6 GNSS 增强技术

已有的全球卫星导航系统可以直接得到的定位精度均约为 10 m，这种精度可以满足从航路到非精密进近阶段的要求（220 m），但不能用于精密进近。目前，对定位精度进行增强的方式主要是采用类似 DGPS 的差分定位技术。

下面以 GPS 为例，介绍 GNSS 增强技术。

为了进一步提高 DGPS 的完善性，在 DGPS 的体系结构下，FAA 发展了两种GPS 的增强方式，即广域增强系统（Wide Area Argumentation System，WAAS）和局域增强系统（Local Area Argumentation System，LAAS），目的在于提高定位精度和完善性。所谓增强方式，是在原 GPS 卫星的基础上，另外增加卫星和相应的地面设备。增加的卫星和地面设备通过以下方式增强 GPS：利用对 GPS 卫星星历、时钟误差和电离层延迟的修正值提高系统的定位精度；给出 GPS 卫星的"可用/不可用"信息，提高系统的完善性；利用增加的卫星提供额外的定位信号，以便在原 GPS 信号不够好时提高系统的连续性和可用性。

增加的卫星可以在空间某轨道上，也可以安装在地面上。当增加的卫星在空间某轨道上时，称为天基增强系统；当伪卫星安装在地面时，称为地基增强系统。

1. 广域增强系统

广域增强系统 WAAS 在美国及周边区域内分散地建一些叫作广域基准站（WRS）的地面基准站，并在空间静止轨道上安装静止轨道卫星（GEO 卫星）。广域基准站用于接收和处理 GPS 卫星和 GEO 卫星发射的数据。这些站的数据送至叫作广域主站（WMS）的处理中心，处理和产生在美国上空的每颗卫星的完好性、差分校正量、剩余误差和电离层信息。由广域主站（WMS）产生的信息送至地面地球站

（GES），在那里格式化后上传至 GEO 卫星。GEO 卫星以 GPS L1 频率和类似于 C/A 码的伪码和调制方式，将这些数据广播至地球表面附近的用户，以提高它们的精度、完好性、连续性和可用性。

GEO 卫星不仅是一个 GPS 增强信号转发器，而且还要发射与 GPS 卫星导航电文相类似的信息，包括 GEO 的星历、历书和时间数据，使 GEO 同时起到与 GPS 卫星相似的导航（伪距测量）作用。GEO 的星历等信息也由 WRS 和 WMS 产生。由于 WAAS 的工作是以 GEO 卫星为基础的，因而也称为天基增强系统（Spacc-Based Argumentation System，SBAS）。

2003 年 7 月 10 日，美国宣布 WAAS 投入试运行，即达到了初始运行能力（IOC）。此时，在美国本土一共设有 25 个 WRS、2 个 WMS 和 4 个 GES，其中包括备用站；天上有 2 颗 GEO 卫星，都是 INMARSAT 3 卫星，一颗在东经 178°(PR)，另一颗在西经 54°(AOR/W)。

WAAS 系统试运行时的水平精度达到 1.5 m，垂直精度 3 m(95%)，能实现 105 m 决断高度的飞机进近引导，WAAS 的水平引导性能已达到 I 类精密进近的水平，但垂直引导的性能还达不到。

2. 局域增强系统

局域增强系统 LAAS 的工作原理如图 4.69 所示。多部 GPS 基准接收机分布、安装在机场或附近区域，它们将产生的对 GPS 卫星和 WAAS GEO 卫星的测距信息送至 LAAS 地面设施。还有一部监测器，产生对系统状态的完好性监测信息，也送至 LAAS 地面设施。地面设施对这些信息进行处理，产生差分校正、完好性校验和进近路径基准数据，传送至 VHF 发射机，经编码后广播至飞机。机载设备接收 GPS

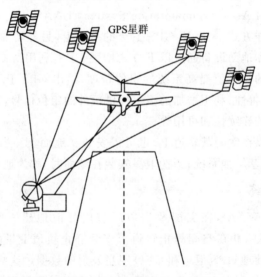

图 4.69　LAAS 系统的工作原理

卫星信息和 GEO 卫星测距数据，并利用来自 LAAS 地面台的信息以提高导航精度、完好性、连续性和可用性，并按指定的进近路径实施 I 类精密进近。

　　LAAS 的覆盖距离为 30 n mile，远小于 WAAS，但它能为用户提供更高的定位精度，当出现故障时在更短时间通知用户，因此，LAAS 将比 WAAS 更能满足 CAT I 、CAT II 和 CAT III 精密进场的性能要求。

　　目前，在 LAAS 系统中，在地面增设卫星（称为机场伪卫星）。机场伪卫星在 LAAS 系统中的作用与 GEO 卫星在 WAAS 系统中的功用类似，只是需要安装在机场场面适当的位置。由于 LAAS 的工作是以地面设备为基础的，因而也称为地基增强系统（Ground-Based Argumentation System，GBAS）。

3. WAAS 和 LAAS 的发展方案

　　1998 年，FAA 成立了专门的卫星导航先进技术研究所（SatNav Institute for Advanced Technology，IAT），对 WAAS 和 LAAS 的费效比进行了长期的研究，在分析中将 WAAS 和 LAAS 方案归纳为 4 大类 12 种情况，后来又集中研究了每大类中较具体、可能性更大的情况。第一种方案是在没有 WAAS 或 LAAS 增强时使用 GPS，扩展现有的地基导航辅助以提供任何附加能力。第二种方案是只增加简单的 WAAS 用于水平引导，使用 ILS 进行精密进场（当然还有包括 LAAS 的情况）。第三种方案是使用 WAAS 和 LAAS 精密进场，但只有有限的卫星可用，这要通过地面导航辅助来补偿。第四种方案提供坚固可靠的 WAAS 和 LAAS 精密进场增强，同时减少备份地面导航系统的数量，例如 VOR/DME 和 ILS，最后将目前国家空域中使用的 1 200 套 VOR/DME 和 1 000 套 ILS 的总数分别减少到 220 套和 330 套。

4.7　基于性能的导航(PBN)

　　在航空飞行中，传统导航是利用接收地面导航台信号，通过向台和背台飞行实现对航空器的引导，航路划设和终端区飞行程序受地面导航台布局与设备种类的制约。随着航空器机载设备能力的提高以及卫星导航等先进技术的不断发展，ICAO 提出了基于性能的导航（Performance Based Navigation，PBN）的概念。PBN 是指在相应的导航基础设施条件下，航空器在指定的空域内或者沿航路、仪表飞行程序飞行时，对系统精确性、完好性、可用性、连续性以及功能性等方面的性能要求。PBN 的引入体现了航行方式从基于传感器导航到基于性能导航的转变。

4.7.1　PBN 的产生与发展

　　PBN 是国际民航组织在整合世界各国 RNAV 和 RNP 运行实践和技术标准的基础上，提出的一种新型运行概念。它是世界民航 CNS/ATM 系统建设的重要组成部分，2009 年国际民航组织发布的 PBN 手册（Doc9613）（第 2 版），定义了 PBN 的相关概念和运行规范。PBN 运行的三个基础要素是航行应用、导航规范和支持系统运行的导航设施。导航规范是在已确定的空域范围内对航空器和飞行机组人员提出的一系列要求,它定义了实施 PBN 所需要的性能及具体功能要求,同时也确定了导航源和设备的选择方式,是民航当局适航和运行批准的基础。PBN 包含两类基本导航规范:区域导航(Regional Area Navigation,RNAV)和所需导航性能(Required Navigation Performance,RNP)。基础设施是用于支持每种导航规范的导航基础设施(如星基系统或陆基导航台)。导航应用是将导航规范和导航设施结合起来,在航路、终端区、进近或运行区域的实际应用,包括 RNAV/RNP 航路、标准仪表进离场程序、进近程序等。

PBN 将有限的所需性能精度扩展到更为广泛的包括所需性能精度、可用性、连续性、完整性和功能的转变,还包括了对机载设备的要求和对机组人员培训所要达到的标准指南。PBN 的实施将成为优化空域结构、提高空域容量的主要途径之一,在保证飞行安全、扩大系统容量、提高运行效率、实现机场和空域使用效率最大化等方面将获得明显提升。同时,PBN 将先进的机载设备与卫星导航及其他已经较为成熟的先进导航技术结合起来,包括了从航路、终端区到起飞着陆的所有飞行阶段,提供了更加安全、更为精密的飞行方式和更加高效的空中交通管理模式。

国际民航组织在第 36 届会议决议中指出:"各缔约国应在 2009 年底前完成 PBN 实施计划,确保在 2016 年之前,以全球一致和协调的方式过渡到 PBN 运行"。具体要求如下:

① 各缔约国制定实施规划,按既定的进度在航路和终端区实施 RNAV 和 RNP 运行。

② 各缔约国应把有垂直引导的进近程序 APV(BARO-VNAV 和/或增强型 GNSS)作为主要进近程序或精密进近的备份方式。至 2016 年,所有仪表跑道进近程序实施 APV,实施进度要满足 2010 年达到 30%,2016 年达到 70% 的目标。

国际民航组织已经与各缔约国和有关国际组织达成共识,将 PBN 作为未来全球导航技术的主要发展方向,中国也制定了 PBN 实施路线图,为全行业提供未来的发展规划,协助利益相关方制定过渡计划和投资策略,确保与全球计划保持统一。

当前,快速增长的交通流量与有限的空域资源、空中和地面严重拥堵之间的矛盾日益尖锐。加上民航运行对于安全性、经济性的要求不断提高,现有运行概念和技术手段不能满足安全保障和运量发展的要求,PBN 就此登上了历史舞台,作为未来全球导航技术的主导方向已毋庸置疑。这一方向的确立,将使一系列行业改变现有的运行模式:空中交通管理(ATM)方式、飞行方式和技术标准、适航标准,飞机及机载和地面的通信导航设备的生产乃至培训方式、审定批准、监督检查等都将有重大的方向性的改变。

PBN 在精度、完整性、依靠的设施及导航应用方面与传统方式有诸多不同,如图 4.70 所示。基于 PBN 技术,航空器的航路选择更加灵活,通过缩短飞行距离、优化空域,有效地提高了空域的运行效率。应用 PBN 飞行程序后,在复杂气象条件下都可以提高机场和空域的利用效率,降低对天气和障碍物间隔限制的要求。由于导航更加精确,还可以直接降低水平间隔标准,提高航迹保持的精确度,提高航路的复飞能力,充分利用间隔较为紧密的飞行程序和空域,降低相邻机场空中交通的拥挤程度。选择更短、更直接的航线减少了航空油料的消耗和随之而来的空气污染,提高航空器利用率,航空企业因而降低了整体运行成本。使用 PBN 技术可以使人类飞行运行方式发生革命性变化,它可以有效促进民航持续安全,最大限度地提升空域利用效率,尽可能减少地面导航设施、设备的资金投入,提高节约能源和减少排放的效果,从发展和应用的角度来讲都将具有显著的安全效益和社会效益。

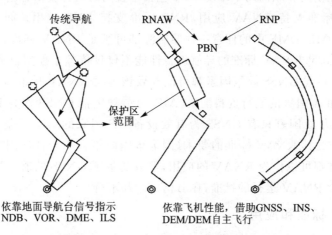

图 4.70　传统导航与 PBN 导航的区别

　　PBN 方式的飞行程序设计在空域规划与障碍物超障评估方面与传统方式相比具有很多优势,主要有:

　　① 减少传统航路与程序所需的维护及相关费用:VOR 台可能用于航路、进近或复飞等程序,迁移一个 VOR 地面设备可能会影响很多相关的飞行程序,需要投入很多费用来进行调整。

　　② 避免频繁投资特定导航源的运行方式:卫星导航服务的发展有助于增强区域导航系统的连续性和多样性,由于 SBAS、GBAS 和 GRAS 应用的不断发展,最初基本的全球导航卫星系统设备就需要不断改进,不断投资。

　　③ 提供更有效的空域运行(航线安排、燃油率、噪声控制等方面):通过划设直飞航线和偶然航线,可以缩短航线距离,也可以避开噪声敏感区,从而提高飞行效率。

　　对于飞行程序设计者来说最大的变化就是,设计时不用依赖于导航源,而只考虑导航标准。当然,正确选择导航标准应基于空域要求、可用的导航设施、机载设备和航空器的运行能力。例如,如果某空域内要求 RNAV - 1 或 RNAV - 2 标准,则可用的导航设施必须是基础的 GNSS 或 DME/DME,航空器必须要用这两种中的一种导航源运行。然而,PBN 程序设计标准出台前,必须要先有基础 GNSS 和 DME/DME 应用标准。如果航空器和营运人都合格,PBN 程序设计可以更好地确保飞行轨迹可靠、持续、可预测。设计程序时,不管是什么导航设施,都采用统一的设计准则来设计航路点和路线,只需要根据超障和间隔标准的不同而进行适当调整。

4.7.2　RNAV 与 RNP

PBN 导航标准包括 RNAV 和 RNP 两种标准,其中 RNP 标准包括完备的机载性能监视和报警要求,而 RNAV 标准不包括此内容。目前 RNAV 和 RNP 标准的精度要求只是在横向和纵向两个维度上,不包括垂直向的飞行技术容差(FTE)。

RNAV 标准支持 RNAV 应用,RNP 标准支持 RNP 应用。如 GNSS、DME/DME/IRU、DME/DME 中的任意一种导航源都可满足 RNAV 标准,但在特定的国家,对于需要满足 RNAV 标准的导航设备性能不仅仅依赖于航空器的机载能力,有限的 DME 设备或 GNSS 政策因素都可能导致该国对 RNAV 标准具有特定的导航设备要求。如 A 国家的航行资料汇编(AIP)可能规定把 GNSS 作为 RNAV 标准的一种要求(因为 A 国家只有 GNSS 为有效设备),B 国家的 AIP 可能要求把 DME/DME/IRU 作为其 RNAV 标准的要求(因为该国政策上不允许使用 GNSS)。虽然每种导航标准都可以作为 RNAV 的应用,但只装备了 GNSS 的航空器只能在 A 国家中获得符合 RNAV 运行的批准,在 B 国家中却不行。

1. RNAV 标准和应用

RNAV 是相对于常规导航而言的。常规导航是指航空器通常利用地面导航设备(如 NDB、VOR)或机载自主导航设备的导航信息完成导航。其航线结构决定于地面导航设备或其固定交叉点的地理位置。此时,航空器总要飞越这些导航设备或固定点,而且定位精度也会根据航空器与导航台站的距离不同而变化。而根据国际民航组织的定义,RNAV 就是允许航空器在台站导航设备的覆盖范围内,或自备导航设备的能力范围内,或结合上述两种方式的情况下,沿着任意所需路径飞行的一种导航方式。这样,RNAV 运行可以摆脱地面导航信号的限制,特别是对于偏远山区而言,可以有效解决地形复杂、净空条件差、地面导航设备建设难度大等问题,显著提高航线设计的灵活性和空域利用率。RNAV 系统可以采用的导航源包括惯性导航系统(INS/IRS)、VOR/DME、DME/DME、罗兰 C(LORANC)、GNSS(GPS)等。

发展区域导航是为了提供更多的侧向自由度,从而有更多的可用空域。该导航方式允许航空器不飞经某些导航设施,它有以下三种基本应用:

① 在任何给定的起、降点之间自主选择航线,以缩短飞行距离,提高空间利用率;

② 航空器可在终端区范围内的各种期望的起降航迹上飞行,加大空中流量;

③ 在某些机场允许航空器进行 RNAV 进近(如 GPS 进近落地)的情况下,可不

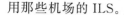

用那些机场的 ILS。

2. RNP 标准和应用

RNP 概念是 1991、1992 年间由 FANS 委员会向国际民航组织提出的。1994 年国际民航组织在正式颁布 RNP 手册(Doc9613 - AN/937)中定义 RNP 为:飞机在一个确定的航路、空域或区域内运行时,所需的导航性能精度。RNP 是在新通信、导航和监视技术开发应用条件下产生的新概念。在实际应用中,RNP 既对空域提出要求,也对机载设备提出要求。对空域特性要求而言,当飞机相应的导航性能精度与其符合时,便可在该空域运行。因此,RNP 不仅对航空器机载导航设备有相关要求,对支持相应 RNP 类型空域的导航设施的精度也有一定的要求,例如要求飞机在 95％的飞行时间内,机载导航系统应使飞机保持在限定的空域内飞行。

RNP 可应用于所有飞行阶段,也可应用于空中交通服务航路(包括固定和应急航路),还可应用于区域、大范围空域或者确定范围的任何空域。在确定的 RNP 区域内,空中交通管制当局可以选择要求对空中交通服务航路获得某种特定 RNP 类型的批准。另外,获得国家或适当的空中交通管制当局批准后,在指定的和公布的RNP 空域内未公布的航线(即自由航线)也可以用作计划飞行。可以在空域规划者或者空中交通管制当局选定的某一条航路、多条航路、某一区域、部分空域或者任何已经确定范围的空域规定 RNP。RNP 潜在的应用还包括:某一确定的空域、某一固定空中交通服务航路、自由航迹运行、部分特殊空域等。一旦在某个指定空域内选择一种 RNP 类型,以满足像预测交通需求那样的要求,那么这个 RNP 将确定航空器的装备和空域基础设施所必要的水平。

3. RNAV 与 RNP 的比较分析

RNAV 和 RNP 系统关键的不同在于,RNP 标准包含机载设备的监视和告警导航性能要求,而 RNAV 标准则不包括这些。一旦 RNP 设备检测到运行中的航空器所获得的导航性能没有达到要求,它就会立即告知机组人员。这个功能增强了飞行员了解飞行状况的能力。也正因此,在无需空中交通管制人员干预的情况下,RNP还可以降低超障保护区或邻近航路间隔,提高运行的完整性,使航路间距和保护区缩小,空域资源得到进一步优化。

RNAV 和 RNP 的标准都包含了对导航功能的要求。这些功能要求包括:提供与航迹相关的飞机位置的连续指示,显示各航路点的距离和方位,显示过航路点的地速或时间,导航数据存储功能,提供包括导航设备在内的 RNAV 系统故障指示,有系统备份,等等。

从发展的角度来看,导航应用将由 2D 向 3D/4D 过渡,这就要求机载监视与告警性能必须在垂直导航方面加以完善。这两项功能可以保证机组人员随时确定导航系统是否达到完整性的要求。虽然目前很多 RNAV 系统不具备监视和告警功能,但同样实现了很高的精度并具备多种 RNP 系统功能,因此,RNAV 和 RNP 运行将会共存多年,最后将逐渐转换为 RNP 运行。

4.7.3 PBN 导航规范简介

在 PBN 导航规范中,RVAV 和 RNP 后面所跟的数字代表导航精度值,即:若要求飞机在 95% 的飞行时间内,机载导航系统应使飞机保持在限定的空域内飞行,则表示为 RNAV - X 和 RNP - X,也就是 95% 总飞行时间不得偏移航道中线两边 X n mile,即飞机必须在一个规定的"巷道"内飞行,如图 4.71 所示。以 RNP - 4 导航规范为例,要求在 95% 的飞行时间内,航空器位置必须满足标称航迹位置左、右、前、后 4 n mile 以内的精度值要求。

图 4.71 依 PBN 规范的飞行

国际民航组织确定的导航规范、所需基础设施以及导航应用如下:

RNP - 10:适用于海洋和偏远陆地空域。概念等同于 RNAV - 10,这是源于 RNP - 10 名称已在国际上普遍使用。实际上,RNP - 10 并无机载性能监视和告警功能要求。该导航规范不要求任何地基导航设备,但需装有至少两套机载远程导航系统(IRS/FMS,INS,GPS)。在地面导航、通信和监视设备可用情况下,RNP - 10 允许的最低航路横向间隔标准为 50 n mile。目前 RNP - 10 已应用于我国三亚情报区。

RNAV - 5:适用于陆地航路,属于 RNAV 和传统 ATS 航路的过渡和混合。导航源可以为 GNSS,DME/DME,VOR/DME,INS/IRS,VOR,一般要求有雷达覆盖和直接话音通信。该规范应用于欧洲 B - RNAV、日本、中东等航线。

RNAV - 2/1:主要用于有雷达监视和直接陆空通信的陆地航路和终端区飞行,RNAV - 2 导航规范适用于航路,RNAV - 1 导航规范适用于航路和终端区进/离场程序。导航源为 GNSS,DME/DME,DME/DME/IRU。目前,我国北京、广州、天津等机场 RNAV 进/离场程序属于 RNAV - 1。

RNP - 4:应用于海洋和偏远地区。要求有话音通信或 CPDLC 以及 ADS - C,以支持 30 n mile 最低航路间隔标准。使用 GNSS 的接收机自主完好性监测(RAIM)

功能来保障完好性。该规范最早应用于太平洋地区,我国 L888 航路属于 RNP‐4。

RNP‐2:对于该导航规范,国际民航组织仍在制定中。

RNP‐1:包括基本 RNP‐1 和高级 RNP‐1。基本 RNP‐1 适用于航路和终端区,该导航规范旨在建立低到中等交通密度且无雷达覆盖区域的航路和终端区程序。GNSS 是基本 RNP‐1 主要的导航源,使用 GNSS 的 RAIM 功能来保障完好性。使用基于区域导航系统的 DME/DME 导航则需要严格的安全评估。对于高级 RNP‐1 导航规范,国际民航组织仍在制定中。

RNP APCH:包括 RNP 进近程序和直线进近阶段 RNAV(基于 GNSS)进近程序,精度值一般为 0.3。GNSS 是 RNP 进近程序的主要导航源,程序设计时需要考虑由于卫星失效或机载监控和告警功能丧失导致失去 RNP 进近能力的可接受性。复飞航段可以是 RNAV 或传统导航程序。该导航规范不包括相关的通信和监视要求。

RNP AR APCH:特殊授权 RNP 进近程序。特点是进近程序、航空器和机组需要得到局方特殊批准。一般用于地形复杂、空域受限且使用该类程序能够取得明显效益的机场,精度值一般在 0.3~0.1 之间。RNP AR APCH 只允许使用 GNSS 作为导航源,应对实际能够达到的 RNP 精度进行预测。该规范不包括相关的通信和监视要求。

民航飞机在各飞行阶段的可用导航规范如表 4.10 所列。

表 4.10　各飞行阶段的可用导航规范

导航规范名称	飞行阶段							
	海洋/边远地区航路	陆地航路	进场	进近				离场
				起始	中间	最后	复飞	
RNAV‐10 (RNP‐10)	10							
RNAV‐5		5	5					
RNAV‐2		2	2					2
RNAV‐1		1	1	1	1		1	1
RNP‐4	4							
Basic‐RNP‐1			1	1	1		1	1
RNP APCH				1	1	0.3		
RNP AR APCH				1~0.1	1~0.1	0.3~0.1	1~0.1	

第 **5** 章

雷达设备

　　雷达是英文 Radar 的音译，是 Radio Detection and Ranging 的缩写，原意为"无线电探测和测距"，就是利用无线电波发现目标并测定其位置。

　　从 20 世纪 30 年代起，除英国、美国外，法国、苏联、德国和日本同时致力于雷达的研究。在第二次世界大战末期，由于微波磁控管的研制成功和微波技术在雷达中的应用，使雷达技术得到了飞速发展。20 世纪 50 年代末以来，由于航天技术的飞速发展，飞机、导弹、人造卫星以及宇宙飞船等均采用雷达作为探测和跟踪手段。尤其是 20 世纪 60 年代中期对研制的反洲际弹道导弹系统提出了高精度、远距离、高分辨率和多目标探测的要求，使雷达技术进入了蓬勃发展的时期。雷达的功能已超出"无线电探测和测距"的含义，它还可以提取有关目标的更多信息，如对目标的识别，测定目标的高度、属性等。

　　当前，雷达在民航领域有着广泛的应用。本章首先简要介绍雷达测量的一般原理，接下来介绍用于航行监视的一次雷达和二次雷达、用于飞机导航的低高度无线电高度表（也称雷达高度计）以及用于保障飞行安全的机载气象雷达。

5.1　雷达工作原理

　　雷达是根据接收到目标的回波来发现目标和测定目标位置的。目标的空间位置可以用多种坐标来表示，有直角坐标系、极坐标系等。在雷达应用中，最为简便的是采用极坐标系，如图 5.1 所示。图中空间任意一目标 A 所在位置可用三个坐标值来确定，如果定义雷达所在地为坐标原点 O，则目标 A 的坐标为斜距 r、方位角 β 和仰角 ε 三个量。如果需要知道目标的高度和水平距离，那么目标 A 可用方位角 β、水平距离 $D = r\cos\varepsilon$ 和高度 $H = r\sin\varepsilon$ 三个量表示。

　　雷达测定目标的位置实际上就是雷达对目标进行测距和测角，即测定目标的斜距 r 和两个角度（ε 和 β）。

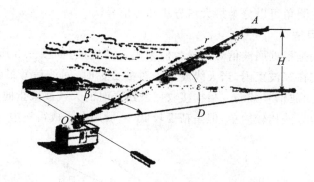

图 5.1　雷达目标的坐标

1. 目标斜距的测量

　　雷达测距是基于无线电波在空间以等速直线传播这一物理现象,雷达工作时,发射机经天线向空间发射一串重复周期一定的高频脉冲。如果在电磁波传播的途径上有目标存在,那么雷达就可以接收到由目标反射回来的回波。由于回波信号往返于雷达与目标之间,它将滞后于发射脉冲一个时间 t_r,如图 5.2 所示。电磁波是以光速 c 传播,若设目标的距离为 r,则

$$r = ct_r/2$$

　　由于光速很快,t_r 一般很小,因此单位以微秒(μs)计。若 r 以 m 计,时间以 μs 计,则

$$r = 150t_r$$

如果目标距离雷达 150 km,则由上式可知,电波往返的时间 t_r 仅有 1 000 μs。

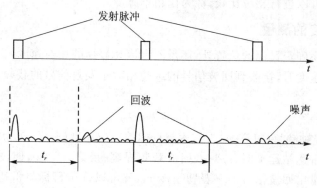

图 5.2　雷达测距

2. 目标角位置的测量

　　目标角位置是指方位角或仰角,在雷达技术中测量这两个角的位置基本上都是利用天线的方向性来实现的。雷达天线把发射的电磁波集中在一个狭窄的角度空间内,根据收到回波信号的幅度强弱来确定被测量目标的方向,这种方法通常称为幅度

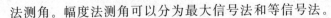

法测角。幅度法测角可以分为最大信号法和等信号法。

1) 最大信号法

最大信号法是根据回波信号的最大值来确定角度的,如图 5.3 所示。雷达天线将电磁能量汇集在窄波束内,当天线波束轴对准目标时,回波信号最强;当目标偏离天线波束轴时,回波信号减弱。根据接收回波最强时的天线波束指向,即可确定目标的方向。该测角方法比较简单,但是精度较低,一般用在警戒雷达中。

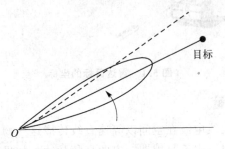

图 5.3　目标角度的测量

2) 等信号法

等信号法需要天线产生两个交叠的波束,并互相叉开一个小的角度。当天线对准目标时,两个波束收到的回波信号强度相等,没有对准时两个波束收到的信号强度不同。通过等信号法测角具有较高的测角精度,一般用在跟踪雷达中。但对准目标时,每一波束收到的信号不是最大,因而降低了雷达的探测距离。

实际应用中,两个波束的回波将分别进行相加和相减,形成和波束与差波束通道,再求差波束信号与和波束信号的比值,等信号时该值为零,这种方法称为比幅单脉冲测角。也可以进行相位比较,称为比相单脉冲。

3. 目标速度的测量

有些雷达除确定目标的位置外,还需测定运动目标的相对速度,当目标和雷达站之间存在相对速度时,接收到回波信号的载频相对于发射信号的载频产生一个频移,即多普勒频移

$$f_d = 2v_r/\lambda$$

式中:f_d 为多普勒频移(Hz);v_r 为雷达与目标的径向速度(m/s);λ 为载波波长(m)。

当目标向雷达站运动时,$v_r > 0$,回波载频提高;反之,$v_r < 0$,回波载频降低。雷达只要能够测量出回波信号的多普勒频移 f_d,就可以确定目标与雷达站之间的相对速度。

4. 目标高度的测量

测定目标高度的原理以测距和测仰角的原理为基础。因为目标的高度 H 与斜距 r、仰角 ε 之间有如下关系:

$$H = r\sin\varepsilon$$

式中：r 和 ε 可以通过测距和测角得到。

上式只适宜用来计算近距离目标的高度。当目标距离较远,地球表面弯曲的影响已不能忽略时,还必须加上高度修正量。因此,航管雷达一般不通过该方法测量飞机的高度。

5.2　民航一次雷达(PSR)

由发射系统发射一束射频能量,通过接收其中由目标反射回来的一小部分能量,处理后探测目标的雷达,称为一次雷达(Primary Surveillance Radar,PSR)。整个民航空中交通管理系统使用的一次雷达,按其使用区域来划分,一般可分为航路监视雷达、机场监视雷达、精密进近雷达和机场场面监视雷达。

1.　航路监视雷达

航路监视雷达(Aero‐Route Surveillance Radar, ARSR)是一种远程搜索雷达,它的作用距离为 300~500 km,主要用于监视连接各个机场的航路与航路外的飞机活动情况,为管制部门随时提供在其管辖范围内的飞机活动情况。航路监视雷达一般供区域管制之用。

管制人员根据空中情况,监视飞机之间的安全间隔,检查是否有发生两机相撞的可能,如发现有危险事故征候,则对飞行员发出指令,以避开冲突,从而保证航路飞行的安全,提高航路利用率。此外,还能确定迷航飞机的位置和协助飞机绕开天气恶劣的区域。

为了实现雷达管制,需要将航路监视雷达连接成雷达网,甚至达到两重雷达覆盖,以便各管制中心能了解全部空域内的空中情况,使区域管制更加有效、准确和及时。如我国发展的以北京为中心的空管运行中心和以北京、广州、上海为中心的航路管制中心,需要提供联网的雷达数据。

ARSR 需要监视的距离远、范围大,因此一般工作在 L 波段(1 250~1 350 MHz)。该频率的选择兼顾了检测的方位分辨率、天线尺寸、传输损耗、发射功率及经济指标等诸多因素。典型的航路监视雷达如图 5.4 所示。

通常外部各种杂波是影响雷达发现目标的重要因素,如大地反射的地杂波、海面反射的海杂波、云雨等散射造成的气象杂波等。为此 ARSR 普遍需要采用动目标指示(MTI)、动目标检测(MTD)、灵敏度时间控制、杂波图、恒虚警门限控制等技术。

2.　机场监视雷达

机场监视雷达(Airport Surveillance Radar，ASR)亦称机场调度雷达,是一种近程搜索雷达,用于探测以机场为中心,半径为 100~150 km 范围内的各种飞机的活动,高度覆盖在 7 500 m 左右。通常以水平位置显示器来显示飞机的距离和方位,一般都与二次雷达配合使用。

(a) 外　观　　　　　　　　　　　　(b) 天线罩内的雷达

图 5.4　FAA 的 ARSR-4 航路监视雷达

　　管制人员根据机场监视雷达所提供的情况,并根据飞机的请求和各飞机之间应该保持的安全间隔,实施机场区域的交通管制和导航。在能见度很低的情况下,可大大缩短飞机起飞和着陆的时间间隔,提高起飞和进场着陆的效率,提高机场飞行密度,保证飞行安全。

　　相比于 ARSR,ASR 虽然覆盖范围小,但要求更高的分辨率和精度、更高的数据更新率、更多的目标处理能力和更复杂的杂波环境下检测目标的能力。一般选用 L 波段或 S 波段(2 700～2 900 MHz),垂直方向采用平方余割方向性图。典型的机场监视雷达 ASR-11 如图 5.5 所示。

图 5.5　机场监视雷达 ASR-11

　　为提高机场监视雷达的数据更新率,雷达天线的转速一般设置为 10～15 r/min,数据更新周期为 4～6 s。

3. 精密进近雷达

飞机着陆方式除目视着陆(非精密进近着陆)、仪表着陆、微波着陆和 GNSS 着陆外,还有雷达引导着陆,后者主要靠精密进近雷达(PAR)来完成。

PAR 是一种装在跑道头一侧的三坐标雷达,同时提供着陆飞机的方位、俯仰和距离。地面指挥人员据此判断出飞机与预定着陆线的偏离量,通过地空无线电通信链路向飞行员发出修正指令,使飞机按正确的着陆线进入跑道上空,最后在目视条件下安全着陆。典型的 PAR 工作在 X 波段,即(9 370±30)MHz,发射左右扫描共 20° 的航向波束,上下扫描共 10° 的下滑波束,波束中心仰角为 7°。测角精度:按 95% 概率计算,航向角精度不低于 ±0.5°;下滑角不低于 ±0.35°。作用距离可达 40~60 km。典型的精密进近雷达如图 5.6 所示。

雷达着陆直观简单,适应性强,对场地要求低,能在较恶劣的气象条件下引导飞机着陆,并且雷达可装在雷达车上,具有较好的机动性。系统的缺点是飞行员处于被动引导状态,不利于改善飞行员的安全感;引导效率低,只能逐架引导飞机着陆。因此,主要用于交通流量小、机动性要求高和气象条件较恶劣的场合,如小型军用或民用机场,也可在一般机场作为备用设备使用。

图 5.6　精密进近雷达 PAR 2090C

4. 机场场面监视雷达系统

机场场面监视雷达系统(Surface Surveillance Radar System,SSRS)用于提供机场上地面目标(如飞机、牵引车、加油车、载客车等)的平面位置图,对着陆飞机的飞行员或牵引驾驶员进行指示和帮助,使飞机滑行或被牵引到目的位置,特别是在有雨、雪、雾等恶劣气象条件下。场面监视雷达(Surface Movement Radar,SMR)是机场场面监视雷达比较常见的一种。

场面监视雷达的工作频率一般选用 X 波段或 K 波段(15.7~16.2 GHz),可在满足系统分辨率的前提下尽量减小天线尺寸,并减少雨、雾等的后向散射和衰减,以降低系统的传输损耗。天线一般安装在高塔上,有利于高度覆盖。为满足数据更新率的要求,天线按 60 r/min 进行旋转。典型的机场场面监视雷达如图 5.7 所示。

图 5.7　场面监视雷达 SCANTER 2001

5.3　民航二次雷达(SSR)

　　民航二次雷达(SSR)是相对一次雷达(PSR)而言的。二次雷达由地面询问雷达发射一定模式的询问信号,装在飞机上的应答机收到这个模式询问信号后,经过信号处理、译码,然后由应答机发回编码的回答信号。地面雷达收到这个回答信号后,经过信号处理,把装有应答机的飞机代号、高度、方位和距离显示在平面位置显示器上。将这种经过两次程序(一次是询问,一次是应答)发射的雷达命名为二次雷达(SSR)。美国通称这种二次雷达为空中交通管制雷达信标系统(简称航管雷达信标系统,即ATCRBS)。

　　航管雷达由两部分组成,一部分是二次雷达,另一部分是一次雷达。天线也由两部分组成,一部分是 S 波段一次雷达天线,另一部分是为 L 波段二次雷达天线。两个天线装在一起同步旋转并向同一方向发射,如图 5.8 所示。之所以使一次雷达与二次雷达同步工作,是考虑到有些飞机没有装应答机,或者虽然装有应答机,但当应答机出现故障时,这些飞机仍然可以受到航管雷达的监视。

5.3.1　SSR 的组成及工作概况

　　尽管一次雷达采用了 MTI 或 MTD 技术,可以有效抑制固定目标回波的干扰,但不能识别被跟踪的飞机及其高度。为此,采用 SSR 与其配合工作。

　　由于地面一次雷达接收功率与作用距离的四次方成反比,而地面 SSR 接收功率与作用距离的平方成反比,若作用距离相同,则 SSR 所需的发射功率远小于 PSR。

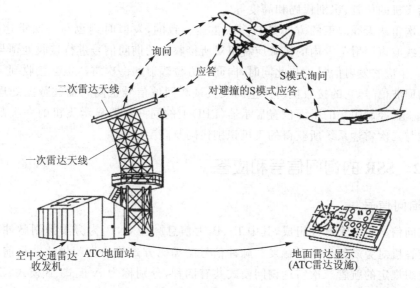

图 5.8 二次雷达与一次雷达

一般 SSR 的发射功率为几千瓦,而要达到同样的作用距离,PSR 需要几兆瓦的发射功率。因此,SSR 地面询问器和机载应答器的接收机灵敏度也可比 PSR 低一些。

二次雷达系统是由二次雷达-地面询问机与机载应答机配合,采用问答方式工作的。二次雷达系统的组成如图 5.9 所示,图中虚线左侧为二次雷达-地面询问机,右侧为机载应答机。地面二次雷达系统包括发射机、编码器、译码器及接收机。机载应答机也是由接收机、译码器、编码器和发射机组成的。

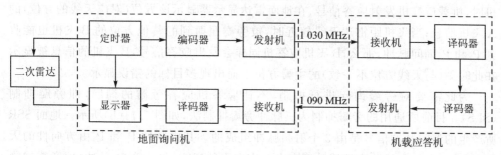

图 5.9 二次雷达系统框图

地面站天线发射 1030 MHz 的询问脉冲信号,机载应答机接收到并确认该询问信号后,经过信号处理、译码,然后由应答机以对应模式通过全向天线发射频率为 1090 MHz 的应答脉冲信号。该应答信号被地面站天线系统接收到后,送往接收机和点迹录取器,点迹录取器检测到飞机后再计算出飞机的方位、距离,进行应答信号解码以确定飞机的识别码与飞行高度码,然后将数据形成飞机报告,通过地面通信线路传送到空管中心。飞机报告以图像的形式呈现在空中交通管制员的面前,图像信息包括飞机的位置、识别代码和高度等。

二次雷达天线波束的方向是与一次雷达一致的,发射时刻也与一次雷达同步。在其天线波束照射范围内的机载应答机对所接收到的询问信号进行接收处理与译码识别,产生应答发射信号。与此同时,向同一方位辐射的一次雷达也会接收到飞机所产生的回波信号,它的接收机所产生的飞机视频回波信号也同时输往数据处理与显示系统。在控制中心的平面位置显示器(PPI)上的同一位置显示飞机的一次雷达回波图像与二次雷达系统所获得的飞机识别代码及高度信息。

5.3.2　SSR 的询问信号和应答

1. 询问信号

询问信号由 3 个脉冲组成,其中 P_1、P_3 为信息脉冲对,P_2 为旁瓣抑制脉冲,用来抑制应答机对旁瓣信号的误触发。脉冲信号的编码方式称为询问模式。目前,国际民航组织规定的航管二次雷达询问模式共有四种,分别称为 A 模式、B 模式、C 模式和 D 模式。其中,A 模式为飞机代码识别;C 模式为高度询问;B 模式、D 模式为备用询问模式,其询问内容未定。询问信号为 1030 MHz 的脉冲射频信号。如图 5.10 所示,A 模式的脉冲间隔为 8 μs,B 模式为 17 μs,C 模式为 21 μs,D 模式为 25 μs。各模式脉冲的脉冲宽度为 0.8 μs。

地面 SSR 天线的方向性图为按一定速率旋转的锥形窄波束,它集中了天线辐射的大部分能量,称为主瓣。由于天线能量的泄漏而形成的其他方向的辐射波瓣,称为旁瓣,如图 5.11(a)所示。在理想情况下,当 A 飞机被主瓣照射到,主瓣法线对准飞机时,机载应答机发射应答信号,在地面雷达显示器显示该方位(对应天线的方位)的 A 飞机信息;当飞机距雷达天线较近时,被旁瓣照射到的其他方位的 B 飞机也能收到 P_1 和 P_3 询问脉冲,那么,B 飞机应答机同样会发出应答信号,B 飞机的信息被显示在此时刻(与天线方位不一致)的主瓣方位上而出现多目标的错误显示。

为此需要对旁瓣询问进行抑制,不让应答机应答旁瓣的询问,即旁瓣抑制(SLS)。目前所通用的旁瓣抑制为三脉冲旁瓣抑制法,如图 5.11(b)所示。地面 SSR 所产生的询问脉冲信号是由 3 个射频脉冲组成的。其中脉冲 P_1 和 P_3 由方向性的天线辐射,方向性天线除主波瓣外还存在一定电平的旁瓣;另一个 P_2 脉冲(即旁瓣抑制脉冲)则由无方向性的天线辐射,其方向性图为圆,如图 5.11 所示。P_1 和 P_2 脉冲间隔 2 μs。控制 P_2 脉冲的辐射功率,使得在方向性天线主波瓣范围内的飞机所接收到的 P_1 脉冲电平高于所接收到的 P_2 脉冲电平,而在方向性天线旁瓣范围内的飞机所接收的 P_1 脉冲电平低于 P_2 脉冲电平。这样,应答机即可通过比较 P_1 脉冲与 P_2 脉冲的相对幅度来判明飞机是处在 SSR 方向性天线的主瓣内还是在旁瓣内,从而决定是否产生应答信号。

在机载应答机接收电路中设置有旁瓣抑制电路。电路对所接收到 P_1 脉冲与 P_2

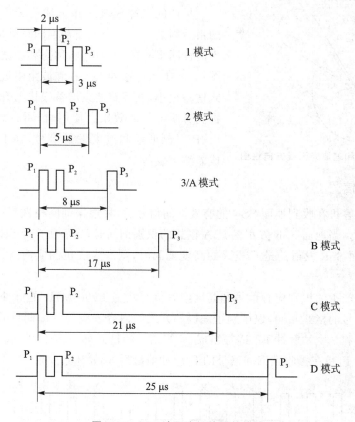

图 5.10　SSR 地面询问信号的模式

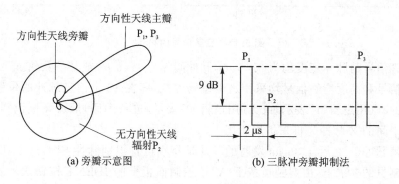

(a) 旁瓣示意图　　　　(b) 三脉冲旁瓣抑制法

图 5.11　旁瓣抑制

脉冲的幅度进行比较。如果 P_1 脉冲的幅度大于 P_2 脉冲 9 dB 以上,则表明此时飞机处于二次雷达天线的主瓣中,因而应答机应正常产生应答脉冲信号;如果 P_2 脉冲的幅度大于或等于 P_1 脉冲,则表明此时飞机处于旁瓣范围内,因而抑制应答机的应答,并在未来(30 ± 10) μs 不再接收询问;如果 P_2 与 P_1 的幅度比较处在上述两种情况之间,则应答机有可能应答也有可能不应答,其应答概率随 P_1 脉冲幅度的增大而增大。

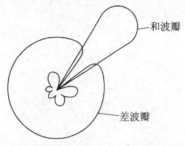

图 5.12 和差波束天线方向性图

早期的空管 SSR 采用上述两天线系统,目前的雷达则是利用一个天线在不同时刻形成不同的方向性图来实现旁瓣抑制,称为和差波束天线,如图 5.12 所示。这种天线在和波束附近,差波束天线增益很小,然后差波束增益很快上升,这样可以提高旁瓣抑制的效果。使用时,雷达控制天线在 P_1、P_3 时刻形成和波束发射信号,在 P_2 时刻则形成差波束发射。

2. 应答信号

机载应答机在收到地面 SSR 的有效询问信号后,将根据询问模式产生相应的应答发射信号。当地面 SSR 发射的是 A 模式的识别询问时,应答机产生识别码应答信号;而当地面 SSR 发射的是 C 模式的高度询问时,则产生飞机的实时气压高度编码应答信号。

应答机产生的识别应答信号和高度应答信号均为 1 090 MHz 的脉冲编码信号,而且应答信号的格式相同,仅区别于编码的方式和内容。应答的编码信号由最多 12 个信息脉冲和 2 个帧脉冲 F_1、F_2 等组成,应答信号的格式如图 5.13 所示。应答信号的起始脉冲 F_1 是在接收到询问信号的 P_3 脉冲前沿后 3 μs 开始发射。

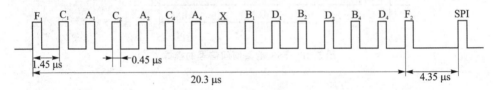

图 5.13 应答信号的格式

应答信号的脉冲宽度均为 0.45 μs,脉冲间隔为 1.45 μs 或其整数倍。飞机的识别应答信号和高度应答信号均采用逻辑编码方式,即在 12 个信息脉冲的位置上,利用脉冲的有(用逻辑"1"表示)或无(用逻辑"0"表示)进行编码,形成飞机识别码和高度码。中间的 X 脉冲为将来扩展所用。

在帧脉冲 F_2 之后 4.35 μs 发射的脉冲是特别位置识别脉冲 SPI,这个脉冲是在地面管制员的要求下,由驾驶员按下 ATC 控制面板上的 IDENT 按钮之后发出的,持续约 18 s,其目的是使该飞机的雷达回波在地面管制员的雷达屏幕上的显示更亮,以便更容易识别该飞机。

1）飞机识别码的编码格式

地面 A 模式询问时,应答机自动地应答飞机的识别码。识别码是空中交通管制中用于表明飞机身份的代码,由空中交通管制部门指定。识别码为四位八进制码,由驾驶员用应答机控制面板上的识别码设定旋钮设定。

12 个信息脉冲用"有"(1)和"无"(0)表示二进制编码,而飞机的识别码采用四位八进制编码,有 $2^{12}=4\,096$(种)组合,因此 12 个脉冲被分为 A、B、C、D 四组,每组 3 个脉冲,分别加下标表示为 A_4、A_2、A_1、B_4、B_2、B_1、C_4、C_2、C_1、D_4、D_2、D_1,其下标分别表示该位的权值。每组表示四位识别码中的一位:A 组表示第一位,B 组表示第二位,C 组表示第三位,D 组表示第四位。每一组的 3 个信息脉冲表示的八进制数为 0~7,因此飞机的四位八进制识别码为 0000~7777,共 4 096 种,其中还有一些用于特殊用途,例如:7500 表示被劫持;7600 表示通信失效;7700 表示飞机处于紧急状态。

在飞机识别码的编码中,需要注意的是四位识别码的顺序为 ABCD,这一顺序和脉冲在实际脉冲串中的位置顺序(参见图 5.13)是不一致的。

下面举例说明:若在控制盒上给定的飞机识别代码为 3342,则

A 组为 3,所以 A 组中 A_1 取 1,A_2 取 1,A_4 取 0,1+2+0=3;

B 组为 3,所以 B 组中 B_1 取 1,B_2 取 1,B_4 取 0,1+2+0=3;

C 组为 4,所以 C 组中 C_1 取 0,C_2 取 0,C_4 取 1,0+0+4=4;

D 组为 2,所以 D 组中 D_1 取 0,D_2 取 1,D_4 取 0,0+2+0=2。

代码 3342 的应答脉冲串如图 5.14 所示。

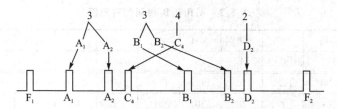

图 5.14　飞机识别码 3342 的应答脉冲编码串

反之,若给定脉冲识别编码串,则可计算出代表的编码,此处不举例说明。

用应答机控制盒设定飞机识别码时,按先低位后高位的顺序转换。

2)飞机高度码的编码格式

当地面 C 模式询问时,且应答机控制盒的"高度报告"开关放在接通位(ON),应答机自动应答飞机当时的气压高度信息,并与控制盒所选的模式及飞机代码无关。

气压高度信息由飞机上的中央大气数据计算机提供。高度编码也是帧脉冲 F_1 和 F_2 之间 12 个信息脉冲组合。12 个脉冲也分成四组,但其组成顺序与识别代码不同,为 $D_1 D_2 D_4 A_1 A_2 A_4 B_1 B_2 B_4 C_1 C_2 C_4$。国际民航组织规定的高度编码范围是从 $-1\,000$~$126\,700$ ft(即 -304~$37\,000$ m),考虑到气压高度的精度,增量级为 100 ft,仅需 1 278 组高度编码。在 12 个信息脉冲中,规定不用 D_1 脉冲,C_1 和 C_4 脉冲不能同时为 1,但 C 组脉冲必须有一个 1,故可得到 1 280 组高度码。而民航实际应用中高度从 $-1\,000$ ft 到 62 700 ft 就足够了,所以 D_2 实际上也是零。只利用 $D_4 A_1 A_2 A_4 B_1 B_2 B_4 C_1 C_2 C_4$,把这 10 个高度脉冲分为三组:$D_4 A_1 A_2$ 脉冲组成第一组,可编成 8 个格

雷码组,其高度增量为 8 000 ft,即可有 8 个 8 000 ft 的高度范围;$A_4 B_1 B_2 B_4$ 为第二组,可编成 16 个格雷码组,其高度增量为 500 ft;$C_1 C_2 C_4$ 为第三组,这三位要满足"C_1 和 C_4 脉冲不能同时为 1,但 C 组脉冲必须有一个 1"的条件,按"五周期循环码"可编成 5 个码组,增量为 100 ft。因此,10 位高度码共可得到 $8 \times 16 \times 5 = 640$ 个高度编码,可表示 $-1 000 \sim 62 700$ ft 范围内按 100 ft 增量的高度编码。

高度编码值 H(以 ft 为单位)可以表示为

$$H = [(H_1 + S) \times 8 000 + (-1)^S \times (H_2 + S) \times 500 - 1 000] + H_3$$

其中:H_1 是格雷码组 $D_4 A_1 A_2$ 对应的十进制数;$S = D_4 \oplus A_1 \oplus A_2$ 是第一组按位异或(二进制求和)的结果,如表 5.1 所列;H_2 是格雷码组 $A_4 B_1 B_2 B_4$ 对应的十进制数,如表 5.2 所列;H_3 是高度增量,取值如表 5.3 所列,这里尾数指上式中方括号内所得数值的尾数。

表 5.1　$A_4 B_1 B_2 B_4$ 编码的对应值

格雷码	000	001	011	010	110	111	101	100
H_1	0	1	2	3	4	5	6	7
S	0	1	0	1	0	1	0	1

表 5.2　$A_4 B_1 B_2 B_4$ 编码的对应值

格雷码	0000	0001	0011	0010	0110	0111	0101	0100
H_2	0	1	2	3	4	5	6	7
格雷码	1100	1101	1111	1110	1010	1011	1001	1000
H_2	8	9	10	11	12	13	14	15

表 5.3　高度增量编码

尾数 1 000 ft			附加高度/ ft	尾数 500 ft		
C_1	C_2	C_4		C_1	C_2	C_4
1	0	0	+200	0	0	1
1	1	0	+100	0	1	1
0	1	0	0	0	1	0
0	1	1	-100	1	1	0
0	0	1	-200	1	0	0

下面举例说明:

若高度码为 010 0111 100,则

$\qquad H = [(3+1) \times 8 000 - (5+1) \times 500 - 1 000] + 200 = 28 200$　（单位为 ft）

若高度码为 010 0110 110,则

$\qquad H = [(3+1) \times 8 000 - (4+1) \times 500 - 1 000] - 100 = 28 400$　（单位为 ft）

5.3.3 SSR 的特点

1. 优 点

① 体积小。在前面已经提到，在相同的作用距离下，二次雷达的发射机功率比一次雷达小得多，且二次雷达的接收机所接收的信号又比一次雷达的信号强。这样，二次雷达的整个体积、质量都比一次雷达的小。

② 干扰小。一次雷达接收机和发射机使用同一频率，周围各种固定的地物会反射电磁波产生回波；雨、雪、云等自然现象也会反射回波；雷达接收机和发射机使用同一频率，不得不采用天线开关。二次雷达收/发采用不同的频率，克服了上述缺点。

③ 接收稳定。一次雷达由于目标大小、姿态不同，接收到的回波信号强弱不同，并且向四周杂乱反射，造成闪烁现象；而二次雷达不存在由于飞机姿态变化和散射而引起的目标闪烁现象，可以稳定地接收。

④ 可以脉冲编码发射。一次雷达是靠目标的反射得到目标的方位、距离等信息；二次雷达是用脉冲编码目标的四位识别码和高度信息。

2. 缺 点

1）同步串扰

当机上应答机接收到询问信号作应答时，应答信号脉冲串的持续时间最少为 $20.3~\mu s$（如加发识别脉冲时，持续时间为 $24.7~\mu s$），因而发送脉冲串将占空间的距离为 $16\,200 \times 20.3 \times 10^{-6} = 3.28$ n mile（无线电波速度约为 $16\,200$ n mile/s），如果两架飞机处在询问波束同一方位上或波束宽度范围内，设两机的高度层相差已大于 300 m，当两机的斜距小于 1.64 n mile 时（如图 5.15(a)中所示的 A 机和 B 机），则地面询问机的接收机将收到间隔重叠的两机回答信号，因而互相干扰，这种干扰称为同步串扰，大大降低了分辨率。

2）非同步串扰

当飞机处在两个以上地面询问机共同作用范围内时，每个地面询问接收机除了对本站所询问飞机的应答脉冲同步接收外，还会收到因其他地面站询问飞机而引起的非同步应答，因此，就会在显示屏上形成非同步应答的串扰，如图 5.15(b)所示。

当询问机 1 向 A 机询问（A 机的识别飞机代号是与询问机 1 所选飞机代号同步的），而询问机 1 的主波束宽度范围内的远处又有一架 B 机，但不是询问机 1 所选的识别飞机代号，而 B 机又正好受询问机 2 的询问（B 机回答的识别飞机代号与询问机 1 不同步，而与询问机 2 是同步的），由于机上应答机天线是全向的，故 B 机在向询问机 2 应答时，也向询问机 1 应答（因 B 机处在两个询问机发射的主波束之中）。这种不需要的非同步应答使询问机 1 的显示屏上出现多个亮点，画面不清晰，或者占据了询问机 1 的译码动作，混扰了对 A 机询问的应答译码，这种混扰称为非同步串扰。这种非同步串扰在地面台可采用非同步串扰抑制电路来消除，其方法是将视频应答信号存储一个询问周期的时间,使其与第二次询问的应答进行比较,如果是重合的,则视频信号是相干的,就显示该识别目标的飞机代号;如果不重合,则这个应答是不相干的,信号被消除,因而不会显示出这个目标。

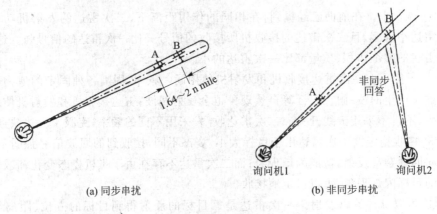

(a) 同步串扰   (b) 非同步串扰

图 5.15   同步串扰示意图

3) 多路径反射

多路径即发射机和接收机之间存在不止一条信号路径,在这些路径中只有一条是发射机和接收机间的直达路径。此外,还存在其他路径,如由于地物和建筑物等反射形成的信号路径。由于二次雷达使用短脉冲串,直射信号和反射信号在时间上形成交错或完全分开,其时间差就会改变应答脉冲的视在数目,从而导致解码错误,或是错误地检测为存在多架飞机。

为了弥补 SSR 的不足之处,常将 SSR 和 PSR 配合起来工作,对于装有应答器的目标,SSR 可以提供更多的信息;对于一般的目标,则由 PSR 探测。SSR 天线架设在 PSR 的顶端,并随着 PSR 天线一起转动,通常由 PSR 提供目标距离和方位数据。SSR 在 PSR 的显示器上加上识别标志和高度。为了使 PSR 和 SSR 的接收信号最后在显示器上同步地显示,SSR 的发射信号应提前一段时间。这是因为在 SSR 中从应答器接收询问信号到发射应答信号有一段时间延迟(约 $3\ \mu s$),而 SSR 将应答信号的编码脉冲解出来也需要 $20.3\ \mu s$ 的时间。

5.3.4   SSR 的性能

二次监视雷达的最大作用半径为 $370\ \mathrm{km}$(航道监视)或 $100\ \mathrm{km}$(终端监视),高度覆盖约 $15\ \mathrm{km}$,距离测量精度在 $10\ \mathrm{m}$ 以内,方位测量精度在几度之内。上述这些基本要求已经考虑到与一次监视雷达之间的适配需要。

工作频率是雷达的重要参数。国际民航组织建议使用 $1\,030\ \mathrm{MHz}$ 为询问载波频率,$1\,090\ \mathrm{MHz}$ 为应答载波频率。二者相差 $60\ \mathrm{MHz}$ 已足以把它们分开,不至于相互干扰。另外,地面询问器的 $1\,030\ \mathrm{MHz}$ 发射载频可作为接收机本振信号,用以接收 1090 MHz 的应答信号,经混频得到 60 MHz 的中频信号。同样,机载应答器可将 1090 MHz 的发射载频作为本振,接收 1 030 MHz 的询问信号,使系统设计得以简化。

提高脉冲重复频率有助于改善目标探测能力,但其上限取决于最大作用距离,即不出现距离模糊。国际民航组织规定了空中交通管制二次监视雷达的最高询问频率为 450 Hz。当二次监视雷达与一次监视雷达配合使用时,为提高探测目标的可靠性,采用了目标信号的相关处理技术,故二者的脉冲重复频率应相关。最简单的方法是对二者取相同的重复频率。

天线的方向性图在水平方位是约几度(如 3.6°)的窄波束,以保证方位测量精度;垂直方向则是扇形波束,以保证作用半径内的高度覆盖。扇形波束按圆周扫描,如图 5.16 所示。

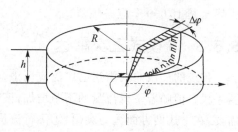

可见,在天线的垂直上空会出现部分盲区。在实施管制时,应尽量避免飞机过顶飞行。通常天线的扫描速率为 5～15 r/m

图 5.16 扇形波束进行圆周扫描

(圈/分钟),相应的数据更新时间为 4～15 s。用于航道监视时,取偏低的扫描速率;而用于终端监视时,取较高的扫描速率。

应当指出,用最大值法测定方位时,SSR 的应答信号会随着方位角偏离最大值,其幅度衰减的斜率不如 PSR 那样陡峭,故方位精度与分辨率下降。在二者配合工作时,通常采用 PSR 所提供的比较精确的方位测量数据。

在 SSR 系统中,一台地面询问站对多个机上应答器工作,因此应提高地面询问站的发射功率和接收机灵敏度。这样可大大降低机上应答器的发射功率和接收灵敏度要求,简化机上设备,降低应答器成本乃至系统成本。例如,地面询问站采用 15 kW 的发射功率,接收机灵敏度为 -82 dBm 时,机上应答器仅需 500 W 的发射功率和 -75 dBm 的接收机灵敏度。

国际民航组织规定了 SSR 的询问信号采用脉(冲)位(置)调制,应答信号采用脉(冲)(编)码调制。脉冲波形主要反映在脉冲宽度和上升沿、下降沿的要求上。在每个询问周期内,收到询问信号的应答器都可予以应答,但只有各个应答信号到达询问接收机且不出现时间重叠时,才可能被译码确认。最简单的情况是,设备应答器在空间距离上是均匀分布的,这时询问周期所包含的不重叠应答帧数即该询问周期的最大容量。设系统最高重复频率为 450 Hz,即询问周期 2 222 μs,以 100 个应答帧,每帧包括 15 个脉冲计算,每个脉冲占 1.48 μs。考虑脉冲的占空比及上升沿、下降沿和脉冲宽度误差等的影响,最后取应答脉冲宽度为 0.4 μs。

由于询问信号种类较少,而且每个询问周期只出现一次,对系统容量影响较小故可放宽对它的要求,通常取询问脉冲宽度为 0.8 μs。

脉冲前沿取 0.1 μs,可获得 15 m 的距离测量精度,基本满足要求。后沿不用于测距,只要不影响后续脉冲前沿,便于脉冲分离即可,故可放宽对后沿的要求,取值为 0.2 μs。

每个询问站应在尽可能大的空域内对多架飞机进行询问/应答,从而节省较复杂的地面询问站,这就涉及系统容量问题。它与空域内的飞行流量及飞机的空间分布概率有关,因此是一个统计学问题。下面仅考虑理想均匀位置分布时的系统容量。正如前面提到的那样,在一个询问周期内,按距离分割可容纳 100 个互不重叠的应答帧。而方位波束宽 3.6°时,圆周扫描 360°可获 100 个分隔空间。可见这时系统的最大容量是 10 000 个应答帧。

5.3.5　S 模式二次雷达

传统的二次监视雷达已广泛应用于空中交通管制系统,成为改善空管系统的重要手段。但随着飞行流量的不断增加,该系统所存在的主要缺陷已不能适应发展的需要,在下述两方面尤为突出:①飞行流量增加时,同步串扰和非同步串扰日趋严重,严重影响系统的正常工作;②现有系统仅能由机上向地面传送飞机的识别码和高度信息,远不能满足高性能自动化空管系统的要求。为此,需发展新一代的二次监视雷达系统。

1. S 模式发展的起源

20 世纪 70 年代,美国提出了离散寻址信标系统(Discrete Address Beacon System, DABS),它与现有系统的本质区别在于具有选址询问功能。系统中每个应答器都分配一个专用的地址编码,地面询问站按编码地址有选择地询问,显然,应答也将是有选择的,从而避免现有系统中多个目标同时应答所造成的混扰和串扰。新系统的第二个突出优点是具有较强的数据通信功能,这有助于地面管制中心快速、自动地获取精确的空中情报数据,也有助于地面管制中心发布管制指令或为飞行员提供不同的飞行服务。1981 年,在国际民航组织通信专业会议上,决定采用上述信标系统,并命名为 S 模式二次监视雷达信标系统。新系统将逐步取代现有的系统,以适应现代空管系统的需要。

由于是在已经大量采用传统二次监视雷达的基础上引入新的 S 模式系统,这就要求 S 模式系统最大可能地兼容现有系统,以便经济而平稳地向全 S 模式过渡。为此 S 模式采用与现有系统同样的询问和应答频率,即采用相同的射频通道,在信号格式方面亦有较高的通用性。在过渡期间,S 模式的询问器可以监视现存的信标应答器,而 S 模式的应答器亦能回答现存询问器的询问信号。这样无论是 S 模式的地面询问台或机上应答器都可以逐步地引入现有空管系统中,保证系统更新的经济性和延续性。图 5.17 所示为过渡期间 S 模式二次监视雷达和现有二次监视雷达兼容工作时的结构示意图。在图中还能看到,在相邻 S 模式询问站之间,可以通过通信线路建立联系。

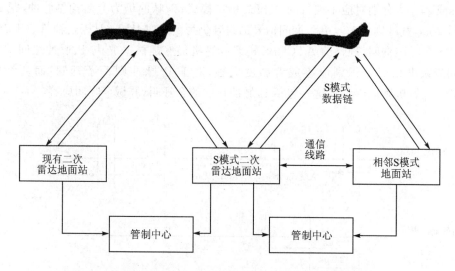

图 5.17　S 模式二次监视雷达的兼容结构示意图

在 S 模式系统中,一是为了获取目标的位置参数,二是为了与现有系统兼容,依然采用空间分割方法,即距离选择与方位选择措施。此外,S 模式通常也与一次监视雷达联合使用,当询问目标与雷达目标一致时,雷达目标被抑制,仅输出应答目标信息。对于未装有应答设备的目标,则仅提供雷达目标参数。

通常 S 模式询问站应设一个外部存储器,以存储监视空域内所需询问的目标地址识别码和大量的位置参数,以保证空间分隔与选址询问一致。该外存储器又称监视空域的预存图。

S 模式询问站可以多个联网工作,但应包括部分重叠的监视空域。通过地面通信线路,可完成监视目标由一个询问站向相邻询问站的管制移交,而且有助于在重叠监视空域内协助相邻询问站重新寻找丢失的飞机目标。

2．询问信号与应答信号

离散寻址信标系统的基本思想是赋予每架飞机一个指定的地址码,由地面系统中的计算机控制进行"一对一"的点名问答。这种一对一选择问答方式和现行 ATCRBS 的普遍询问应答方式是完全不同的。离散寻址信标系统可以有两种不同类型的询问。

全呼叫询问:它用来监视装有 ATCRBS 应答器的飞机,同时也对装有 S 模式应答器的飞机实现搜索捕获。这充分体现了向 S 模式过渡阶段的兼容性。

只呼叫 DABS(即 S 模式询问):是 S 模式系统最具特色的一种询问模式,除对装有 S 模式应答器的飞机进行选址询问以实现监视功能外,还用于实现数据链通信。

1）ATCRBS/DABS 全呼叫

ATCRBS/DABS 全呼叫询问格式如图 5.18 所示,由 P_1、P_2、P_3 和 P_4 脉冲组成。

P_1、P_2、P_3脉冲的参数与现行 ATCRBS 相同,其中 P_3 脉冲距 P_1 脉冲的时间间隔为 8 μs或 21 μs,分别对应于现行的 A 模式和 C 模式;P_2 脉冲仍为旁瓣抑制脉冲,距 P_1 前沿 2 μs,宽度则为 1.6 μs。询问信号的射频仍为 1030 MHz。对于这种 ATCRBS/DABS 全呼叫询问,现行的 ATCRBS 机载应答机仍然是根据 P_1 与 P_3 脉冲之间的时间间隔做出相应的识别应答或者高度应答,对于 P_4 脉冲则不予理睬;而新型的 DABS 应答机则能够识别这一包括 P_4 脉冲在内的全呼叫,并做全呼叫应答。

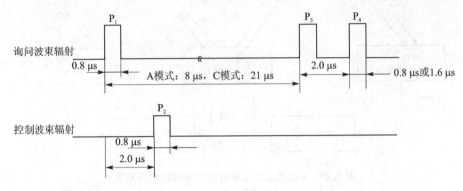

图 5.18 ATCRBS/DABS 全呼叫询问格式

2) DABS 询问信号

(1) 询问格式

DABS 询问由前导脉冲 P_1、P_2 和一个询问数据块组成,如图 5.19 所示。

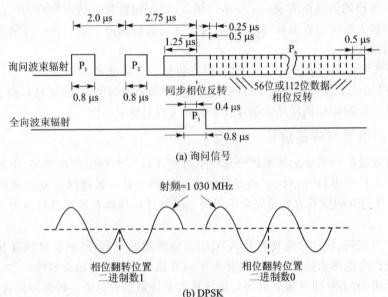

图 5.19 DABS 询问格式

前导脉冲 P_1、P_2 间隔 2 μs，宽度 0.8 μs；数据块前沿距 P_1 前沿 3.5 μs，由 56 位或 112 位的差分相移键控（DPSK）信号组成，每位宽度为 0.25 μs。数据字组的前端是两个相位相反的同步信号；字组末端也有一个 0.5 μs 的信号，以保证字组的最后一位可以不受干扰地完全解调。

为了实现旁瓣抑制功能，可以发射一个如图 5.19(a) 所示的 P_5 脉冲，P_5 的宽度也是 0.8 μs，它覆盖着数据块始端的两个同步信号之间的相位翻转时刻。如果 DABS 应答机接收到的 P_5 幅度超过数据块的幅度，应答机就不会对差分相移键控信号解码，从而实现对旁瓣询问信号的抑制。

（2）询问内容

询问字组包括 56 位或 112 位信息，其内容为飞机地址（飞机代码）、控制字、奇偶校验及其他有关信息。由于信息可以多达 112 位，因此除了用作飞机代码、高度询问外，还可以进行其他内容的信息交换。

询问数据字组中有 24 位用作飞机地址码，即 $2^{24}=16\,777\,216$，是现行 ATCRBS 识别代码的 4096 倍，这就从根本上消除了现行 ATCRBS 容量不足的弊端。

对于这种 DABS 询问，现行的 ATCRBS 机载应答机是不会应答的，这是因为 DABS 询问中的 P_2 脉冲幅度与 P_1 相等，它将触发现行应答机中的旁瓣抑制电路。

（3）差分相移键控调制

DABS 数据字组采用差分相移键控（DPSK）调制。这种调制方法是用码位中载波信号的不同相位差值来表示二进制信息。在 DABS 的每个 0.25 μs 的码位中，如果在一个数据位中的载波相位翻转位置（该码位的中间位置）前后载波的相位翻转了 180°，则该数据位就是二进制数"1"；如载波相位在相位翻转位置处不发生相位变化（相位差为 0°），则该数据位就是二进制数"0"，如图 5.19(b) 所示。

3）应答格式

DABS 信标系统的机载应答机称为 S 模式应答机。所产生的应答信号与询问信号相似，也是由前导脉冲与应答数据字组成的，如图 5.20 所示。

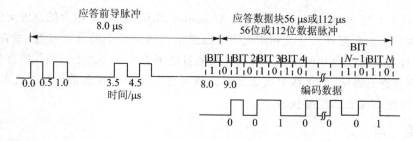

图 5.20　DABS 应答格式

DABS 有两对前导脉冲，两对脉冲相距 3.5 μs，每对脉冲的两个脉冲之间相隔 1 μs，前导脉冲的宽度均为 0.5 μs。

应答数据字组也是由 56 位或 112 位数据组成的。数据字组的始端距第一个前导脉冲 8 μs。与询问数据字组不同的是应答数据字组采用脉冲位置调制(PPM)方式,而不是 DPSK 方式;它的每个码位的持续时间为 1 μs,也与询问数据的每位 0.25 μs不同。

所谓 PPM 调制,就是通过码位中脉冲的位置来表示二进制数。因为二进制数只有"0"和"1"两个状态,所以码位中的脉冲位置也只需要两种位置。具体的表示方法是把每个码位的 1 μs 时间分成前后两个 0.5 μs,如果在码位的前半部分出现脉冲,则为二进制数"1";如果在码位的后 0.5 μs 内出现脉冲,则表示二进制数"0"。

应答的内容根据询问要求而定。应答数据字组包括控制字、飞机地址码、高度码及其他需要交换的机载设备信息。应答信号的载频仍为 1090 MHz。

3. S 模式二次雷达的特点

S 模式二次雷达是针对 A/C 模式二次雷达存在的缺陷研制出来的。S 模式二次雷达有其自身的优点,主要表现在以下几个方面:

① 有选择地询问,防止信号范围内的所有飞机同时应答所引起的系统饱和、混叠发生。

② 一机一码,防止询问信号串扰其他飞机。

③ 为 ATC 服务提供数据链能力,为 VHF 话音通信提供备份。

④ 实现对飞机状态的跟踪监视。

⑤ 是防撞的可靠手段,TCAS Ⅱ 是利用 SSR 应答器的信号来确定邻近飞机的距离和高度,利用 S 模式数据链功能,可确切知道对方的坐标位置,有利于选择正确的回避措施。

5.4 无线电高度表

5.4.1 无线电高度表的组成与工作原理

无线电高度表(Low Range Radio Altimeter,LRRA)的全称为低高度无线电高度表,也称雷达高度计。它是利用无线电波测量飞机到地面的真实高度(垂直高度)的一种自主式无线电导航设备。其高度的测量范围为 0~2 500 ft。当飞机在低空飞行,尤其在进近着陆时,无线电高度表对保障飞行安全起着重要的作用。此外,它还可作为气压高度表的校准仪表。

1. 组 成

飞机上通常装有两套(或三套)无线电高度表系统,每套系统均由收发机、接收天线和发射天线以及指示器组成。收发机工作在 C 波段的同一频率上,产生发射信号和接收反射信号,并计算出无线电高度。接收和发射天线为喇叭口天线或 π 形天线,其电气性能和结构完全相同,安装在机身下部,具有很强的方向性。指示器有不同型号;有专用的无线电高度表和决断高度指示器;也可在 ADI 上由跑道符号指示 200 ft 以下高度;在电子姿态指引仪(EADI)或主飞行显示器(PFD)上可显示数字无线电高度和决断高度(DH)。

典型无线电高度表的组成如图 5.21 所示。

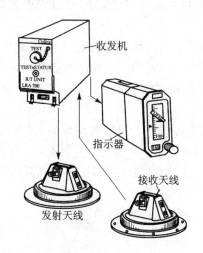

图 5.21　典型无线电高度表的组成

2. 测高的基本原理

无线电高度表属于无线电测距系统。这种系统是利用无线电信号的某一参量,如频率差、相位差或时间等,与导航坐标-距离构成一定关系的一种导航设备。

由于电波在空间传播的等速性,即速度或电波传播一定距离所需要的时间与电波频率无关,这样就可使传播的信号只在时间上滞后,但波形不失真。由此,可判断电波在空间传播的时间。

已知电波传播的速度和时间,可测出距离,即有

$$H = ct/2$$

其中:H 为距离或高度;c 为电波传播速度;t 为电波传播的时间。

无线电高度表的工作原理如图 5.22 所示。

无线电高度表的发射机向地面发射无线电信号,以大地为反射目标,大地反射回波由接收机接收。发射机在向地面发射信号的同时,也向接收机馈送一个直达信号。反射回波信号与直达信号比较可测得电波往返于飞机和地面之间的距离所用的时间($t = 2H/c$),故可由无线电高度表的测量电路计算出飞机的无线电高度。

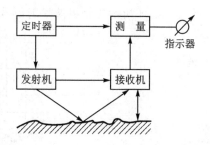

图 5.22　无线电高度表的工作原理

5.4.2　无线电高度表的分类

1. 调频连续波(FMCW)高度表

FMCW 高度表发射的信号是调频连续波,可以用正弦波调频或用三角形线性波调频。

调制器产生一个对称的三角波线性调制电压,对发射机进行调频,发射波是三角形线性调频的连续波,如图 5.23 所示。不同高度表其调制参数不同。以 860F‑4 高度表为例,其发射信号中心频率为 4 300 MHz,调制频率为 100 Hz,频偏 ΔF 为 100 MHz。

发射机发射信号一路经方向性天线发射到地面,另一路直接耦合到接收机混频器(直达信号),与反射信号相混频。

在接收到反射波的 t_2 时刻的发射频率为 f_2,而所接收的信号频率为 f_1,即在 Δt 时间内,发射频率从 f_1 变化到 f_2,$\Delta f = f_2 - f_1$。之所以可以用 Δf 来测量高度,是因为它反映了时间差 Δt,即反映了飞机的高度。

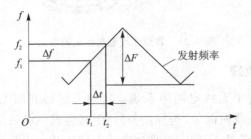

图 5.23　调频连续波

2. 等差频调频连续波无线电高度表

等差频调频连续波无线电高度表发射机向地面辐射锯齿波调频信号的同时,也向接收机直接耦合该信号(即直达信号)。假设该信号的频率为 f_1,那么经地面返回信号的频率为 f_2。

图 5.24 所示为锯齿波发射信号(或直达信号)和返回信号的调频特性。

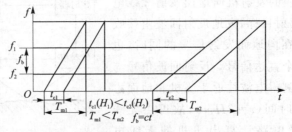

图 5.24　锯齿波发射信号(或直达信号)和返回信号的调频特性

当飞机高度 H 一定时,两信号在接收机中混频,取其差额 f_b 为

$$f_b = f_1 - f_2 = t_c \frac{\mathrm{d}f}{\mathrm{d}t}$$

若锯齿波为线性,则 $f_b = t_c \Delta F / T_m$,其中:ΔF 为频偏;T_m 为调制周期。此时

$$H = \frac{c f_b}{2 \Delta F} T_m$$

式中:c、ΔF 均为常数。如设法使差频 f_b 保持恒定,那么被测的飞机高度与锯齿波调制周期 T_m 成正比。这种通过测量调制信号周期而保持差频恒定来实现测高的高度表,称为恒定(等)差频调频连续波无线电高度表。目前民航飞机上使用的 AHV 系列的高度表就是此种类型的高度表。

5.4.3　无线电高度表指示器

无线电高度表指示器有各种类型,如专用的机械模拟式高度表指示器,在姿态指引仪(ADI)、电子姿态指引仪(EADI)或主飞行显示器(PFD)上也可以显示无线电高度(RA)和决断高度。

1. 无线电高度表指示器的组成

典型的无线电高度表指示器如图 5.25 所示。

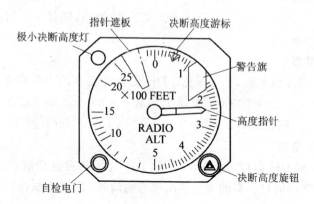

图 5.25　典型的无线电高度表指示器

1)高度指针

高度指针由高度表收发组件的高度电压驱动,指示无线电高度范围为 $-20 \sim$ 2 500 ft。无线电高度表指示器上的刻度在 $0 \sim 500$ ft 范围内是线性变化的;在 $500 \sim$ 2 500 ft 范围内是对数变化的;当高度大于 2 500 ft 时,高度指针由指针板盖住。

2)决断高度旋钮

飞行员根据具体情况,用决断高度(DH)旋钮来选择确定的决断高度。转动决断高度旋钮时,它带动决断高度指针沿刻度盘滑动,指示出选定的决断高度。当飞机

高度低于决断高度时,决断高度灯亮。

3) 警告旗

警告旗用来监视接收机、发射机和指示器的工作是否正常。当系统工作正常时,警告旗不出现。当系统有故障或接收信号太弱时,警告旗出现,这时高度指示无效,不能用于飞行。

2. 测　试

当按下"人工自测试"按钮时,指示器指示或显示在规定的高度上(如 30 ft),且同时出现警告(如规定高度低于 DH 调定高度,则 DH 灯也亮),说明系统工作正常。

在对高度表进行自测试时,若方式选择板选择进近方式(APP)或截获航向(LOC)下滑(GS)信号,则切断自测试;进行自测试时,近地警告计算机(GPWC)被抑制。

3. ADI(EADI)的高度指示

EADI 上的上升跑道符号用于飞机在进近着陆阶段向飞行员提供高度指示和航向偏离指示。水平位移由仪表着陆系统的航向偏离信号驱动,指示航向偏离,垂直位置由无线电高度信号驱动指示无线电高度。

1) 无线电高度显示

RA 显示为 $-20 \sim 2\,500$ ft,字是白色;大于 $2\,500$ ft,则显示空白,如图 5.26 (a) 所示。

2) 决断高度显示

DH 显示在 RA 的上面,字是绿色。DH 后面是选定的决断高度。EFIS 控制板上 DH 选择范围是 $-20 \sim 999$ ft。显示范围是 $0 \sim 999$ ft。如果选择 DH 是负值,则显示空白,如图 5.26(a)所示。

3) 决断高度警戒

当飞机下降到 DH 高度以下时,RA 和 DH 显示从白色变成黄色,并在开始的 3 s 期间,"DH"字样闪亮。有的飞机还出现音响信号,如图 5.26(b)所示。

4) 决断高度警戒结束

决断高度警戒可以自动结束或人工复位。自动结束出现在飞机着地或飞机爬升到比选定决断高度高 75 ft 时。人工复位是通过按下 EFIS 控制板上的复位按钮实现的。复位后 RA 显示回到白色,DH 显示回到绿色。

5) 无计算数据(NCD)

RA 显示空白。当 RA>2 500 ft 时,也显示空白。决断高度显示"DH"字样和选定的决断高度值是绿色的。当 DH<0 时,显示空白,如图 5.26(c)所示。

6) 无效数据显示

当 RA 或 DH 数据无效时,出现黄色警告旗,如图 5.26(d)所示。

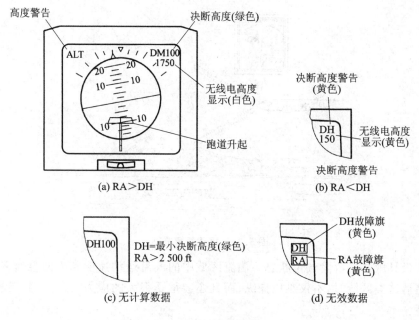

图 5.26 EADI 高度指示

5.5 机载气象雷达

机载气象雷达(WXR)(如图 5.27 所示)用于在飞行中实时地探测飞机前方航路上的危险气象区域,以选择安全的航路,保障飞行的舒适性和安全性。机载气象雷达系统可以探测飞机前方的降水、湍流情况,也可以探测飞机前下方的地形情况。在显示器上用不同的颜色来表示降水的密度和地形情况。新型的气象雷达还具有预测风切变(PWS)功能,可以探测飞机前方风切变情况,使飞机在起飞、着陆阶段更安全。

5.5.1 机载气象雷达的工作方式与组成

1. 工作方式

现代机载气象雷达的工作方式(模式)有气象方式、气象与湍流方式、地图方式和测试方式等。

1) 气象(WX)方式

气象(WX)方式是机载气象雷达的基本工作方式。此方式可以在 EHSI 或 ND 显示器上向驾驶员提供飞机飞行前方航路及其两侧扇形区域中的气象状况及其他障碍物的平面显示图像。

2) 气象与湍流(WX+T)方式

气象与湍流(WX+T)方式是现代气象雷达的典型工作方式。湍流是一种对飞

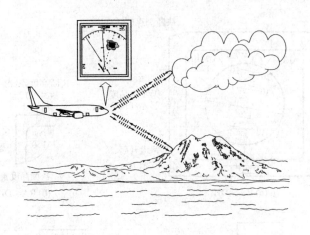

图 5.27　机载气象雷达

行安全极具威胁的危险气象状态。湍流区域中的气流运动速度和方向急速多变,当飞机遭遇这类区域时,不仅难以操纵,而且还会承受很大的应力,可能导致飞机结构的破坏。

当工作于湍流方式时,雷达能检测出湍流的区域,并在 EHSI 或 ND 显示器上显示为品红色区域图像,也有的雷达显示为白色的图像。湍流探测的最大范围是 40 n mile。如果 EFIS 控制面板上选定范围超过 40 n mile,则 EHSI 在最大 40 n mile 范围内显示气象和湍流数据,超过 40 n mile 的地方只显示气象数据。

3) 地图(MAP)方式

地图(MAP)方式用于观察飞机前下方的地表特征。在该方式下,雷达天线下俯一定角度,天线辐射的锥形窄波束照射飞机前下方的广大地区,利用地表不同地物对雷达波反射特性的差异(不同物质对电波反射的强弱不同)使 EHSI 或 ND 上显示地面和地形特征,如山峰、河流、海岸线、大城市等地形轮廓平面位置分布图像。

4) 测试(TEST)方式

测试(TEST)方式用于判断雷达的性能状态,并在 EHSI 或 ND 上显示检测结果。

2. WXR 系统的组成

机载气象雷达的基本组件有:雷达收发机、雷达天线、显示器、控制面板和波导系统等。其中,气象雷达收发机(R/T)用来产生、发射射频脉冲信号和接收并处理射频回波信号,提供气象、湍流和地形等显示数据,探测风切变事件并向机组发送警戒和警告信息。

当气象雷达具有 PWS 功能时,它需要大气数据惯性基准系统提供的大气数据;无线电高度表在起飞和进近过程中提供高度信号来启动或禁止 PWS 功能;自动油门电门组件在起飞过程中启动 PWS。

WXR 天线辐射射频脉冲信号并接收射频回波信号。天线的稳定性受惯性基准组件(IRU)的俯仰角度和横滚数据控制。

气象雷达控制面板用于选择气象雷达的工作方式,控制天线的俯仰角度和稳定性,对接收机灵敏度进行控制并可对其进行测试。

有的飞机具有独立的气象雷达显示器,但现代大型飞机上都有电子飞行仪表系统(EFIS),所以这些飞机上的气象雷达数据都显示在 EFIS 的 EHSI 或导航显示器 ND 上。

5.5.2　机载气象雷达对目标的探测

机载气象雷达主要用来探测飞机前方航路上的气象目标和其他目标的存在以及分布状况,并将所探测目标的轮廓、雷雨区的强度、方位和距离等显示在显示器上。它利用的是电磁波经天线辐射后遇到障碍物被反射回来的原理。

1. 探测降雨区

1）工作原理

雷达是通过目标对雷达波的反射来探测目标,进而确定目标的位置及其他性质的。

不纯净的水是导体,液态的水珠具有良好的导电性。因此,包含有较大雨滴的空中降雨区域能够对机载气象雷达天线所辐射的 X 波段电磁波产生一定程度的反射,形成降雨区域的雷达回波,从而被机载气象雷达所接收。

对于空中的降雨区域来说,由于雨滴不可能完全充填降雨区域,加上气象雷达所发射的电磁波的波长很短,因而当雷达波由无雨区射向降雨区界面时,除了会在雨区界面处反射一部分入射波能量外,雷达波仍可继续穿入整个降雨区域从而不断产生反射。不仅如此,雷达波在穿透整个雨区而射向位于该雨区后面的其他气象目标时,也同样可使这些较远的气象目标产生各自的雷达回波。雷达波的这种穿透能力使气象雷达能够透过近距离目标的遮挡,而发现较远的气象目标,从而较为全面地把探测范围内不同距离处的气象目标分布情况以平面位置显示图形的形式提供给飞行员。

2）降雨率与图像颜色

单位时间内的降雨量称为降雨率。降雨率用于定量描述降雨程度。

彩色气象雷达用象征性的颜色来表示降雨率的不同区域。大雨区域的图像为红色,用于表示该区域具有一定的危险性;中雨区域的图像为黄色,用于提醒注意;小雨区域用绿色图像来表示,表示安全;微雨或无雨区域在荧光屏上的图像为黑色,荧光屏上的该区域不产生辉亮图像。

2. 探测冰雹区

冰雹区是一种对飞行安全危害极大的恶劣气象区域。

湿冰雹由于表面包裹水层,其水层对入射的雷达波能产生有效反射,加之冰雹的

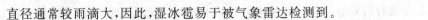

直径通常较雨滴大,因此,湿冰雹易于被气象雷达检测到。

干冰雹由于表面没有包裹水层,对雷达波的反射能力很差,难以被雷达所检测。只有当干冰雹直径达到雷达波长的 4/5 左右时才能被雷达正常检测。

3. 探测湍流

机载气象雷达是利用与湍流夹杂在一起的小水珠反射雷达波时产生多普勒效应这一特性来检测湍流的:被湍流所夹带的小水珠在反射雷达波时,由于其急速多变的运动特性,会形成一个偏离发射频率且频谱宽度较大的多普勒频谱,它与一般降雨区所产生的反射回波明显不同。雷达的接收处理电路对这类回波信号进行处理,就可以通过回波信号的频谱宽度检测出湍流的存在。

如果湍流没有夹带足够的雨滴(即为晴空湍流),对雷达波不会产生有效的回波,则难以被气象雷达检测到。

机载气象雷达能显示中度(速度变化在 6~12 m/s 之间)以上的湍流。

不同型号的机载气象雷达对湍流区的显示色彩不同:有的以紫色图像表示;有的以红色图像表示,与强降雨区的图像颜色相同;有的则以白色图像表示。

4. 探测风切变

风切变是在很短的距离内,风速、风向或两者一起发生急剧变化,如巨流暴和微流暴。它可以在很大区域内发生,并伴有狂风暴雨,也可以只在一个很小区域内发生,特别是在接近地面的高度发生时,对飞机的起飞和着陆造成严重的威胁。

对风切变的探测可应用多普勒频移原理来实现。当飞机强顶风时,产生正的多普勒频移,而顺风会产生负的多普勒频移,如果在一个很短的距离范围内探测到有非常明显的正的和负的风速变化,则可断定为风切变。飞机与风切变区域的距离由雷达发射和返回脉冲的时间差来确定。

5. 其他气象目标的探测

猛烈的暴雨区域、与暴雨相伴的夹带雨滴的中度以上的湍流区域、表面包裹着水层的冰雹以及直径较大的干冰雹均可产生较强的雷达回波,因而可以被机载气象雷达有效检测。但是,机载气象雷达并不能检测一切气象目标,例如直径较小的干冰雹、干雪花以及洁净透明的湍流区域,由于它们对雷达电波的反射很微弱,因而均不能有效地被雷达检测。

降雨区、冰雹等气象目标所产生的雷达回波的强弱情况如图 5.28 所示。由图可知,雨滴、湿冰雹均能对雷达电波产生强反射,而干冰雹、干雪花却只对雷达电波产生很弱的反射。

6. 观察地形

机载气象雷达根据地物对雷达信号反射特性的差异来显示地形轮廓。

含有大量钢铁或其他金属结构的工业城市具有比周围大地更强的反射特性;河

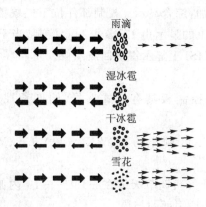

雨滴

湿冰雹

干冰雹

雪花

图 5.28　不同气象目标的反射特性

流、湖泊、海洋对电波的反射能力明显不同于其周围或相邻的大地表面。当雷达电波照射到大地表面时,不同的地表特征便形成了强弱差别明显的雷达回波。根据雷达回波的这一特性,气象雷达便可在显示屏上显示出地表特征的平面位置分布图形。

大地表面上反射率较强的部分可以产生较强的地物回波,从而在荧光屏上呈现为黄色甚至红色的回波图形;反射率较弱的部分所产生的回波较弱,在荧光屏上呈现为绿色图形;而反射率很低或者面积很小的地物不能产生足够强度的回波,就相当于荧光屏上的黑色背景;反射率相差明显或地形变化陡峭的地物分界处,例如海岸线、河湖的轮廓线、大型工业城市的轮廓线等,可以在所显示的地图上形成明显的分界线。

5.5.3　机载气象雷达系统的工作

机载气象雷达所发射的是频率为 9.3 GHz 的 X 波段射频信号,其波长为 3.2 cm。降雨区及其他空中降水气象目标能够对这一波段的信号产生有效的反射,形成具有一定能量的回波信号,从而被雷达接收机检测到。

气象雷达发射机在极短的脉冲持续期间产生高功率的射频脉冲信号(采用脉冲发射信号,可以有效地探测和区分空中的气象目标),并由雷达天线以锥形波束向空中某一方向辐射出去。发射和接收共用同一天线,收、发工作交替进行。

为了探测飞机航路前方及其左右两侧的气象情况,气象雷达天线是在一定范围内进行往复方位扫掠的。通过天线往复的方位扫掠,雷达就可以探测这一方位范围内被波束所依次照射到的目标,从而向驾驶员提供飞机前方扇形区域内目标的平面位置分布图形。

1. 气象雷达控制板和 EFIS 控制板

在装备 EFIS(电子飞行仪表系统)的飞机上,一般不再设置专用的气象雷达显示器。气象雷达系统所提供的信息通常显示在 EHSI(电子水平状态指示器)上,与

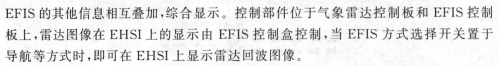

EFIS 的其他信息相互叠加,综合显示。控制部件位于气象雷达控制板和 EFIS 控制板上,雷达图像在 EHSI 上的显示由 EFIS 控制盒控制,当 EFIS 方式选择开关置于导航等方式时,即可在 EHSI 上显示雷达回波图像。

1）控制板

气象雷达(WXR)的控制板具有方式选择、俯仰角控制和增益控制功能,如图 5.29 所示。

方式选择开关有:TEST(测试)方式、WX(气象)方式、WX+T(气象+湍流)方式、MAP(地图)方式。

TILT(俯仰角控制开关):调节天线在 $-15°\sim+15°$ 内俯仰的变化,以控制天线用适当的角度进行平行于地平面的扫描。

GAIN(增益控制开关):调节 WXR R/T 回波增益。在 AUTO 位置,增益由 R/T 设定到校准水平。

STAB(稳定)控制开关:控制天线的稳定性,使得飞机有俯仰、倾斜动作时通过 R/T 提供的补偿信号控制天线,使其保持在原来选定的俯仰位置,进行平行于地平面的扫描,提供连续、准确的气象数据。

IDENT(识别)控制开关:用于消除地面杂波,更利于气象目标的识别。

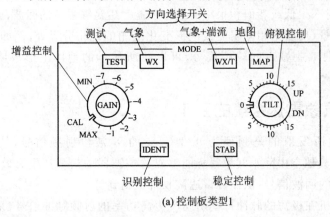

(a) 控制板类型1

(b) 控制板类型2

图 5.29 WXR 控制板

2）EFIS 控制板

现代民航大型飞机的 WXR 信息都显示在电子飞行仪表系统（EFIS）的 EHIS/ND 上，因此，信息的显示首先要受 EFIS 控制板的控制。图 5.30 所示为一种 EFIS 控制板示意图。

首先，选择适当的显示方式。在本例中，可以选择扩展的（EXP）APP、VOR、MAP 和 CTRMAP 方式。然后，打开 WXR 开关，选择合适的显示距离。EFIS 控制面板范围选择器有 6 个位置，最大可选 320 n mile 范围。

气象/湍流方式在最大 40 n mile 范围内显示湍流数据。如果 EFIS 控制面板上的距离选择超过 40 n mile，则显示器上只在 40 n mile 范围内显示气象和湍流数据，而超过 40 n mile 范围则只显示气象数据。

另外，打开气象雷达 R/T 后，还需在 WXR 控制面板上选择工作方式、天线的俯仰角、接收机的增益，这样气象雷达系统才能正常工作。

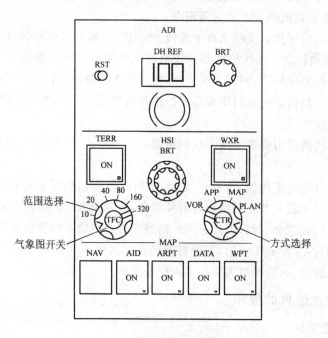

图 5.30 EFIS 控制板示意图

2. 气象雷达天线

气象雷达天线要完成辐射和接收频率极高的 X 波段的微波雷达信号的任务，还要进行复杂的运动——方位扫掠与俯仰、倾斜稳定。WXR 天线一般都安装在机头的整流罩内。现代气象雷达通常使用平板缝隙阵天线，传统的气象雷达通常使用抛物面天线。这两类天线的基本功能是相同的，但特性参数、结构有较大的区别。下面只介绍平板型天线，它包括平板天线和天线支座，如图 5.31 所示。

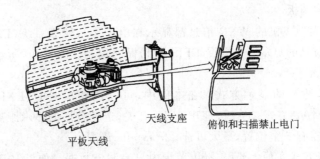

平板天线　　　天线支座　俯仰和扫描禁止电门

图 5.31　WXR 天线

平板天线用于发射和接收射频脉冲信号,它由许多发射槽阵列组成,射频脉冲信号从每个槽中发射。天线可生成高 3.6°、宽 3.4°的窄波束。

天线支座包括俯仰和水平扫描马达、天线位置发射器、俯仰和水平扫描禁止电门等组件,收发机为其提供 115 V 交流电源。

水平扫描马达可使天线绕飞机中线做±90°转动;俯仰扫描马达可使天线在水平面的±40°范围内转动。天线俯仰和方位角同步机输出天线位置信号与收发机内的天线位置控制信号比较,当两者有误差时,判为天线故障,并给出天线故障状态指示。

俯仰和水平扫描禁止电门用来遥控扫描和俯仰马达的电源,在天线维护过程中可用于防止天线转动。

天线支座内的扭力弹簧平衡天线的重量。当卸下天线时,扭力弹簧将俯仰驱动装置移到上位。

在天线或其附近工作时,为确保安全,使用俯仰和扫描禁止电门使天线不能转动。但禁止电门并没有禁止天线辐射射频能量,所以 WXR 工作或测试时,天线前方不能有人或任何建筑物。测试时,必须严格遵守维护手册上的警告和告诫。

当风速超过 15 n mile/h 时,不要打开前雷达天线罩。如果在风中打开天线罩,天线罩会快速转动,这将导致人员伤害或设备损坏。

3. 气象雷达信息的显示

1) 正常显示

气象雷达的正常显示包括气象数据、系统信息、警告信息等,如图 5.32 所示。

显示器上的 WXR 数据显示飞机前方的气象或地形信息,颜色显示气象或地形信号的强度。这四种颜色用于 WXR 显示:

绿色——轻度危害气象条件;

黄色——中度危害气象条件;

红色——重度危害气象条件;

深红色——湍流。

WXR 系统只在 40 n mile 内计算和显示湍流。

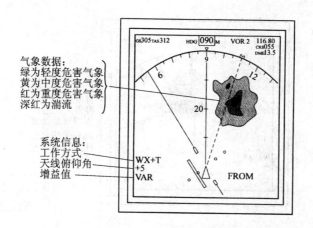

图 5.32　WXR 的信息显示

气象雷达的系统信息在显示器的左下侧显示三行数据,分别表示工作方式、天线俯仰角和增益。

第 1 行显示工作方式信息。工作方式有 WXR(气象)、MAP(地图)、WX+T(气象+湍流)、TEST(检测)。

第 2 行显示在 WXR 面板上选定的天线俯仰角。天线俯仰角显示 0°~+15°或 -15°~0°。

第 3 行显示增益值。增益值包括以下数据:

① VAR 表示接收机的增益由增益电门设定。

② Blank(空白)表示正常工作(增益电门在 AUTO 位)。

③ 所有 WXR 系统信息显示为青色。

④ 如果 WXR 系统有故障,会显示琥珀色的 WXR FAIL 故障警告。

2)预测风切变显示

如果 WXR 具有 PWS 功能,则在显示器上会显示风切变的三级警告信息,如图 5.33 所示。如果探测到风切变,则在显示器上生成风切变符号,该符号是红黑相间的条纹。黄色条从该符号的边缘到达磁罗盘刻度盘,可帮助机组看清 PWS 符号。如果有二级警戒信息,则显示黄色的 WIND SHEAR;如果是最高级警告,则显示红色的 WIND SHEAR。

5.5.4　机载气象雷达维护注意事项

机载气象雷达维护过程中有以下注意事项。

1)散热问题

雷达收发组设置有专用的冷却风扇,以利于散热。

2)防　磁

使用磁控管的雷达收发组,其磁控管外装有磁性很强的永久磁铁;有的雷达使用

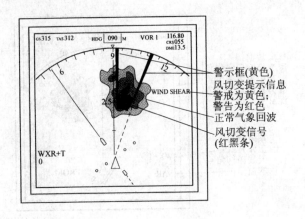

GS315 TAS312 　HDG 090 M 　VOR 1 116.80
CRS055
DME13.5

警示框(黄色)
风切变提示信息
警戒为黄色；
警告为红色
正常气象回波
风切变信号
(红黑条)

WIND SHEAR

WXR+T
0

图 5.33　PWS 警告显示

包含有铁磁物质(铁氧体)的收发开关。工作中应注意避免影响它们的磁性。

3) 电磁辐射及其他

在必须使雷达工作于辐射能量的方式时,应通知其他人员离开飞机前方的扇形区。另外,当本架或附近的飞机正在加油或抽油时,不得使雷达工作于辐射能量方式。

4) 防止天线变形

在维护过程中应避免敲打撞击或强力扳动天线,以防止天线变形。

第 **6** 章

警告与监视设备

民航飞机警告系统的功能是当飞机本身或飞机上的系统出现不安全的情况时向机组提供警告,监视就是通过一些监视设备或系统来掌握某个区域内飞机的飞行动态。本章介绍对飞行安全起到重要保障作用的近地警告系统(GPWS)、交通警戒与防撞系统(TCAS)以及自动相关监视系统(ADS)。这三种设备都需要用到其他无线电设备,如低高度无线电高度表、S模式二次雷达应答机、通信数据链等的输入或输出数据,但它们各自都有独立的系统设备,以实现不同的功能。

6.1 近地警告系统(GPWS)

近地警告系统(Ground Proximity Warning System,GPWS)是一种机载警告系统,它是在飞机接近地面(2 500 ft 以下)遇到不安全地形或风切变时,提醒机组人员飞机正处于不安全的状态,并向驾驶员发出语音和目视警告,直至驾驶员修正险情。

GPWS 是由近地警告计算机(GPWC)、控制面板和警告灯组成的。

GPWS 系统的工作是由飞机其他有关系统提供相应数据,计算飞机当前的飞行状态,并将这些数据与数据库中存储的飞机不安全状态的临界值进行比较,如超出临界值的范围,则发出相应的警告。

近地警告系统按飞机不同的飞行状态,可分为以下 7 种方式的警告:

方式 1——过大的下降率;

方式 2——过大的地形接近率;

方式 3——起飞或复飞后掉高度太多;

方式 4——地形净空高度不够;

方式 5——进近时低于下滑道太多;

方式 6——飞机下降通过无线电高度表上预定高度时的语音报数;

方式 7——低空风切变。

此外,对增强型近地警告系统(EGPWS)而言,它要求飞机必须装备全球定位系统(GPS)。GPS 为 GPWS 提供实时的、精确的飞机位置(经度、纬度、高度)。

EGPWS 增加了地形觉察(Terrain Awareness,TA)警告功能。它由 EGPWS 内设置的全球地形数据库中的数据与飞机位置数据在计算机内进行跟踪比较,发现险情后立即发出地形觉察警告。

同时,EGPWS 内还设有机场数据库。该数据库含有世界上所有跑道长度大于3 500 ft 的机场的地形信息,EGPWS 将飞机位置和跑道位置相比较,一旦发现不安全情况,可立即发出地形净空基底(Terrain Clearance of Floor,TCF)警告。

6.1.1 GPWS 的组成

GPWS 由近地警告计算机、近地警告控制组件和近地警告灯组成,如图 6.1所示。

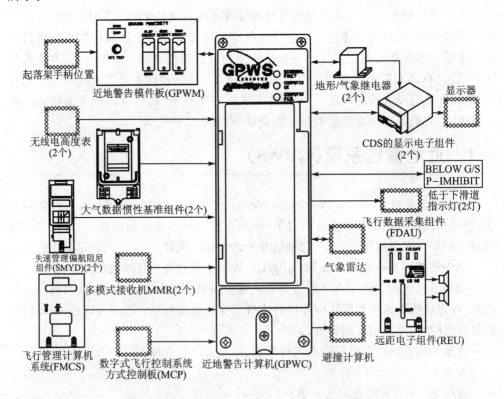

图 6.1 近地警告系统的组成部件及与其他系统的连接

1. 近地警告计算机

近地警告计算机(GPWC)用来将飞机的飞行剖面、襟翼和起落架位置、离地高度等数据与数据库内的临界值进行比较,以确定发出相应的警告。计算机还可将系统的故障资料存储在其非易失性存储器中,可以在测试和排除故障时调用。

计算机前面板上有三组发光二极管显示器显示内部或外部故障,前面板上的自检电门用于自检,前面板上的耳机插孔可用来收听语音警告(也可通过驾驶舱扬声器收听)。

2. 近地警告控制板

近地警告控制板(GPWM)是机组和 GPWS 之间的接口,GPWM 上有一个琥珀色的 GPWS 不工作(INOP)指示灯、测试电门和三个抑制电门:襟翼抑制电门、起落架抑制电门和地形抑制电门。

当 GPWC 失效或者 GPWC 的关键输入信息丢失、GPWC 不能计算出风切变状态或 GPWC 自检时,琥珀色 GPWS 不工作(INOP)指示灯均点亮。

测试电门是一个瞬间作用电门,用于在驾驶舱对 GPWC 进行自检。

襟翼抑制电门、起落架抑制电门和地形抑制电门向 GPWC 提供离散信号。

① 襟翼抑制电门向上,模拟襟翼放下状态,当机组进行襟翼收上进近时,利用此电门阻止发出警告,当此电门放在"抑制"位时,方式 4 的"过低,襟翼"(TOO LOW,FLAP)警告被抑制。

② 起落架抑制电门向上,模拟起落架放下状态,当机组进行起落架收上进近时,利用此电门阻止发出警告。当此电门放在"抑制"位时,方式 4 的"过低,起落架"(TOO LOW,GEAR)警告被抑制。

③ 地形抑制电门向 GPWC 送出一个接地的离散信号,此离散信号禁止地形净空基底(TCF)警告和地形觉察(TA)警告。当此电门放在"抑制"位时,导航显示器上不再出现 TCF 和 TA 提醒和警告驾驶舱扬声器听不到这些声音,此时两个导航显示器上均有琥珀色的"地形抑制"(TERRAIN HIBIT)信息出现。

3. 近地警告显示

当产生近地警告信息时,除有语音警告外,在 EADI 上还有对应的红色的 PULL UP、WIND SHEAR 显示。有的飞机上有 PULL UP 灯,则红色的灯亮。当发生方式 5 警告时,琥珀色的 BELOW GLIDE SLOPE 灯亮,该灯为开关灯,按下可以对方式 5 复位,即灯灭、声音停止。

4. GPWC 与其他机载系统的信号连接

GPWC 与其他机载系统的信号连接包括数字信号、模拟信号、离散信号。

1) 数字信号

GPWS 利用 ARINC-429 数据总线与大气数据惯性基准组件(ADIRU)、无线电高度表、多模式接收机(GPS 和 ILS)、飞行管理计算机(FMC)、数字飞行控制系统(DFCS)的方式控制板(MCP)、失速管理偏航阻尼器(SMYD)、气象雷达(WXR)、显示电子组件(DEU)、地形/气象继电器、飞行数据采集组件(FDAU)进行数据传输。

2）模拟和离散信号

地形气象继电器的接地离散信号（选择地形）是由 GPWC 计算机提供的，此离散信号使地形/气象（TERR/WXR）继电器吸合，将 GPWC 计算机连接到显示电子组件（DEU），因此在导航显示器上显示出地形数据。

近地警告组件将抑制电门的位置离散信号发送给 GPWC。GPWM 也向 GPWC 发送测试离散信号。

GPWC 发送 GPWC 不工作（INOP）的离散信号到 GPWM，使其琥珀色的不工作（INOP）灯亮。

接近电门电子组件（PSEU）将空中/地面离散数据发送给 GPWC，此逻辑用于方式 2、方式 3、方式 4、禁止空中 BITE 自检、飞行段计数。

当 GPWC 具有较高优先级警戒时，GPWC 向 TCAS 计算机或气象雷达收发机送出禁止离散信号。

程序电门模件向 GPWC 提供程序销钉设置，可设置飞机机型、方式 6 语音报数、音量高低选择等参数。

GPWC 向机长和副驾驶的下滑禁止灯（BELOW GLIDE SLOPE）送去离散信号，在方式 5 警告时灯亮。按下灯开关时，有一个离散信号发送给 GPWC，使灯灭并停止语音警告。

GPWS 将提醒或警告信息发送给遥控电子组件（REU），然后 REU 传送声音信号到驾驶舱。

6.1.2　GPWS 的工作方式

GPWS 的 GPWC 从其他系统接收飞机的状态信息，计算飞机的飞行状态，与 GPWC 数据库中的临界值比较，当出现不安全状态时即发出警告。警告分为方式 1～方式 7，EGPWS 还有 TA 和 TCF 方式。

1. 方式 1——过大的下降率

用途：在一定的无线电高度上，若飞机的下降速率超过了允许的极限值，则发出目视和语音信号提醒机组人员。

其输入信号为：无线电高度、惯性垂直速度、气压高度和从机内自测试组件来的抑制信号。

此方式与襟翼和起落架的位置无关。图 6.2 所示为方式 1 的工作特性。

根据危及飞行安全的程度，方式 1 报警区分为两个区域：一个是警戒区，也称为起始穿透区；另一个是警告区，也称为内部警告区。

当飞机实际的下降速率与无线电高度的交点位于警戒区内时，琥珀色的近地警戒灯亮，同时警告喇叭以 1.5 s 的间隔重复发出语音信号"SINK RATE"，直至飞机爬升或降低下降速率，离开此区域为止。若下降速率继续增加，当其与无线电高度的交点位于警告区时,红色的拉升灯和主警告灯亮,同时警告喇叭以 1.5 s 的间隔重复发出语音信号"WHOOP WHOOP PULL UP",以提醒飞行员采取拉升操作。只有当飞机的无线电高度与下降速率满足要求并离开此区域时,灯灭且语音停止。

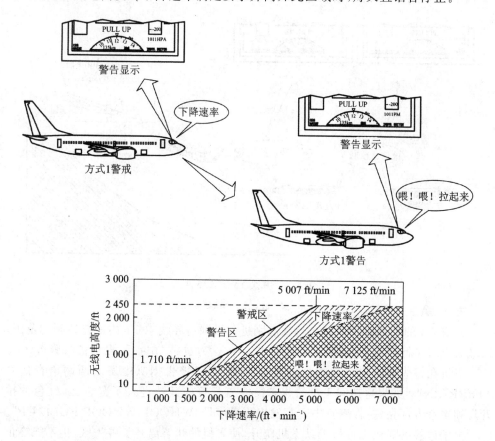

图 6.2　方式 1 工作特性

例如:当离地高度为 2 450 ft 时,若气压高度下降速率超过了 5 000 ft/min,就将发出"SINK RATE"警告;在同样的高度上,若下降速率超过了 7 200 ft/min,就将发出"WHOOP WHOOP PULL UP"警告。

2. 方式 2——过大的地形接近率

用途:当飞机在上升地形的上空飞行时,若飞机接近地面的速率过大,则发出目视和语音信号提醒飞行员。

其输入信号为:无线电高度、空速、气压高度、气压高度变化率和起落架、襟翼位置信号。

此方式与襟翼位置和起落架位置有关。

根据襟翼位置的不同,又分为两种子方式:若襟翼放下小于 25 单位(也称襟翼不在着陆形态),则称为方式 2A;若襟翼放下等于或大于 25 单位(也称襟翼在着陆形态），则称为方式 2B。

1）方式 2A

图 6.3 所示为方式 2A 的工作特性。

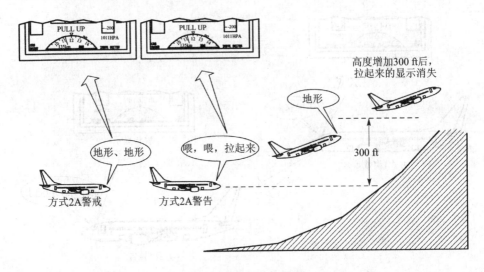

图 6.3　方式 2A 工作特性

方式 2A 的报警区也分成两部分：警戒区和警告区。

方式 2A 的警戒区是指在飞行状态刚进入极限边界线 1.6 s 内所能达到的范围。区域大小与飞行状态有关，故以虚线画出。进入警戒区 1.6 s 后，自动进入警告区。

飞机在警戒区内时，琥珀色的近地灯亮，同时警告喇叭中发出两遍语音信号"TERRAIN"。如果这期间飞机的状态没能离开警戒区就进入了警告区，红色的拉升灯和主警告灯亮，警告喇叭中重复发出语音信号"WHOOP WHOOP PULL UP"。

由于地势下降或飞行员操纵飞机爬升，使飞机的状态离开了警告区，仍不能终止报警，只是从警告转变为警戒，使琥珀色近地灯亮并重复发出语音信号"TER-RAIN"。此信号一直保持到飞机从离开警告区开始又增加 300 ft 气压高度后，才能灯灭、声停。

若飞机在离开警告区后放下起落架，也就终止了报警。

2）方式 2B

图 6.4 所示为方式 2B 的工作特性。

方式 2B 的报警信号与起落架的位置有关。当起落架放下时，方式 2B 的报警信号是琥珀色的近地灯亮，警告喇叭发出重复语音信号"TERRAIN"，直至飞机的状态离开报警区；当起落架收起时，方式 2B 的报警信号为红色的拉升灯和主警告灯亮，警告喇叭重复发出语音信号"WHOOP WHOOP PULL UP"。

3. 方式 3——起飞或复飞后掉高度太多

用途：在起飞或复飞过程中，当由于飞机掉高度影响到安全时，向飞行员提供报

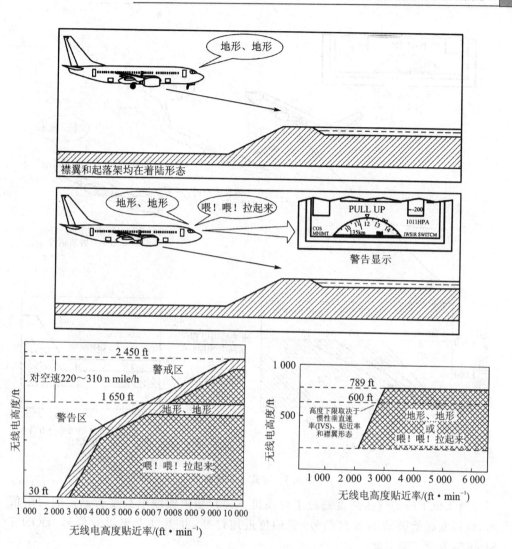

图 6.4　方式 2B 工作特性

警信号。

其输入信号为：无线电高度、气压高度变化率、气压高度、来自内部微处理器的时间和起落架、襟翼位置信号。

图 6.5 所示为方式 3 的工作特性。

方式 3 有两个报警阶段：起始警戒和临界警戒。

起始警戒从飞机的气压高度下掉到给定的门限值开始（此门限值取决于飞机开始下掉高度时的无线电高度）。当飞机高度下降至低于经过计算的无线电高度门限值（此门限值取决于爬升率和超越 150 ft 无线电高度后的爬升时间）时，就触发临界警戒的报警信号。

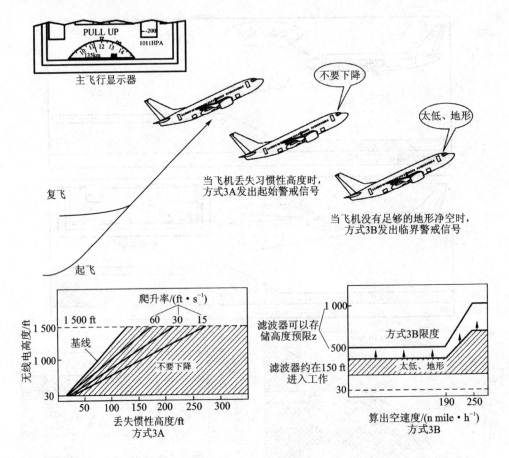

图 6.5　方式 3 工作特性

　　当飞机下掉的气压高度超过了自飞机下掉开始由无线电高度所确定的门限值时,就触发起始警戒的报警信号,琥珀色近地灯亮,并重复发出语音信号"DON'T SINK",表示不要下降。

　　当飞机的无线电高度下降至低于临界警戒的门限值时,就触发临界警戒的报警信号,琥珀色近地灯亮,并重复发出语音信号"TOO LOW TERRAIN",提醒飞行员飞机高度太低,需注意地形。

　　只要飞机建立了正常的爬升率,方式 3 的报警就终止。

4. 方式 4——地形净空高度不够

　　用途:当飞机不在着陆形态,且由于下降或地形变化,使飞机的越障高度不安全时,向机组人员发出相应的报警信号,提醒机组人员采取正确的措施。

　　其输入信号为:无线电高度、空速和襟翼、起落架位置信号。

　　图 6.6 所示为方式 4 的工作特性。根据襟翼和起落架的位置,方式 4 又分为两种子方式:方式 4A 和方式 4B。

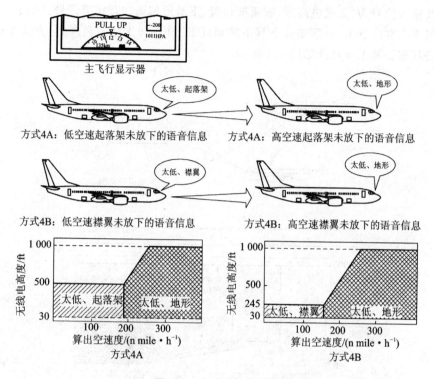

图 6.6 方式 4 工作特性

1）方式 4A

襟翼＜25 单位且起落架收起时的报警方式称为方式 4A(参见图 6.6)。

在高速区(空速在 190 n mile/h 以上)，重复语音信号"TOO LOW TERRAIN"；在低速区(空速在 190 n mile/h 以下)，重复语音信号"TOO LOW GEAR"。两个区域的目视信号均为琥珀色的近地灯亮。

2）方式 4B

① 襟翼＜25 单位，起落架放下，其报警曲线见图 6.6。

在高速区(159 n mile/h 以上)，重复发出语音信号"TOO LOW TERRAIN"；在低速区(159 n mile/h 以下)，重复语音信号"TOO LOW FLAPS"(表示太低，襟翼未放下)。两个区域的目视信号均为琥珀色的近地灯亮。

② 襟翼≥25 单位，起落架收起，其报警曲线见图 6.6。

在高速区(159 n mile/h 以上)，重复发出语音信号"TOO LOW TERRAIN"；在低速区(159 n mile/h 以下)，重复发出语音信号"TOO LOW GEAR"。目视信号均为琥珀色的近地灯。

5. 方式 5——进近时低于下滑道太多

用途：正航道进近时，提醒机组飞机在下滑道下方偏离太多。

其输入信号为:无线电高度、起落架位置、下滑道偏离和背航道信号。

当飞机在进近中,起落架放下且下降到低于 1 000 ft 无线电高度时,方式 5 就处于准备状态。其工作特性如图 6.7 所示。

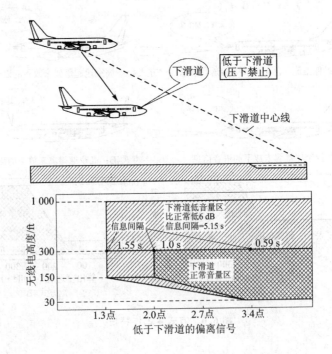

图 6.7　方式 5 工作特性

方式 5 的报警分为两个区域:低音量的警戒区和正常音量的警告区。

飞机在 30～1 000 ft 无线电高度且下滑偏离指针超过刻度上 1.3 个点(即0.46°)时,低音量的警戒开始报警,此时琥珀色的近地灯亮,同时警告喇叭发出语音信号"GLIDE SLOPE",但音量比正常低 6 dB。当无线电高度为 30～300 ft,且下滑偏离指针超过刻度上 2 个点(即 0.7°)时,正常音量的警告区开始报警,报警信号同警戒区,但语音音量与其他方式的语音音量相等,且语音的重复速率随无线电高度的降低和(或)下滑偏离的增加而提高。

方式 5 报警以后,按下滑警戒抑制电门,就可以抑制方式 5 的报警。如果在方式 5 起始报警后,按下滑警戒抑制电门,就可以撤销发出的语音,并熄灭琥珀色的近地灯。

一旦方式 5 被抑制或撤销,就不能由简单重复按下滑警戒抑制电门来重新准备或恢复方式 5 的工作。只有当飞机爬升至 1 000 ft 以上并再次下降至 1 000 ft 以下,或收起起落架再放下时,才能恢复方式 5 的准备或报警。

6. 方式 6——飞机下降通过无线电高度表上预定高度时的语音报数

用途:在着陆过程中,代替人工报告无线电高度及决断高度。

其输入信号为：无线电高度和选定的决断高度。

需要发出报告的无线电高度由航空公司选定，存储在近地警告计算机中。放下起落架后，当飞机下降到这些无线电高度时，近地警告计算机就产生相应的语音信号，经电子警告组件放大后，从警告喇叭中发出高度报告的声音。

例如：某航空公司选定报告的无线电高度是 100 ft、50 ft 和 30 ft。方式 6 提供：当飞机下降至 100 ft 无线电高度时，发出一声语言信号"ONE HUNDRED"（100 ft）；下降至 50 ft 时，发出语言信号"FIFTY"（50 ft）；下降至 30 ft 时，发出语言信号"THIRTY"（30 ft）。

方式 6 还可用语音信号"MINIMUMS - MINIMUMS"来报告飞机已下降至决断高度，如图 6.8 所示。在 B707、B747 - SP 和 B747 - 200 等机型上的 GPWS 都选用了这一功能。方式 6 供用户选用。在 B747 - 400 机型上，从第二架飞机开始选用了报告无线电高度的功能，报告的高度即为上例中的数值。

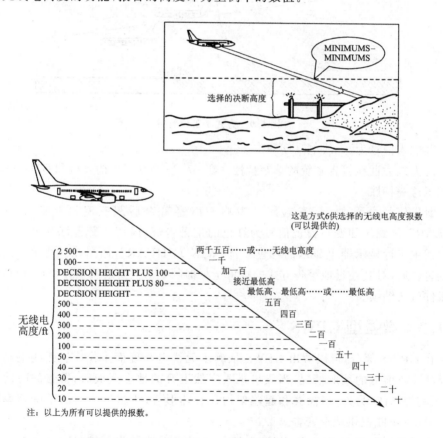

图 6.8　方式 6 工作特性

7. 方式 7——低空风切变

用途：在起飞或最后进近低于 1 500 ft 无线电高度，飞机进入风切变警告范围时,发出风切变警告。

风切变能够在大气层的任何地方出现。对飞机最危险的一种风切变是微下冲气流,它在低于500 ft时是最危险的。在图6.9所示的方式7工作特性图中,有两种情况的微下冲气流:一种是起飞情况;另一种是进近情况。

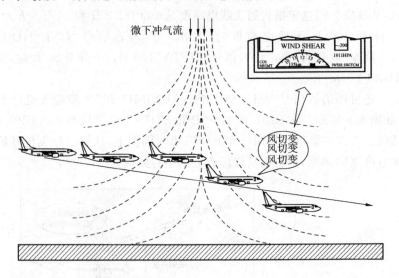

图6.9　方式7工作特性

其输入信号为:无线电高度和空速。

此方式为近地警告系统的选装特性。在B767-200以后的飞机和B747-400上选用了这一特性。

警告信号分别如下:音响信号为响一声警笛声后跟三遍语音信号"WIND SHEAR"(注意风切变);目视信号为红色的主警告灯、风切变警告灯及电子姿态指引仪或主飞行显示器上显示的红色字符"WIND SHEAR",如图6.9所示。发出风切变警告后,对其他近地警告方式的报警至少抑制5 s,只要解脱操作仍在进行,此抑制条件就会继续。

6.1.3　增强型 GPWS

在GPWS部分,可以看出GPWS依赖于无线电高度而工作。但无线电高度不能反映飞机前方的地形情况,当飞机进入突然上升的地形区域时,警告的时间非常短,无前视功能;另外,当襟翼和起落架均在着陆形态,飞机以正常的下降速率进近时,GPWS不能提供地形警告。

为了克服现有GPWS的不足,发展了增强型近地警告系统(Enhanced Ground Proximity Warning System,EGPWS)。EGPWS除保留现有GPWS的警戒功能外,还具有地形觉察和地形净空基底功能。

1．地形觉察

地形觉察(Terrain Awareness，TA)是增强型近地警告系统(EGPWS)的一种新增功能。

EGPWS 的计算机存储器内设有全球地形数据库，在计算机内将飞机位置和航迹等数据与此地形数据库的相应数据进行比较，如发现存在地形威胁，则发出 TA 警告。

TA 警告有以下两种级别。

如果 GPWS 发现飞机与地形冲突之间仅有 60 s 时间，则发出地形警戒信息，包括：

① 语音提醒信息"CAUTION TERRAIN"(注意地形)；

② 在导航显示器上显示琥珀色信息"TERRAIN"(地形)；

③ 两个导航显示器上均出现地形显示(此为弹出功能)；

④ 导航显示器上的威胁地形从虚点阵变为实心的黄色。

如果 GPWS 发现飞机与地形冲突之间仅剩 30 s 时间，则发出地形警告信息，包括：

① 语音信息"TERRAIN TERRAIN PULL UP"(地形、地形、拉起来)；

② 在主飞行显示器上红色"PULL UP"(拉起来)信息。

EGPWS 将飞机前方的地形生成数字式地图，将其送往显示电子组件(DEU)，使之在导航显示器(ND)上用不同色点显示出地形高度与飞机高度的相对关系。

2．地形净空基底

地形净空基底(Terrain Clearance of Floor，TCF)在飞机进近中下降位置过低时向机组发出警戒。TCF 利用飞机位置和跑道数据库对照发现是否进入警告状态。

近地警告系统从全球定位系统(GPS)、大气数据惯性基准系统、无线电高度表接收飞机的纬度、经度、无线电高度数据。

TCF 通常情况下利用 GPS 的纬度和经度数据，如果 GPS 数据无效，则利用惯性基准系统(IRS)的数据。

GPWC 的存储器内有一个跑道数据库，跑道数据库是在地形数据库内。跑道数据库包含有世界上长度为 3 500 ft 以上的所有跑道的位置。TCF 形成跑道周围地形净空包络，此包络的高度随离开机场距离的增加而升高，GPWC 将飞机经纬度和无线电高度与 TCF 包络数据相比较，如果飞机下降穿越了包络的基底，则 GPWC 发出警告。

TCF 功能也有两种级别的提示信息。

如果 GPWC 发现飞机低于地形净空基底(TCF)，则发出提醒警戒：

① 语音信息"TOO LOW TERRAIN"(太低、地形)，此信息每丢失高度的 20％时重复发出；

② 导航显示器(ND)上出现琥珀色"TERRAIN"(地形)信息。

如果继续下降,则发出如下警告:

① 语音信息"PULL UP"(拉起来);

② 导航显示器(ND)上为红色"TERRAIN"(地形)信息;

③ 主飞行显示器(PFD)上显示"PULL UP"(拉起来)。

下列任何一种情况下,GPWC 都会禁止 TCF 警告:

① 飞机在地面;

② 起飞后的 20 s 以内;

③ 无线电高度低于 30 ft。

6.2　交通警戒与避撞系统

交通警戒与避撞系统(Traffic Alert and Collision Avoidance System,TCAS)是一种新型航空电子系统,可简称为避撞系统或防撞系统。国际民航组织将其定名为飞机避撞系统(ACAS)。它是一种独立于地面设备的机载设备,通过发射射频信号询问与其在同一空域内飞行的且装有 TCAS 或 ATC 应答机的飞机,并连续地监视和评估这些飞机是否对本机构成威胁。如果有潜在的碰撞威胁,则将根据情况发出不同级别的咨询和警告,驾驶员根据这些咨询和警告信息采取必要的行动,以避免空中相撞。

目前有三种类型的 TCAS 系统在使用或研制中,分别是 TCAS Ⅰ、TCAS Ⅱ和 TCAS Ⅳ。早期研制的 TCAS Ⅰ可为驾驶员提供本飞机周围一定空域的交通情况,并发出相应的咨询和警告,但不能提供垂直或水平避让指令。目前,大部分飞机装备的 TCAS Ⅱ不仅能提供声音和视觉警告,还能提供垂直方向的协调避让动作指令。

6.2.1　TCAS Ⅱ的基本原理

1. 术语介绍

① 碰撞区——由 TCAS Ⅱ定义的一个三维空域,其大小随接近速度而变,用闯入者到自身飞机最接近点(Closest Point of Approach,CPA)定义,如图 6.10 所示。设计 TCAS Ⅱ的目的就是为了防止其他飞机进入该区域。

② 警戒区——离碰撞区边缘还有 20~48 s 的一段空域,参见图 6.10。

③ 警告区——离碰撞区边缘还有 15~35 s 的一段空域,参见图 6.10。

④ 交通警戒信息(Traffic Advisory,TA)——对方飞机进入警戒区时发布,交通情况显示器上用一个橙色实心圆表示该飞机,并发出声音警戒信息"TRAFFIC - TRAFFIC"。

⑤ 决策信息(Resolution Advisory,RA)——对方飞机进入警告区时发布,交通

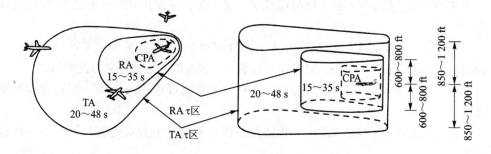

图 6.10　TCAS Ⅱ的保护区示意图

情况显示器上用一个红色实心方块表示该飞机,同时 VSI 上或 PFD 上出现避让措施通告,并伴有相应的语音通告。

2. 原　理

1) τ 的概念

TCAS 计算机中所进行的监视与跟踪计算的基础,是基于对侵入飞机接近率的连续监视。

TCAS 计算机是基于一定的提前时间而发出交通咨询和决断咨询的。这个提前时间对应于图 6.10 所示 TCAS Ⅱ中的 τ 区。

在 TCAS 计算机发出交通咨询 TA 并进而发出决断咨询 RA 后,从飞行员意识到潜在的危险并按照决断咨询采取机动回避措施,到使飞机改变当前的飞行高度而脱离危险,是需要一定的时间的。目前所确定的 TCAS Ⅱ的 TA 门限为 $20 \sim 48$ s,RA 门限为 $15 \sim 30$ s。从 TCAS 计算机发出交通咨询到发出决断咨询的间隔时间为 15 s 左右。

τ 取决于目标的距离接近率与距离,其关系如下:

$$\tau = \frac{距离}{距离接近率}$$

TCAS Ⅱ发出交通咨询的高度范围为 $\pm 1\,200$ ft。

2) TCAS Ⅱ基本原理

TCAS Ⅱ询问装有应答机的入侵飞机,根据询问与应答的延迟时间计算出两机的距离,然后通过连续地询问和跟踪计算可以计算出距离变化率(接近率)。如果入侵飞机能够报告它的高度,则 TCAS Ⅱ计算机利用来自本机 ATC 应答机的本机高度进行比较,计算出两机的相对高度;再利用来自本机 TCAS 方向性天线接收的应答信号确定入侵飞机的方位(入侵飞机的方位对 TCAS Ⅱ执行的所有功能来说,并不是必需的,但在视频显示信息中可以显示出来,驾驶员根据它可以很直观地确定入侵飞机的位置)。

3) TCAS Ⅱ空域

TCAS Ⅱ计算机在本机的周围建立了一个防护区域,这个防护区域的大小取决

于飞机的高度、速度和入侵飞机的接近率。这个防护区域用时间 τ 来表示,所以也称为 τ 区域。

TA 的 τ 区域是这样定义的:在本机的周围这个区域,如果入侵飞机侵入且到达相对高度限制值时,TCAS Ⅱ将发出 TA 警告。RA 的 τ 区域定义与此类似。

水平监视范围:TCAS Ⅱ所监视的本机前方距离可达 30 n mile。但通常监视距离为 14 n mile。

高度跟踪范围:TCAS Ⅱ的高度跟踪范围正常情况下为本机的上、下 2 700 ft 范围内。

4) 跟踪与显示能力

TCAS 计算机的最大监视能力可达 30 架。TCAS 计算机的最大跟踪能力为每平方海里 0.32 架,即 5 n mile × 5 n mile 范围内最多可跟踪 8 架。

3. TCAS Ⅱ探测的入侵机类型

TCAS Ⅱ可通过"收听"监视空域中其他飞机对地面 ATC 的应答或其发射的间歇信号获取这些飞机的信息(是 A/C 模式还是 S 模式)。

根据所获信息用适当的询问格式(ATCRBS/DABS 全呼叫询问、仅 ATCRBS 呼叫询问或 S 模式询问格式)发出询问,并获得周围飞机的 ATC 应答机的应答。

TCAS Ⅱ的"收听—询问—应答"过程是不断进行的,其更新期约为 1 s。

TCAS Ⅱ计算机通过"收听"可将入侵飞机分为以下几种类型。不同类型的入侵机其询问内容和信息交换内容都有所不同。

1) 对方飞机带有 S 模式应答机或 TCAS Ⅱ系统

由于 S 模式应答机具有选择地址进行通信的特性,故对装有 S 模式应答机的飞机,TCAS 的监视功能相对简单。

S 模式应答机以每秒钟约 1 次的间隔广播发射含有 24 位地址码的下行数据链信息来通告它们的存在。装有 TCAS Ⅱ的飞机在监视范围内将接收这些断续发送的广播信号并对装有 S 模式应答机的飞机发出 S 模式询问。根据回答信号可确定该 S 模式飞机的距离、方位和高度。根据对方飞机的几次应答情况可确定对方的高度变化率和距离变化率。换句话说,根据对方报告的高度可确定对方爬升或下降有多快;根据询问和应答之间的来回时间可确定它是否接近或离开监视范围;根据对方的方位变化可确定对方大概的航迹。由此,TCAS 计算机可计算出对方飞机的轮廓线和飞行道是否将会导致与自己相撞或接近相撞。然后,TCAS 在自身飞机轮廓线的基础上,给出合理的避撞措施。

如果对方飞机带有 TCAS Ⅱ系统,每一架飞机都通过 S 模式应答机向对方发出询问以保证互补决策的选择。如果某架飞机正在发出一个 RA,其他飞机就会每秒钟向那架飞机发出一次协调询问。协调询问中包含有发送方打算做的垂直机动等措施信息,这种信号为互补形式。例如,某一架飞机针对威胁选择了"爬升"RA,在其协调询问中它将向对方发出通知,限制对方的 RA 只能是"下降"。

2) 对方飞机带有 A/C 模式应答机

TCAS 使用一种修改的 C 模式询问,即所谓全呼叫 C 模式询问。它以每秒钟 1 次的正常速率询问 A/C 模式应答机。若应答机工作在 C 模式,则其回答信号中包括有高度信息,因此,TCAS 不能发布决策信息。若工作在 A 模式,则回答信号中没有高度信息,因此,TCAS 不能发布决策信息,只能产生交通警戒信息。

3) 对方飞机无应答机或应答机不工作

对方飞机无应答机或应答机不工作,它们对 TCAS 的询问无法做出响应,因此,TCAS 无法探测该类飞机。

综上所述,TCAS 提供的保护等级由对方飞机所带应答机的类型来确定(如图 6.11 所示)。若对方飞机带 A 模式应答机,则 TCAS 仅提供交通警戒信息;若对方飞机带 C 模式或 S 模式应答机,则 TCAS 既提供交通警戒信息,也提供决策信息;若两架飞机都带有 TCAS Ⅱ 设备,则通过 S 模式应答机交换数据对冲突进行协调解决;若对方飞机没有装应答机或应答机不工作,则 TCAS 将无法探测。

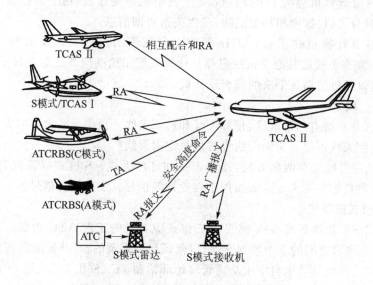

图 6.11　TCAS Ⅱ 对不同类型系统的响应

6.2.2　TCAS Ⅱ 的组成

TCAS Ⅱ 系统由 TCAS Ⅱ 计算机、ATC/TCAS 控制板和天线等组成,如图 6.12 所示。

TCAS Ⅱ 系统需要飞机上安装 S 模式应答机。

TCAS Ⅱ 系统和其他的导航系统交联,一般使用 EFIS 系统进行目视咨询显示,使用数字音频控制系统进行语音咨询通告。

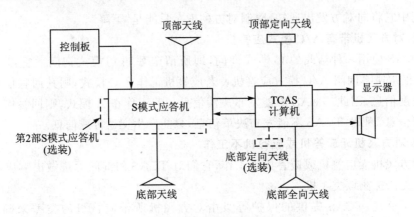

图 6.12 TCAS Ⅱ 系统的组成

1. TCAS Ⅱ 系统组成

1) TCAS Ⅱ 计算机

TCAS Ⅱ 计算机包括 1 个接收机、1 个发射机和处理器,用于监控空域,跟踪对方飞机和自身飞机,探测和判定威胁,产生决策咨询信息。

TCAS Ⅱ 计算机在 1 030 MHz 频率上向周围的其他飞机发出询问,然后在 1 090 MHz 频率上接收其他飞机的应答。计算机使用这些应答跟踪和显示闯入者的方位、距离以及机组需要采取的垂直避让机动。

2) 天　线

TCAS Ⅱ 系统有两部天线:顶部天线和底部天线。顶部天线为定向天线,具有定向能力,底部天线可以是全向天线也可以是定向天线。

S 模式应答机也有两部天线:顶部天线和底部天线。S 模式应答机有两个接收机,每个接收机配一部天线。天线用于接收询问信号并发射应答信号。

3) S 模式应答机

S 模式应答机执行现有 A 模式和 C 模式应答机的正常 ATC 功能,以及用于装有 TCAS Ⅱ 飞机之间的空中数据交换,以保证提供协调的、互补的决策咨询信息。

S 模式应答机接收来自空中交通管制地面站和 TCAS Ⅱ 飞机的脉冲编码询问信号,并用脉冲编码信号进行应答。

4) ATC/TCAS 控制板

ATC/TCAS 控制板对 ATC 和 TCAS Ⅱ 系统均进行控制;控制板直接与 S 模式应答机相连。S 模式应答机向 TCAS Ⅱ 计算机发送控制信号。

5) 显示器

用于显示 TCAS Ⅱ 发布的 TA 和 RA。来自 TCAS Ⅱ 计算机的有关其他飞机的所有信息在电子升降速度表(VSI)上或 EFIS 显示组件上显示。

6) TCAS Ⅱ 音频

TCAS Ⅱ 音频用来补充显示的 TA 和 RA。TCAS Ⅱ 音频送到数字音频控制系统,在座舱里发出相应的声音信息。

7) ABV/N/BLW(上/正常/下) 选择器

有的飞机上安装有 ABV/N/BLW 选择器,该选择器用来选择正常使用高度以上和以下的交通目标。RA 和 TA 的出现不受该选择器位置的影响。ABV 位允许显示自身飞机上方的交通目标(向上可达 9 900 ft,由航空公司选择)和下到 2 700 ft 的交通目标。N 位允许显示自身飞机上、下 2 700 ft 以内的交通目标。BLW 位允许显示自身飞机下方的交通目标(向下可达 9 900 ft,由航空公司选择)和上到 2 700 ft 的交通目标。

2. TCAS Ⅱ 控制盒

S 模式应答机一般与 TCAS 配套使用,故大多数情况下,S 模式应答机的控制盒和 TCAS 的控制盒也配套使用。图 6.13 所示为双套 S 模式应答机和单套 TCAS 收发组件的控制面板图。

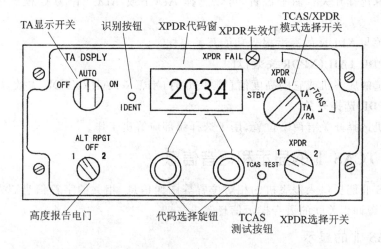

图 6.13　双套 S 模式应答机和单套 TCAS 收发组件的控制盒面板图

1) TCAS/XPDR 模式选择开关

TCAS/XPDR 模式选择开关有四个位置,用来选择应答机和 TCAS 的工作模式。

① TA/RA 位,即 TCAS 正常工作模式位。在此位,TCAS 既提供交通警戒信息又产生决策信息。起飞之前选择 TA/RA 模式。

② TA 位。TCAS 仅提供交通警戒信息,不提供决策信息。两机向靠得很近的平行跑道进近时或目视情况下向其他飞机有意识地靠近时,可使用 TA 位。

③ XPDR ON 位。仅应答机起作用,TCAS 不再工作。

④ STBY 位。应答机处于待用状态,此时 TCAS 不再起作用。着陆脱离跑道后应立即选择 STBY 模式。

2）TCAS 测试按钮

按下 TCAS 测试按钮，TCAS 进行自检。测试应在地面且模式选择按钮处于 STBY 位时进行。测试时，发出声音信息"TCAS TEST"，字符"TCAS TEST"出现在交通情况显示器上，同时出现测试图。8 s 以后，测试结束，若系统正常，则发出声音信息"TCAS TEST PASS"；若系统有故障，则发出声音信息"TCAS TEST FAIL"。

3）编码选择旋钮和 XPDR 代码窗

两个编码选择旋钮用于选择四位的识别编码，它们由内、外同轴旋钮构成。所选识别码显示在 XPDR 代码窗中。

4）IDENT(识别)按钮

按下 IDENT 按钮，将识别脉冲加到应答机应答信号中大约 18 s，帮助地面站识别该飞机。

5）高度源选择开关(ALT)

高度源选择开关有两个位置，可以选择 ADC1 或 ADC2 作为 C 模式应答的高度源。

该开关与 XPDR 的高度报告功能开关一样。

6）XPDR FAIL(XPDR 失效)灯

当所选的应答机或它的高度信息源失效时，XPDR FAIL(XPDR 失效)灯亮。

7）XPDR 选择开关

应答机选择开关有两个位置，用于选择哪部应答机工作。

6.2.3 TCAS Ⅱ 的显示和语音信息

TCAS Ⅱ 能提供入侵飞机的相对位置等图像信息、相关的字符信息以及与交通咨询、决断咨询相关联的语音提示信息等。

1. TCAS Ⅱ 的显示

TCAS Ⅱ 所提供的视觉信息可以显示在 TCAS Ⅱ 的专用显示器或其他显示器上。现代大型飞机比较常用的方式是利用电子飞行仪表系统(EFIS)来显示 TCAS 视觉信息。

1）ADI 上的显示和控制

ADI 可显示 TCAS 所发出的决断咨询信息。TCAS Ⅱ 计算机产生的决断咨询信息是本机为回避入侵飞机所应采取的垂直机动措施，如爬升、下降等。决断咨询信息是以红色的俯仰禁区方式显示在 EADI 的姿态球上的，如图 6.14 所示。

若 TCAS 计算机判断应使飞机爬升以回避危险接近，则决断咨询信息为姿态球下部向上延伸

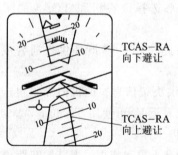

图 6.14 ADI 上的 RA 警告信息

的红色的 RA 俯仰指令。在采取机动爬升之前，飞机符号处于该红色的俯仰禁区之中；只有按决断咨询信息所示向上拉升飞机，才能使飞机符号脱离该红色的 RA 俯仰指令——脱离与入侵飞机危险接近的境况。反之，如 TCAS 判断应使飞机下降才能回避危险接近，则决断咨询信息为姿态球上部向下延伸的红色 RA 俯仰指令；只有按决断咨询信息所示使飞机下降，才能使飞机脱离与入侵飞机危险接近的境况。图 6.14 中所示情况为上、下各有一架入侵飞机的极端危险状态。

若要在 ADI 上显示 RA 警告，则 TCAS 控制面板上的方式选择开关必须放在 TA/RA 位。如果方式不对，或者 TCAS Ⅱ 工作不正常，都不能显示 RA 信息。

2) HSI 上的显示和控制

显示在电子式水平状态显示器（EHSI）或导航显示器（ND）上的 TCAS Ⅱ 信息主要是入侵飞机的相对位置、威胁等级等，如图 6.15 所示。

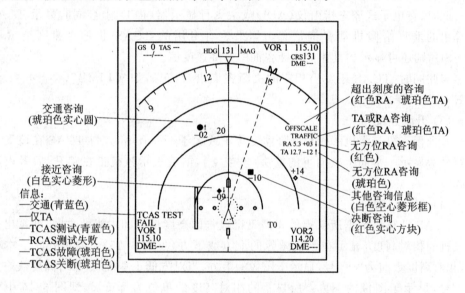

图 6.15　HSI(ND)上的 TCAS 咨询信息

（1）入侵飞机的相对位置

TCAS Ⅱ 根据所获得的邻近飞机的距离和相对方位数据，将其显示在以本机为中心的图形画面上。通过观察该图形，驾驶员可以一目了然地了解 TCAS Ⅱ 监视空域中的交通状况。

（2）威胁等级

TCAS 根据不同飞机的飞行趋势及本机的飞行轨迹，判断这些飞机是否存在与本机危险接近的可能，并区别各架入侵飞机的威胁等级，从而以四种不同的符号来表示对本机威胁等级不同的飞机，如图 6.15 所示。

① Others（其他）——无威胁。图 6.15 中以空心的菱形图案表示的飞机为 TCAS Ⅱ 监视空域中目前对本机无威胁的飞机，其图像为白色。这些飞机与本机的

相对高度大于 1 200 ft、小于 2 700 ft,或距离在 6 n mile 以上。

② Proximity——接近威胁。接近飞机表示那些与本机的相对高度等于或小于 1 200 ft,且距离在 6 n mile 以内的邻近飞机。接近飞机显示为实心的菱形,仍为白色。

③ Traffic Advisory——交通咨询。对于那些已由系统判断为对本机存在潜在危险接近的飞机,TCAS Ⅱ 会提前一定时间(20~48 s)发出交通咨询(TA)。为提醒驾驶员注意此类飞机,发出交通咨询时该飞机的图像变为黄色的圆形图案。

交通咨询伴随有语音提醒信息"TRAFFIC,TRAFFIC"(交通,交通)。

④ Resolution Advisory——决断咨询。在对已判断为交通咨询的飞机连续监视约 15 s 后,如果该机与本机危险接近的状况仍然存在,则 TCAS Ⅱ 将发出决断咨询——将该飞机的图像变为红色的矩形图案。

此时,在电子式姿态指引仪(ADI)或主飞行显示器(PFD)上会同时显示 TCAS 计算出的垂直俯仰机动咨询信息。如果装有专用的 TCAS Ⅱ 垂直速度指示器(TVSI),则还可显示出具体的决断咨询的升降速度值。

与此同时,TCAS 还发出相应的决断咨询语音信息,如"CLIMB"(爬升)、"DESCEND"(下降)等。

(3) 升降速度

若入侵飞机与本机的相对升降速度等于或大于 500 ft/min,则 TCAS 在该飞机的符号旁显示一个向上或向下的箭头(↑ 或 ↓),前者表示该机正在爬升,后者表示下降。

(4) 相对高度

TCAS 计算机根据所获得的相遇飞机报告的高度信息和本机的高度,计算出入侵飞机的相对高度,显示在该机图像的上方或下方(见图 6.15)。当对方高于本机时,相对高度数前为"+"号,显示于图像的上方;当对方低于本机时,相对高度数前为"-"号,显示于图像的下方。所显示的相对高度的单位为百英尺,即图 6.15 中的 +02 表示高于本机 200 ft。

(5) 无方位的飞机信息

在由于某种原因一时无法获得入侵飞机的方位信息时,TCAS Ⅱ 仍然跟踪入侵飞机,并在必要时发出交通咨询或决断咨询信息。不过,此时由于无入侵飞机的方位而无法在显示器上显示其图像,只能以字符方式在显示器上给出该入侵飞机的距离和相对高度。当判定该机为交通咨询的飞机时,字符为黄色;当判定该机为决断咨询的飞机时,字符为红色(见图 6.15)。

(6) 超出显示范围的飞机信息

如果在 TCAS Ⅱ 跟踪范围内的飞机在显示器所选择的显示范围之外,则 TCAS 仍能显示其部分信息。此时该飞机的图像显示在距离标志圈外沿的对应方位处。

另一种显示方案是在这种情况下无该机的图像显示,而显示为"OFF SCALE"

（超出显示范围）的字符信息（见图6.15）。

（7）威胁提醒

为提醒驾驶员注意观察显示器上的 TCAS Ⅱ 信息，在出现交通咨询或决断咨询情况时，显示器上出现"TRAFFIC"（交通）字符。若为交通咨询，则"TRAFFIC"显示为黄色；若为决断咨询，则"TRAFFIC"显示为红色。

（8）信息显示的控制

在利用 EFIS 显示 TCAS 信息的情况下，只有按下 EFIS 控制面板上的 TFC（交通）按钮，才可能在显示器上显示 TCAS 信息。此时，EHSI 上显示绿色的"TFC"，表示 EHSI 可显示 TCAS 信息。这时，TCAS 控制面板上的方式旋钮也必须放在 TA ONLY 位或 TA/RA 位。

3）TVSI 上的显示

TCAS Ⅱ 垂直速度指示器（TVSI）包含一个电子式的常规升降速度刻度盘，刻度盘的上半部分显示爬升率，下半部分显示下降率。飞机符号、方位刻度和代表闯入者位置的一些符号用来指示水平状态。在 TVSI 上的 TCAS Ⅱ 显示如图6.16所示。

显示器上有以下四种符号来代表闯入者，分别代表不同级别的威胁飞机：

① ■——红色实心方块，代表进入警告区的飞机，称为 RA 目标。

② ●——橙色实心圆，代表进入警戒区的飞机，称为 TA 目标。

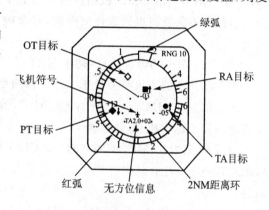

图6.16 TVSI 上的 TCAS 咨询信息

③ ◆——蓝色或白色实心菱形，代表距离小于6 n mile 或垂直间隔小于1 200 ft，但并没有构成威胁的飞机，称为接近交通目标（PT 目标）。它对自身飞机不构成威胁但在某些情况下，它可能变为 TA 或 RA 目标。显示接近交通目标可以增强处境意识。

④ ◇——蓝色或白色空心菱形，代表垂直间隔大于1 200 ft 或距离大于6 n mile 的飞机，称为其他交通目标（OT 目标）。它对自身飞机完全不构成威胁。

其他数据标记、箭头符号等的含义与上述 HIS 显示相同。

2. TCAS Ⅱ 的语音信息

TCAS Ⅱ 除了可以通过各种视觉信息发出交通咨询或决断咨询信息外，同时还可以合成语音来提醒驾驶员。TCAS Ⅱ 音频被送入 GPWC 的语音优先权判断电路，当无 GPWS 或 WXR（带有预测风切变功能的）音频警告时，可发出 TCAS Ⅱ 音频，否则 TCAS Ⅱ 音频被抑制。

1) TA 的语音信息

TCAS Ⅱ 在每次发布 TA 时,给出语音信息"TRAFFIC, TRAFFIC",该通告指令要求机组监控 TCAS Ⅱ 的显示,以帮助目视搜寻闯入飞机。交通咨询可以是一个新的闯入者或者已经升级为交通咨询的接近交通目标或其他交通目标。

2) RA 的语音信息

RA 语音信息分为预防 RA 语音信息和改正 RA 语音信息两种。改正 RA 语音信息又包括初始 RA 语音信息和增强 RA 语音信息。

(1) 预防 RA 的语音信息

当 EADI 上的飞机符号位于 RA 俯仰指令范围之外时,该咨询为预防 RA。

预防 RA 的语音信息为"MONITOR VERTICAL SPEED, MONITOR VERTI-CAL SPEED",该指令要求机组保持当前的垂直速度。

该咨询不需要机组采取任何措施,只要确保飞机符号不要进入 RA 俯仰指令区即可。

(2) 改正 RA 的语音信息(初始 RA)

当 EADI 上的飞机符号处于 RA 俯仰指令范围之内时,该咨询为改正 RA。

语音信息"CLIMB, CLIMB, CLIMB"(或"DESCEND"),要求机组按照俯仰指令指示的垂直速率机动,通常为 1500 ft/min。

语音信息"CLIMB, CROSSING CLIMB; CLIMB, CROSSING CLIMB"(或"DESCEND"),表示在执行机动时,自身飞机的飞行轨迹将穿越闯入飞机的飞行轨迹。

语音信息"REDUCE CLIMB; REDUCE CLIMB"(或"DESCEND")或"ADJUST VERTICAL SPEED, ADJUST",告诉机组将垂直速度减小到 EADI 上的要求值。

(3) 改正 RA 的语音信息(增强 RA)

增强 RA 是从初始 RA 变化过来的,其指令要求机组立即行动。

语音信息"CLIMB, CLIMB NOW; CLIMB, CLIMB NOW"(或"DESCEND")在下降(爬升)指令之后出现。TCAS Ⅱ 计算机确定必须进行垂直速度的反转,才能得到足够的垂直间隔。

语音信息"INCREASE CLIMB—INCREASE CLIMB"(或"DESCEND"),告诉机组增加垂直机动到 EADI 上的要求值,通常为 2500 ft/min。

(4) 冲突结束的语音信息

语音信息"CLEAR OF CONFLICT"告诉机组本次遭遇结束,闯入者的距离已经增加。此时,机组应操纵飞机回到 ATC 的许可高度上。

3. 自测语音信息

TCAS Ⅱ 自测结束,如果 TCAS Ⅱ 系统通过了机内自测,则 TCAS Ⅱ 计算机将给出语音信息"TCAS SYSTEM TEST OK"；如果 TCAS Ⅱ 计算机故障,则给出语音信息"TCAS SYSTEM FAIL"；如果送给计算机的输入无效,则给出语音信息"TCAS SYSTEM TEST FAIL"。

6.2.4　TCAS Ⅱ 的机组响应和运行抑制

为了保证 TCAS Ⅱ 系统的有效性,飞行员需要遵守以下规定：

① 不要根据交通显示或 TA 进行机动。

② 不要执行水平机动。

③ 必须遵循 TCAS Ⅱ 的所有 RA 和 RA 的变化,包括反向 RA。

④ 在 RA 发出 5 s 内必须执行 RA 要求的最初机动。

⑤ 在 RA 变化发出 2.5 s 内必须执行 RA 变化要求的随后机动。

⑥ 实施所有机动以产生 0.25 g 的垂直加速度。

⑦ 如果飞机在管制区域收到 TCAS Ⅱ 的 RA 指令,则飞行员必须遵循 TCAS Ⅱ 指令,并且在适当的时候告诉管制人员 TCAS Ⅱ 发出的爬升或下降指令。

⑧ 一旦收到 TCAS Ⅱ 的信息"CLEAR OF CONFLICT",就必须操纵飞机回到 ATC 指定的飞行高度上。

⑨ 如果同时收到 TCAS Ⅱ 和管制人员的机动指令,飞行员必须遵循 TCAS Ⅱ 的指令,并告诉管制人员。

TCAS Ⅱ 在产生各种避让动作的防撞逻辑设计中采用了以下保护措施：

① 当飞机爬升能力受到性能限制时,不能发布"CLIMB"(爬升)信息。

② 当无线电高度低于 1 500 ft 时,不能发布"INCREASE DESCENT"(增大下降)信息。

③ 当无线电高度低于 1 000 ft 时,不能发布"DESCEND"(下降)信息。

④ 当无线电高度低于 500 ft 时,不能发布任何 RA 信息。

⑤ 当无线电高度低于 400 ft 时,声音信息"TRAFFIC—TRAFFIC"被抑制。

⑥ 为了避免混淆,TCAS Ⅱ 的警告和其他飞行保护系统的警告进行协调,并进行优先顺序排列。通常,GPWS 的警告优先于 TCAS Ⅱ 警告,风切变警告具有最高优先权。

⑦ 在 RA 期间,如果对方飞机的高度信息丧失,则该 RA 信息自动结束,但不会发布"CLEAR OF CONFLICT"通告。

6.3　自动相关监视系统

ICAO 监视方案中的关键是发展自动相关监视(Automatic Dependent Surveillance,ADS)。

ADS 是由被监视目标测定自身位置后,主动报告给监视者,使监视者掌握其当前位置和运行意图的监视方式。这是一种将监视服务扩展到海洋空域、边远陆地区域和雷达覆盖不到的地区的监视手段。

对于自动相关监视（ADS）的解释："自动"（Automatic）表明无需机组人工发送飞机位置；"相关"（Dependent）表明地面依赖飞机的报告得知飞机的位置，信息来自飞机，不是地面站；"监视"（Surveillance）即飞机的位置得到监视。ADS 是应用于空中交通服务的监视技术，是由飞机将机上导航和定位系统导出的数据通过数据链自动发送。这些数据至少包括飞机识别码、四维位置和所需附加数据。ADS 向 ATS 提供与 SSR 等效的飞机位置数据。

根据工作模式不同，ADS 分为合约式（ADS－C）（或寻址式（ADS－A））、广播式（ADS－B）两种。

目前，人们习惯上用 ADS－C 表示 ADS－C 或 ADS－A。ADS－C 根据提供 ADS 信息的飞机和接收 ADS 报告的地面站之间约定的一一对应关系，采用寻址方式双向数据链工作。图 6.17 所示为 ADS－C 的示意图。其不仅用于接收空对地的飞机位置报告，也能实现飞行员与管制员之间直接的双向数据通信（Controller-Pilot Data Link Communication，CPDLC）和上传飞行报告信息（Flight Information Service，FIS）。收、发双方要约定通信协议，如中国民航使用的是飞机通信寻址与报告系统（ACARS）通信协议。

图 6.17　ADS－C 示意图

ADS－B 是由被监视目标的机载通信设备周期性广播自身位置等信息，监视方接收该广播信息以实现对其进行监视的一种技术。收、发双方之间不需要约定通信协议，信息的广播完全是自主的，监视方通常不能对其进行控制和干预。

6.3.1　合约式自动相关监视(ADS – C)

1. ADS – C 系统组成及功能

第 3 章中介绍过的基于 VHF 数据链的 ACARS 系统就是一种 ADS – C，ACARS 机载设备即机载 ADS 设备。其主要功能是从飞行数据管理单元、座舱管理终端和中央维护计算机等机载系统收集数据，将采集到的各种飞行相关参数信息编成需要的格式，通过数据链路发到 RGS，同时接收地面网中通过 RGS 站转发来的上行电报，这些电报确定报告频率、选择发送区和提供通信联络等。同时 CDU 用来显示 ADS 信息，让飞行员监控系统的工作，并能在紧急情况下与管制员直接进行语音通信。地空数据链传输系统、地面通信网络、远端地面站和地面设备都与 ACARS 系统一样，在此不再赘述。

由于 ADS 数据链对 ATN 网路中的几种链路媒质(卫星链路 AMSS、VHF 链路、HF 链路、S 模式链路)是兼容的，飞机上的通信管理组件和地面 ATC 的通信终端内都有 ATN 路由选择器，可以选择利用不同的链路媒质。例如：在海洋飞行中利用卫星链路，当接近陆地能接收到陆地 VHF 信号后，能自动转换到 VHF 链路；进入雷达覆盖区后，也可以转换到通过 SSR S 模式链路接收 ADS 报告；在极地区域，在其他通信手段失效的情况下，可以通过 HF 链路接收 ADS 报告。

2. ADS – C 在空中交通服务(ATS)中的应用

通过可靠的数据链通信和精确的飞机导航系统实现 ADS – C，将在洋区空域和现行的非雷达管制服务区内提供监视服务。ADS – C 的实施还将为大陆航路、终端区和机场提供效益。

① 在洋区和其他陆基雷达覆盖范围以外的区域：ATS 利用 ADS – C 报告可改善位置确定的准确性，使安全性得到改善，空域被有效利用，使管制员工作效率得到提高，使其能够识别潜在的侵犯间隔或与飞行计划不符的问题并采取适当的行动。

② 在 ADS – C 过渡区域：在过渡区域中，各种监视手段均可能使用，此时要求 ADS – C 与其他监视信息汇集在一起，如二次雷达信息，使之成为 ADS – C/SSR 融合数据。

③ 在雷达覆盖范围内应用 ADS – C：ADS – C 将在雷达覆盖范围区域内用作辅助或备份。ADS – C/SSR 集成技术的主要目标是在雷达监视覆盖的区域以及从雷达到 ADS – C 单一覆盖之间的过渡区域采用 ADS – C 的监视方案。在 ADS – C/SSR 空域内不要求完整的雷达覆盖，因为外边界的水平限制是正常重合的。在已经有多重雷达覆盖的区域，利用 ADS – C/SSR 集成将使雷达覆盖空域内的跟踪特性尽可能均匀，这样可以克服雷达残留的缺陷。ADS – C/SSR 集成将增强现存雷达环境以及雷达覆盖范围以外空域的监视性能，还将为冲突检测和一致性监视提供更可靠的数据，从而降低虚警概率。

综合 ADS-C 在各种环境下的应用,ADS-C 能帮助 ATS 实现以下功能:

① 位置监视——地面系统处理获取的 ADS-C 信息,证实其有效性并与原先保存的飞机信息进行比较。

② 一致性监视——ADS-C 报告的位置与当时飞行计划期望的飞机位置进行比较。纵向偏差超过预计容限时,将在后续定位时用来调整预达时间;水平和垂直偏差超过预计容限时将发出不一致警告,并通知管制员。

③ 冲突检测——地面系统利用 ADS-C 数据能自动识别违反最小间隔的问题。

④ 冲突解脱——自动化系统利用 ADS-C 报告对检测到的潜在冲突提出可能的解脱方法。

⑤ 超障证实——将 ADS-C 报告中的数据与当时的超障净空进行比较并确认之间的差异。

⑥ 跟踪——跟踪功能是根据 ADS-C 报告对飞机的当时位置进行外推。

⑦ 风的估计——ADS-C 报告中有关风的数据能用来更新风的预报和到下一个航路点的预计到达时间。

⑧ 飞行管理——ADS-C 报告能帮助自动化设备产生最合适的无冲突超障净空来支持可能的节油技术,如飞行员要求的巡航爬升。

3. ADS-C 信息类型和提供的信息

1) ADS-C 提供的信息类型

为满足 ADS-C 空地之间的通信协议,在飞机上的 ADS-C 接口组件(ADSU)和地面 ATC 单位的飞行数据处理系统(FDPS)之间可以有一个合约或一组合约。这些合约规定在什么情况下将开始发送 ADS 报告,报告中将包括哪些信息。有以下4 种类型的合约。

① 周期性合约(Periodic Contract):飞机周期性地向地面发送 ADS 报文。

② 事件合约(Event Contract):有相关事件触发飞机发送 ADS 报文。

③ 请求合约(On Demand Contract):飞机因地面请求发送 ADS 报文。

④ 紧急合约(Emergency Contract):在紧急情况下飞机自发地发送 ADS 报文。

其中,周期性合约是最基本的 ADS-C 合约,它要求飞机周期性地向地面系统发送特定的位置信息。周期性合约的请求报文中,包含了下一周期报文的下发时刻和下发内容要求,飞机根据合约内容完成报文下发。一旦周期性合约有效,它将维持到该合约撤销或用另一个周期性合约替代为止。一个周期性合约建立后,飞机应立即开始发送第一个报告,然后周期性地重发更新报告。

每架飞机的 ADSU 应能同时与几个(最多 4 个)地面终端系统的 FDPS 建立合约。每架飞机可支持对每个地面系统建立一个周期性合约、一个事件合约,并随时可以再申请加发一个单发报告合约(紧急合约)。地面系统对 ADS 信息排队时,信息将按紧急合约、请求合约、事件合约、周期性合约的顺序处理。

事件合约中的下列事件可触发 ADS 事件报告：

① 地理事件，即飞机通过某个航路点、指定经纬度、指定高度、指定飞行情报区边界或某个特定点时。

② 偏离事件，即偏离放行航路的侧向或高度，在其超过指定阀值时。

③ 变化事件，即飞机的航迹角、航向、高度、升降速度或速度的变化超过指定阀值时，以及飞机改变计划剖面时。

其中，一个事件合约可以包含几种类型的事件，并且事件合约不影响任何周期性合约。

2）ADS - C 信息

ADS - C 的信息包括基本 ADS 信息和供选的 ADS 信息。

基本 ADS 信息包括飞机的三维位置（纬度、经度和高度）、时间和位置数据信息的精度指示。

供选择的 ADS 信息除了基本 ADS 信息外，还包括下列任意一组或全部信息。它们是：飞机标识、地速矢量、空速矢量、计划剖面、气象信息、短期意向、中间意向和扩展计划剖面。

① ADS 地速矢量信息：航迹角、地速、上升或下降率。

② ADS 空速矢量信息：航向、马赫数或指示空速、上升或下降速率。

③ ADS 计划剖面信息：下一个航路点，下一个航路点的预计高度、预计时间；再下一个航路点，再下一个航路点的预计高度、预计时间。

④ ADS 气象信息：风向、风速、温度、颠簸、结冰。

⑤ ADS 短期意向信息：计划点的纬度、经度、高度、预测时间。

如果可以预测在飞机当时位置和计划位置之间发生的高度、航迹角或速度的变化，那么对短期意向数据将提供附加信息而成为中间意向，即当时位置到变化点的距离、航迹角、高度、预计时间。

ADS 扩展计划剖面信息的组成：下一个航路点，下一个航路点的预计高度、预计时间；再下一个航路点，再下一个航路点的预计高度、预计时间；后续航路点，后续航路点的预计高度、预计时间……后续航路点可重复到第 130 个航路点。

4. ADS - C 的特点及应用

1）ADS - C 的优点

实施 ADS 监视下的数据链管制与话音通信下的程序管制相比，大大减小了间隔，增加了空域容量，从而也大大增强了飞行安全性。

地面设施投资大大低于 SSR，可用于无 SSR 信号覆盖的区域，并能提供 ATM 所需的数据，如预计航路、性能因数、事件报告等。

机组不再依靠话音通信报告飞机位置，增加灵活性，管制员可更多地响应飞机飞行申请。

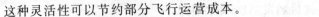

这种灵活性可以节约部分飞行运营成本。

在洋区、边远陆地和无雷达区域采用 ADS－C,可实现和雷达空域类似的空中交通服务,大大增强了飞行安全性。

S 模式和 ADS－C 结合可促进全世界统一的监视服务,并可在高交通密度区域提供高精度、抗干扰的监视。

2) ADS－C 的局限性

ADS 在使用过程中,同样存在许多不足的地方,如飞机处理信息需要时间长(从数据采集到发送至少需要 64 ms);通信滞后(飞机到地面需用时 45～60 ms);要求使用相同的基准(基于 GNSS 的时间,WGS－84 坐标系统),否则精度变差;设备安装的过渡期内,机载设备混乱。

3) ADS－C 的应用

ICAO 发展的 ADS－C 监视主要用于海洋和边远陆地区域,在世界各国对 CNS/ATM 的建设过程中,规划和建立了一些 ADS 航路。例如:ADS－C 在南太平洋美国飞新西兰航路上、澳大利亚航路上,新西兰、澳大利亚飞东南亚航路上的应用。

我国西部也建立了一条 ADS－C 航路,名为“中国欧亚新航行系统航路”(简称西部航路),航路代号为 L888。该航路途经昆明、成都,兰州、乌鲁木齐 4 个高空管制区,分别在 4 个地方设有 ADS－C 工作站。地面 ADS－C 工作站由卫星网连接,数据信息通过北京网控中心传给卫星数据网并上传到卫星,然后由卫星传输给飞机。飞机必须安装 FANS 1/A 设备,L888 航路宽度为 56 km,同航向、同高度飞行的最小纵向水平间隔 10 min,航路最小垂直间隔 600 m,飞行高度西行 9 600 m 或 10 800 m,东行 10 200 m 或 11 400 m。

6.3.2 广播式自动相关监视(ADS－B)

1. ADS－B 概述

ICAO 通过发展自动相关监视(ADS),来辅助雷达监视。上述 ADS－C 只向特定空域地面管制单位发送飞机位置报告,这有助于管制单位在了解了该飞机的精确位置后实施有效管制。它属于空对地选址报告,供地对空监视和管制,非常适合于航线飞行上的班机以及海上运输飞行。后来发展的广播式自动相关监视(ADS－B)不用选址,改用全向广播方式,主要采用空对空报告,供空对空自我监视,起到了延伸驾驶员肉眼视程的作用,有利于实施“见到后避让”原则,对运输航空和通用航空都行之有效。

ADS－B 的工作原理如图 6.18 所示。

美国 FAA 认为 ADS－B 将是实施自由飞行的奠基石,欧洲虽然并不提倡前景遥远偏于理想的且概念上较为模糊的“自由飞行”,但也提出了“自由航路”概念,而 ADS－B 也将是促进实施自由航路的可行手段之一。

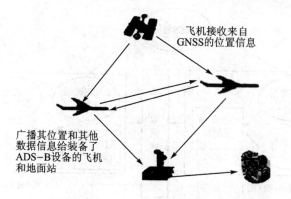

飞机接收来自
GNSS的位置信息

广播其位置和其他
数据信息给装备了
ADS-B设备的飞机
和地面站

图 6.18　ADS-B 系统原理图

2. ADS-B 的机载电子设备

ADS-B 有 ADS-B OUT 和 ADS-B IN 两种功能,如图 6.19 所示。ADS-B OUT 是指飞机上的 ADS-B 发射机以一定的周期向其他飞机或者地面站发送飞机的位置等信息;ADS-B IN 是指飞机上的 ADS-B 接收机接收来自其他飞机 ADS-B 发射机发送的 OUT 信息,以及地面站设备发送来的信息。通过 ADS-B IN 可使飞行员在 CDTI 上观察到本机周围的空域情况。

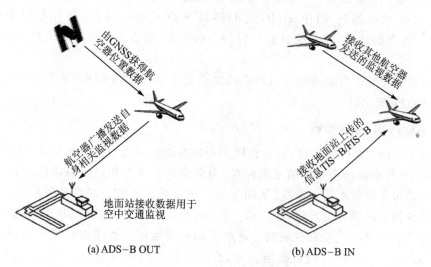

由GNSS获得航空器位置数据

航空器广播发送自身相关监视数据

地面站接收数据用于
空中交通监视

(a) ADS-B OUT

接收其他航空器发送的监视数据

接收地面站上传的信息TIS-B/FIS-B

(b) ADS-B IN

图 6.19　ADS-B 功能示意图

ADS-B 的机载设备包括三部分(如图 6.20 所示):位置信息源,即 GPS 卫星导航接收机;ADS-B 位置报告的收发机和天线;驾驶舱交通信息显示器。

全球定位系统(GPS)作为 ADS-B 自发位置报告的数据源。由于传统航空器上采用气压高度,所以高度报告数据仍依靠大气数据计算机或编码高度表的输出。

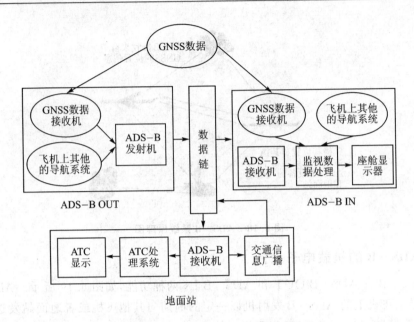

图 6.20　ADS－B 组成示意图

　　飞机的位置、高度等数据都是通过 FMC(飞机管理计算机)转送给飞机上的各种电子设备(包括 ADS－B)的;对于没有 FMC 的小飞机可专设输出/输入接口。ADS－B 收发机将是 VHF/UHF 或 L 波段 S 模式的收发机,具有专门的处理 ADS－B 电文的软件,其天线只需一般的全向天线,但应在机顶上和机腹下各配置一个。

　　驾驶舱交通信息显示器可以由多功能控制显示组件(MCDU)或专门的座舱显示器(CDTI)充当。

3. ADS－B 的数据链

　　对于 ADS－B 的数据链,最早在欧洲由瑞典提出利用自组织时分复用(S－TDMA)VHF 数据链技术来广播飞机位置,为空中其他飞机和地面提供位置信息,地面接收后可了解空中交通情况,从而起到监视功能。之后美国提出利用二次监视雷达的 S 模式扩展自发报告(1090ES)的功能作为 ADS－B 的另一种数据链。以上两种方式各自进行试验都有成效。近期美国在货运航空和通用航空的试用中,又提出一种用于 ADS－B 的数据链技术,称为通用访问收发机(UAT)。S－TDMA 的 VHF 数据链不仅用于 ADS－B,同时也用于其他地空通信和广播,因而 ICAO 的航空移动通信专家组(AMCP)将其作为一种 VHF 数据链,与其他 VHF 数据链并列,定名为模式 4 的 VHF 数字式数据链(VDL－4),并已制定了标准与推荐措施。

　　上述数据链的比较如表 6.1 所列。

　　中国民用航空局规定 ADS－B 用 1090ES 数据链。

表 6.1　ADS－B 数据链的比较

数据链	特　　点
1090ES	工作于传统二次雷达使用的 1090 MHz 频段;数据率 1 Mbps,调制方式为 PPM
UAT	DME 频段,设计频段 978 MHz;数据率 1 Mbps,调制方式 2CPFSK
VDL－4	工作于 VHF 频段(108～137 MHz),单信道带宽 25 kHz;数据率 19 600 bps,调制方式为 GFSK

4. ADS－B 的功用

作为广播式自动相关监视技术,飞机自动向周围的飞机、车辆和地面接收台发射自身的位置等信息,所以可以实现多方面的功能。例如:空中飞机与飞机之间能自动识别对方的位置,可以自我保持间隔;地面 ATC 对终端和航路飞行的飞机进行监控和指挥;机场场面活动的飞机和飞机及车辆之间保持间隔,起到场面监视作用。

6.3.3　ADS－C 和 ADS－B 的特性比较

ADS－C 和 ADS－B 在很多方面具有不同的特点,下面通过表 6.2 对这两种自动相关监视技术的特性进行比较。

表 6.2　ADS－C 和 ADS－B 的特性比较

对比项目	ADS－C	ADS－B
工作方式	飞机与地面管制单位之间建立点到点的寻址方式;可按约定周期自动发送,或按事件合约、紧急合约或请求方合约方式发送	广播式自发位置报告;飞机间可相互接收
作用距离	远程	近程
连接方式	空地	空空、空地、地地
数据链	VHF(ACARS),SATCOM,HFDL(协议式双向链路)	1090ES,VDL－4,UAT(广播式单向链路)
ICAO 标准	ATN	1090ES,VDL－4,UAT
地空数据链供应商	SITA,ARINC	无
地面用户限制	最多 5 个	无
报告周期	每几分钟	1 s
相关服务	CPDLC	TIS－B,FIS－B
适用环境	海洋空域为主,兼顾其他空域	多种空域,兼顾场面活动
功用	实现对海洋和边远地区的监视;可取代或补充 SSR	可取代 TCAS;可取代 SSR;可取代场面监视系统;可在驾驶舱内提供交通信息显示和冲突警告;为自由飞行创造条件

续表 6.2

对比项目	ADS - C	ADS - B
缺点和局限性	相关监视,依赖飞机报告;完全依赖机载导航信息源	—

　　对于 ADS - C 和 ADS - B 两种自动相关监视系统,近年来趋向于将它们合并,并针对不同的场合使用。一般认为,对海洋和边远陆地可采用星基双向数据链的 ADS - C;对陆地,尤其是交通密度较高地区,可采用陆基较为简易的单向广播式 ADS - B。

附录 A

缩略词表

缩　写	全　称	中　文
1090ES	1 090 MHz Extended Squitter	1 090 MHz 扩展电文
ACARS	Aircraft Communication Addressing and Reporting System	飞机通信与寻址报告系统
ACAS	Airborne Collision Avoidance System	空中防撞系统
ACMS	Aircraft Condition Monitoring System	飞机状态监控系统
ADC	Air Data Computer	大气数据计算机
ADF	Automatic Direction Finder	自动定向机
ADI	Attitude Director Indicator	姿态指引仪
ADIRS	Air Data Inertial Reference System	大气数据惯性基准系统
ADS	Automatic Dependent Surveillance	自动相关监视
ADS – A	Automatic Dependent Surveillance-Address	寻址式自动相关监视
ADS – B	Automatic Dependent Surveillance-Broadcast	广播式自动相关监视
ADS – C	Automatic Dependent Surveillance-Contract	合约式自动相关监视
AGC	Automatic Gain Control	自动增益控制
AFC	Automatic Frequency Control	自动频率控制
AFCS	Automatic Flight Control System	自动飞行控制系统
AM	Amplitude Modulation	幅度调制
AOC	Airline Operation Center	航班运行中心
A/P	Autopilot	自动驾驶仪
ARINC	Aeronautical Radio Incorporation	(美国)航空无线电公司
ASR	Airport Surveillance Radar	机场监视雷达
ATC	Air Traffic Control	空中交通管制
ATCRBS	Air Traffic Control Radar Beacon System	空中交通管制雷达信标系统

续表

缩　写	全　称	中　文
CAAC	Civil Aviation Administration of China	中国民用航空局
CDI	Course Deviation Indicator	航道偏离指示器
CDMA	Code-Division Multiple Access	码分多址
CDS	Control and Display System	控制和显示系统
CDU	Control and DisplayUnit	控制和显示单元
CMU	Communication Management Unit	通信管理单元
CNS/ATM	Communication Navigation Surveillance/Air Traffic Management	新航行系统
CPDLC	Controller – Pilot Data Link Communication	管制员–驾驶员数据链通信
CPU	Central Processing Unit	中央处理单元
CVOR	Common VHF Omni-directional Radio Range	普通甚高频全向信标
DABS	Discrete Addressable Beacon System	离散寻址信标系统
DFCS	Digital Flight Control System	数字式飞行控制系统
DGPS	Differential Global Positioning System	差分全球定位系统
DH	Decision Height	决断高度
DITS	Digital Information Transfer System	数字式信息传输系统
DMC	Display Management Computer	显示管理计算机
DME	Distance Measuring Equipment	测距器
DPSK	Differential Phase Shift Keying	差分相移键控
DSB	Double Side Band	双边带
DVOR	Doppler VOR	多普勒甚高频全向信标
EADI	Electronic Attitude Director Indicator	电子姿态指导仪
ECAM	Electronic Centralized Aircraft Monitoring	飞机电子中央监控系统
EFIS	Electronic Flight Instrument System	电子飞行仪表
EGPWS	Enhanced Ground Proximity Warning System	增强型近地警告系统
EHSI	Electronic Horizontal Situation Indicator	电子水平状态指示器
EIS	Electronic Instrument System	电子仪表系统
ETA	Estimated Time of Arrival	预计到达时间
FAA	Federal Aviation Administration	(美国)联邦航空局
FANS	Future Air Navigation System	未来空中航行系统
FBW	Fly-by-wire	电传操纵
FCC	Flight Control Computer	飞行控制计算机

续表

缩　写	全　称	中　文
FD	Flight Data	飞行数据
F/D	Flight Director	飞行指引仪
FDMA	Frequency-Division Multiple Access	频分多址
FL	Flight Level	飞行高度层
FM	Frequency Modulation	频率调制
FMC	Flight Management Computer	飞行管理计算机
FMCS	Flight Management Computer System	飞行管理计算机系统
FMGS	Flight Management Guidance System	飞行管理指引系统
FMS	Flight Management System	飞行管理系统
FSK	Frequency Shift Keying	频移键控
FWC	Flight Warning Computer	飞行告警计算机
FWS	Flight Warning System	飞行告警系统
GLONASS	Global Navigation Satellite System(Russia)	全球导航卫星系统(俄罗斯)
GNSS	Global Navigation Satellite System	全球导航卫星
GPS	Global Positioning System	全球定位系统(美国)
GPWS	Ground Proximity Warning System	近地警告系统
GS	Glide Slope	下滑信标台
GS	Ground Speed	地速
HF	High Frequency	高频
HFDL	High Frequency Data Link	高频数据链
ICAO	International Civil Aviation Organization	国际民航组织
ILS	Instrument Landing System	仪表着陆系统
INS	Inertial Navigation System	惯性导航系统
IRS	Inertial Reference System	惯性基准系统
IRU	Inertial Reference Unit	惯性基准组件
LOC	Localizer	航向信标
LRU	Line Replaceable Unit	外场可更换单元
MB	Market Beacon	指点标
MCDU	Multipurpose Control & Display Unit	多功能控制和显示系统
MCP	Mode Control Panel	方式控制板
MMR	Multi-mode Receiver	多模式接收机
MSK	Minimum Shift Keying	最小频移键控
MU	Management Unit	管理单元

缩　写	全　称	中　文
ND	Navigation Display	导航显示器
NDB	Non-directional radio Beacon	无方向无线电信标
PAR	Precision Approach Radar	精密进近雷达
PBN	Performance Based Navigation	基于性能的导航
PFC	Primary Flight Computer	主飞行计算机
PFD	Primary Flight Display	主飞行显示器
PM	Phase Modulation	相位调制
PPM	Pulse Position Modulation	脉冲位置调制
PSR	Primary Surveillance Radar	一次监视雷达
RA	Radio Altimeter	无线电高度
RA	Resolution Advisory	决断咨询
RMI	Radio Magnetic Indicator	无线电磁指示器
RNAV	Regional Area Navigation	区域导航
RNP	Required Navigation Performance	所需导航性能
RTA	Required Time of Arrival	所需到达时间
RVR	Runway Visual Range	跑道视距
SATCOM	Satellite Communication	卫星通信
SDAC	System Data Acquisition Concentrator	系统数据集获器
SELCAL	Selective Calling	选择呼叫系统
SPI	Special Position Identification	特殊位置识别脉冲
SSB	Single Sideband	单边带
SSR	Secondary Surveillance Radar	二次监视雷达
TA	Traffic Advisory	交通咨询
TACAN	Tactical Air Navigation	塔康
TCAS	Traffic Alert and Collision Avoidance System	空中交通警戒及防撞系统
TDMA	Time-Division Multiple Access	时分多址
UAT	Universal Access Transceiver	通用访问收发机
VDL－2	VHF Digital Link Mode 2	甚高频数据链模式 2
VDL－4	VHF Digital Link Mode 4	甚高频数据链模式 4
VHF	Very High Frequency	甚高频
V NAV	Vertical Navigation	垂直导航
VOR	Very High Frequency Omni Directional Range	甚高频全向信标(伏尔)
VSI	Vertical Speed Indicator	垂直速度显示器
WD	Warning Display	报警显示
WXR	Weather Radar	气象雷达

附录 **B**
总复习题

1. 地面对无线电波能量有吸收作用,其特点是( )。

   A. 频率越高,土地越潮湿,则吸收越大

   B. 频率越低,土地越潮湿,则吸收越大

   C. 频率越高,土地越干燥,则吸收越大

   D. 频率越低,土地越干燥,则吸收越大

2. 电离层对无线电波能量有吸收作用,其特点是( )。

   A. 频率越低,电子密度 N 越大,则吸收越大

   B. 频率越高,电子密度 N 越大,则吸收越大

   C. 频率越高,电子密度 N 越小,则吸收越大

   D. 频率越低,电子密度 N 越小,则吸收越大

3. 无线电波各波段传播的特点,下列表述中正确的是( )。

   A. 长波绕射能力强,地面吸收大

   B. 中波主要靠天波传播

   C. 短波传播以天波为主

   D. 超短波传播以地面反射波为主

4. 天线的极化方向是指( )。

   A. 天线的安装方向

   B. 天线辐射电波的磁场分量相对于水平面的方向

   C. 天线辐射无线电波的传播方向

   D. 天线辐射电波的电场分量相对于水平面的方向

5. 信号的频谱宽度必须和接收机通带相适应,是为了( )。

   A. 提高信号/噪声比   B. 提高信号输出幅度

   C. 降低噪声输出幅度   D. 便于维护

6. 模拟信号幅度调制是指(　　　)。

   A. 所传输信号幅度被载波调制　　　　B. 载波幅度受传输信号调制

   C. 载波频率随传输信号幅度而改变　　D. 载波相位随传输信号幅度而改变

7. 单边带调幅系统是指发射时(　　　)。

   A. 抑制掉载频分量

   B. 抑制掉载频分量和高旁频分量

   C. 抑制掉载频分量和高、低旁频分量之一

   D. 抑制掉载频分量和低旁频分量

8. 民航采用的甚高频通信频率范围是(　　　)。

   A. 108.00～112.00 MHz

   B. 118.00～135.975 MHz

   C. 112.00～118.00 MHz

9. 民航采用的高频通信频率范围是(　　　)。

   A. 2～29.999 9 MHz　　　B. 10～20 MHz　　　C. 3～30 MHz

10. 目前机上高频通信系统采用的工作方式是(　　　)。

   A. AM　　　B. SSB　　　C. AM 或 SSB

11. 目前机上甚高频通信系统工作方式是(　　　)。

   A. AM　　　B. SSB　　　C. AM 或 SSB

12. 大型飞机上装多套 VHF 通信系统,是为了(　　　)。

   A. 当一套发生故障时,使用备份　　B. 防止因机体遮挡而收不到信号

   C. 供多位乘员分别使用　　　　　　D. 一套为视距通信,另一套为远距通信

13. 飞机上的甚高频通信性能数据中为什么没标明通信距离(　　　)。

   A. 不是重要的性能指标

   B. 因通信距离随飞机高度的不同而不同

   C. 飞行员都清楚甚高频通信距离

14. 正确使用无线电通话的原则是(　　　)。

   A. 严格无线电通话程序,必须使用专业用语

   B. 事先做好准备,先听后说

   C. 讲话方式确保其他人明白

15. 遇难呼叫的全世界统一通信频道是(　　　)。

   A. 121.500 MHz　　　B. 121.200 MHz　　　C. 121.925 MHz

16. 航空移动卫星业务(AMSS)的主要功能有(　　　)。

   A. 提供数据通信　　B. 支持 ADS　　C. 语音通信　　D. A+B+C

17. 可能提供每秒兆字节数据传输速率的空地数据链是(　　　)。

   A. HF　　　B. VHF　　　C. SSR 的 S 模式　　　D. SATCOM

18. 在地空双向无线信道中进行通信时采用载波侦听多路访问(CSMA)协议的数据

链是（　　）。

A. VDL - 2　　　B. VDL - 3　　　C. VDL - 4

19. 若机载 ACARS 设备具备条件，且公司已购买全部服务，则数据链通信设备的优先顺序为（　　）。

A. HF、VHF、AMSS　　　B. VHF、HF、AMSS　　　C. VHF、AMSS、HF

20. 与惯性导航系统相比，无线电导航系统的最大优点是（　　）。

A. 精度高且作用距离远　　　　　B. 工作时间长而成本低

C. 可靠性高，误差小　　　　　　C. 定位精度不随飞行时间增加而增大

21. 飞机保持磁航向 265°飞行，ADF 指示器指示相对方位为 065°瞬间，表明飞机正飞越（　　）。

A. 电台磁方位为 065°的方位线

B. 电台磁方位为 150°的方位线

C. 电台磁方位为 330°的方位线

22. 磁航向 315°，ADF 指示相对方位角 140°，飞机磁方位角为（　　）。

A. 095°　　　B. 175°　　　C. 275°

23. ADF 调频至某一 NDB，指示其相对方位为 045°，若磁航向为 355°，则 NDB 台在飞机的（　　）方位上。

A. 040°　　　B. 065°　　　C. 220°

24. 利用机上 ADF 自动定向时，必须把方式选择电门放（　　）位。

A. TEST　　　B. ANT　　　C. ADF

25. 为了正确引导飞机到着陆机场着陆，在接收 NDB 信号时，必须做到（　　）。

A. 正确调谐电台　　　B. 监听识别信号　　　C. 正确调谐电台并监听识别信号

26. 机上 ADF 系统控制面板上方式选择电门放 ANT 位，其作用是（　　）。

A. 接收广播电台信号　　　B. 准确调谐电台　　　C. 实现人工定向

27. 机上 ADF 系统输出的方位信息，可在（　　）表上指示。

A. RMI　　　B. CDI　　　C. ADI

28. 机上 ADF 输出方位信号到 RMI 上指示，其针尖指示的是（　　）。

A. 飞机方位角（QDR）　　　B. 电台方位角（QDM）　　　C. 相对方位（RB）

29. 机上 ADF 输出方位信号到 RMI 上指示，其针尾指示的是（　　）。

A. 飞机方位角（QDR）　　　B. 电台方位角（QDM）　　　C. 相对方位（RB）

30. 在 RMI 上选择所接收的信号源是通过（　　）进行的。

A. 调频率　　　B. 转换 ADF/VOR 选择按钮　　　C. 看向/背指标

31. ADF 的指示器为 RMI 时，它直接指示（　　）。

A. 电台磁方位　　　B. 相对方位　　　C. 飞机磁方位

32. ADF 指示器为 RMI 时，它能指示（　　）。

A. 电台的磁方位和飞机磁航迹角

B. 相对方位和磁航迹角

C. 电台的磁方位和相对方位

33. 在黄昏和日出期间飞行,减少 ADF 定向误差的方法是(　　　)。

A. 选用近距离,低频率导航台,辨清识别信号,增加飞机飞行高度

B. 降低飞行高度

C. 用近距离的导航台

34. 在飞行中使用 ADF 时,减少海岸折射(海岸效应)误差的方法是(　　　)。

A. 改变飞机飞行高度,使其增高

B. 应选无线电方位线与海岸线之间的夹角近 90°的电台定向

C. 改变定向频率

35. 飞行中用 ADF 定向时,处置大气静电干扰的方法是(　　　)。

A. 尽可能选择近距离的电台定向,强烈闪电时,不用 ADF 定向

B. 注意辨清识别信号

C. 指针摆动时,取平均值

36. 下述说法中正确的是(　　　)。

A. NDB 的莫尔斯电码识别特点尤为重要,在出现一个接收到的错误方位信息时,ADF 接收机上无"OFF"旗

B. 当 ADF 接收机收到的错误方位时,ADF 接收机上出现"OFF"旗

C. 当 ADF 接收机收到的错误信息时,ADF 指示器指针摆动

37. 地面 NDB 台发射莫尔斯电码识别信号是(　　　)个英文字符。

A. 一个　　　B. 二个　　　C. 三个

38. ADF 自动测向系统中(　　　)。

A. 地面导航台为有方向性天线,机上为无方向性天线

B. 地面导航台为有方向性天线,机上为有方向性天线

C. 地面导航台为无方向性天线,机上为无方向性天线

D. 地面导航台为无方向性天线,机上为有方向性天线

39. ADF 自动测向系统测得的是(　　　)。

A. 磁北向与飞机至导航台连线的夹角　　　B. 磁北向与飞机纵轴的夹角

C. 飞机纵轴与飞机至导航台连线的夹角　　　D. 飞机纵轴与地速的夹角

40. ADF 自动测向系统工作在(　　　)。

A. 微波波段　　　B. 超短波段　　　C. 短波段　　　D. 中长波段

41. 飞机沿同一方位线背台飞行,当航向改变时,电台磁方位将(　　　)。

A. 改变　　　B. 不变　　　C. 无论什么情况都等于 180°

42. 飞机沿同一方位线飞向电台,当航向改变时,发生变化的方位角是(　　　)。

A. 电台相对方位　　　B. 电台磁方位　　　C. 飞机方位

43. 地面 VOR 台识别代码是(　　　)个字母的莫尔斯电码。

A. 2个　　B. 3个　　C. 4个

44. 地面 VOR 台工作频率范围是(　　)。

　　A. 112～118 MHz　　B. 108～112 MHz　　C. 108～118 MHz

45. 在 HIS 上飞机偏离 VOR 径向线的情况通过(　　)表明。

　　A. 预选航道指针　B. 航道偏离杆　C. 向/背指标

46. HSI 可以接收的地面台信号有(　　)。

　　A. NDB　　B. MKR　　C. VOR

47. 用一台 VOR 台和一个 DME 台定位属于(　　)方式。

　　A. $\theta-\theta$ 定位　　B. $\rho-\theta$ 定位　　C. $\rho-\rho$ 定位

48. 下述说法中正确的是(　　)。

　　A. VOR 有很多优点,其中一条是在频率范围内,可避让由风暴及各种天气引起
　　　 的降雨静电干扰

　　B. VOR 的优点是调谐很方便

　　C. VOR 的优点是定向精度高

49. VOR 的 CDI(航道偏离指示器)用于指示(　　)。

　　A. 飞机与 VOR 的电台磁方位

　　B. 飞机是否在所选航道(VOR 径向线)上和偏离的方向

　　C. 相对方位

50. 机上 VOR 系统由(　　)组成。

　　A. 天线、接收机、指示器

　　B. 天线、接收机、控制板、指示器

　　C. 天线、接收机、放大器、指示器

51. VOR/DME 在飞机上的作用是(　　)。

　　A. 只提供航道指引　　B. 同时提供航道和距离信息　　C. 只提供距离信息

52. VOR 系统在飞机上的基本作用是(　　)。

　　A. 提供航道指引　　B. 提供航道和距离信息　　C. 提供距离信息

53. 机载 VOR 系统在作了适当的校正后能提供的航道精度是(　　)。

　　A. ±5°　　B. ±1°　　C. ±1.5°

54. 在飞机上检查 VOR 系统精度的最常见的方法是(　　)。

　　A. 使用 VOR 测试设备信号,调谐信号频率,观察基本 VOR 指示器或 HSI 上
　　　 的航道偏离指针是否正中,在背台时,指针读数为 0°,向台时,指针读数
　　　 为 180°

　　B. 利用两套系统相比较的方式来检查精度

　　C. 在指定的机场上,可以把飞机滑行到机场的 VOR 地面检查点上,进行机载
　　　 VOR 设备的检查

55. 判断飞机飞越 VOR 上空时的主要标志是(　　)。

A. VOR 系统指示器上的"OFF"旗瞬时出现

B. VOR 系统指示器上的"OFF"旗瞬时出现和向/背指示转换

C. 向/背指示

56. 使用 VOR 系统定向和航道指引时 VOR 缺点是（　　）。

A. 建筑物、地形特征对飞机低高度接收时有阻隔

B. 有大气的静压干扰

C. 过台时出现 CDI 摆动

57. HSI 上的航道偏离杆可以指示（　　）设备的航道偏离。

A. VOR、MB　　B. LOC、ADF　　C. VOR、LOC

58. 终端 VOR（TVOR）使用的频率范围是（　　）。

A. 108～118 MHz　　B. 108～112 MHz　　C. 112～118 MHz

59. VOR 方位角即是（　　）。

A. 飞机方位角（QDR）　　B. 电台方位角（QDM）　　C. QTE

60. VOR 的径向方位角即是（　　）。

A. QDR　　B. QDM　　C. QUJ

61. 已知飞机的磁航向为 90°，相对方位为 225°，则 VOR 方位为（　　）。

A. 90°　　B. 225°　　C. 315°

62. 机上 VOR 工作频率一般和（　　）设备配套使用。

A. ILS、ADF　　B. ILS、DME　　C. DME、ADF

63. VOR 系统提供磁方位角，与飞机航向（　　）。

A. 有关　　B. 无关　　C. 不一定有关

64. 某 VOR 台正在维护时，其依据是（　　）。

A. 导航功能已消除　　B. 用音频播放警戒信号　　C. 识别功能消除

65. VOR 全向信标系统中（　　）。

A. 地面导航台为有方向性天线，机上为无方向性天线

B. 地面导航台为有方向性天线，机上为有方向性天线

C. 地面导航台为无方向性天线，机上为无方向性天线

D. 地面导航台为无方向性天线，机上为有方向性天线

66. 在 DVOR 信号中，可变相位信号是采用（　　）方式调制的。

A. AM　　B. FM　　C. SSB

67. VOR 全向信标系统测得的是（　　）。

A. 飞机纵轴与飞机至导航台连线的夹角

B. 磁北向与飞机纵轴的夹角

C. 磁北向与导航台至飞机连线的夹角

D. 磁北向与飞机至导航台连线的夹角

68. 当飞机原地转圈时，（　　）。

•232•

A. ADF 指示和 VOR 指示都变；　　B. ADF 指示变；VOR 指示不变
C. ADF 指示和 VOR 指示都不变；　D. ADF 指示不变；VOR 指示变

69. 仪表进近程序通常包括(　　)个航段。
    A. 4 个　　B. 5 个　　C. 6 个

70. 在所有的 ILS 地面设备都工作的条件下,ILS 进近最低着陆标准中的 DH 通常不低于(　　)。
    A. 200 ft　　B. 300 ft　　C. 400 ft

71. 在所有的 ILS 地面设备都工作的条件下,ILS 进近最低着陆的标准中的能见度正常要求为(　　)。
    A. 600 m　　B. 800 m　　C. 1 000 m

72. ILS 系统的主要地面设备是(　　)。
    A. 航向信标台、下滑信标台和指点标台
    B. 航向信标台、下滑信标台
    C. 航向信标台、下滑信标台、指点标台、跑道灯系统和 RVR 设备

73. I 类仪表着陆标准的水平和垂直距离分别为(　　)。
    A. 400 m、30 m　　B. 200 m、0 m　　C. 800 m、60 m

74. 当 ILS 系统下滑(GS)出现故障时,可以实现(　　)。
    A. 精密进近；　　B. 非精密进近；　　C. 精密进近或非精密进近

75. 一般在仪表进近中,截获盲降设备信号的次序是(　　)。
    A. LOC、GS　　B. GS、LOC　　C. LOC、GS 或 GS、LOC

76. 可以提供反航道信号的设备是(　　)。
    A. LOC　　B. GS　　C. MB

77. 以跑道中线为基准,在±10°区域内,LOC 台发射的信号有效导航距离为(　　)。
    A. 17 n mile　　B. 20 n mile　　C. 25 n mile

78. 在下滑线范围内,下滑信号的有效导航距离为(　　)。
    A. 10 n mile　　B. 17 n mile　　C. 20 n mile

79. 对于三台制 MB 而言,飞机过外台时,其音响及灯光信号是(　　)。
    A. 3 000 Hz、白色　　B. 1 300 Hz、琥珀色　　C. 400 Hz、蓝色

80. 在进近着陆中,航道偏离杆偏右,说明飞机偏在航向道的(　　)。
    A. 左方　　B. 右方　　C. 左方或右方

81. 在进近着陆中,下滑指标偏在上方,说明飞机偏在下滑道的(　　)。
    A. 上方　　B. 下方　　C. 上方或下方

82. 在进近着陆中,决断高度(DH)灯亮,说明飞机处在(　　)高度。
    A. >DH　　B. ≤DH　　C. >DH 或<DH

83. 在精密进近中,复飞点的高度应该是进近图上的(　　)值。
    A. DH　　B. MDH　　C. MDA

84. 在仪表进近中,航向道信号一般在下列( )表中指示或显示。

    A. HSI、RMI   B. ADI、RMI   C. HSI、ADI

85. 仪表进近中,截获到航向信号的依据是( )。

    A. 下滑道指针动   B. 航道偏离杆动   C. 指点标灯亮

86. 一般情况下,指点标灵敏度控制电门应置于( )位。

    A. 高位(H)   B. 低位(L)   C. 高位或低位

87. 在仪表进近中,标准下滑角是( )。

    A. 1°   B. 2°   C. 3°

88. 在 HSI 上看下滑偏离值,一个点表示( )。

    A. 0.15°   B. 0.25°   C. 0.35°

89. ILS 系统由( )三部分组成。

    A. LOC、MB、DME   B. VOR、LOC、GS   C. LOC、GS、MB

90. 机场 NDB,其远台距跑道头约( )。

    A. 2 km   B. 3 km   C. 4 km

91. 机场 NDB,其近台距跑道头约( )。

    A. 1 km   B. 2 km   C. 3 km

92. ILS 系统航向台的工作频率为( )。

    A. 108～118 MHz   B. 108～112 MHz   C. 112～118 MHz

93. 为区分 TVOR 台的信号,LOC 工作频率的第一位小数采用( )。

    A. 奇数   B. 偶数   C. 零

94. 在进行反航道 ILS 进近时,为了使仪表指示与实际情况一致,飞行员需按( )按钮。

    A. APPR   B. NAV   C. B/C

95. 在进行反航道 ILS 进近时,其机载仪表( )显示下滑信息。

    A. 不能   B. 可以   C. 时无时有

96. 飞机上的 ILS 系统当指示器上无反航道(B/C)转换电门,用基本的航道偏离指示器(CDI)指示时,下列说法中正确的是( )。

    A. 当飞机沿正航道进近时,CDI 指示偏右表示航道在飞机右侧,当飞机沿反航道飞行时,CDI 指示反向偏航,即 CDI 指示偏右,表示航道在飞机左侧

    B. 当飞机沿正航道进近时,CDI 指示偏右,航向应向右修正,当飞机沿反航道进近时,CDI 指示偏右,航向应右修正

    C. 不管飞行方向如何,借助于航指针来设置正航道,这时根据航道偏离指针来判定飞机与预选航道的关系

97. DME 测量的是飞机到电台的( )。

    A. 斜距   B. 水平距离   C. 垂直距离

98. 关于测距机(DME)的主要功用,下列说法中正确的是( )。

A. 对任何飞行均是有作用的导航设备

B. 主要用于仪表飞行规则的操纵

C. 提供飞机的地速

99. 测距机向飞行员提供的数据是(　　)。

A. 所选导航设备与飞机位置之间的距离和飞机地速

B. 飞机的航迹

C. 飞机与电台的方位角

100. 关于 DME 的原理,下列说法中正确的是(　　)。

A. 机载 DME 设备向地面 DME 台发出询问脉冲信号,地面接收台接收后,发射不同频率脉冲信号,机上设备记录信号的往返时间;并转换成距离或地速

B. 机载 DME 设备接收地面 DME 发射信号,然后计算时间信号,转换成距离或地速

C. 机载 DME 与 VOR 一起工作,计算出距离或地速

101. 关于机载 DME,下列说法中正确的是(　　)。

A. 在收到地面测距台的脉冲对信号后即开始发射询问信号

B. 在接通电源后即开始发射询问信号

C. 在将开关置于 NORM(正常)时才发射询问信号

D. 在接收到足够数量的测距台脉冲对信号后才开始发射询问信号

102. DME 接收的距离范围是(　　)。

A. 0~50 n mile　　B. 0~99 n mile　　C. 0~199 n mile

103. DME 测得距离的精度是(　　)。

A. 0.5 n mile 或所测距离的 3% 以内　　B. 0.8 n mile　　C. 0.2 n mile

104. DME 显示器显示(　　)。

A. 以海里为单位的斜距

B. 以英里为单位的斜距

C. 以千米为单位的斜距

105. DME 台发射的识别信号是(　　)个英文字符的莫尔斯电码。

A. 一个　　B. 二个　　C. 三个

106. 当 DME 处于保持状态(H)时,说明(　　)。

A. DME 的频率受控

B. DME 的频率失控(保持原 DME 频率)

C. DME 工作频率不定

107. DME 工作于 L 频段,分(　　)两个频道。

A. X、B　　B. A、Y　　C. X、Y

108. 在有效距离内,接收三个以上 DME 台的信号,可以为飞机定位,这种定位方式为(　　)。

A. $\theta-\theta$ 方式　　B. $\rho-\theta$ 方式　　C. $\rho-\rho$ 方式

109. DME 的频闪效应是(　　)。
    A. 系统不稳定造成的　　　　B. 故意设计的,以抑制干扰
    C. 频闪是有规律的　　　　　D. 频闪是随机的,应避免的

110. 机载 GPS 的工作模式有(　　)。
    A. 获取模式、自动导航模式、人工导航模式和辅助模式
    B. 获取模式、记忆模式、跟踪模式和辅助模式
    C. 获取模式、导航模式、高度辅助模式和辅助模式
    D. 获取模式、工作模式、搜索模式和辅助模式

111. 由于存在钟差,GPS 定位至少要同时能观测到(　　)颗卫星。
    A. 2　　B. 3　　C. 4　　D. 5

112. 影响 GPS 定位误差的主要因素是(　　)。
    A. 电波传播路径及速度的变化　　B. 时钟及星历的误差
    C. 设备及几何误差　　　　　　　D. A+B+C

113. 采用差分 GPS 技术,定位精度一般可以提高到(　　)。
    A. 10 m　　B. 5 m　　C. 1 m

114. 目前,具有短报文通信功能的 GNSS 系统是(　　)。
    A. GPS　　B. GLONASS　　C. BDS　　D. Galileo

115. 采用 FDMA 多址技术的 GNSS 系统是(　　)。
    A. GPS　　B. GLONASS　　C. BDS　　D. Galileo

116. 设置机场伪卫星的 GNSS 增强系统是(　　)。
    A. LAAS　　B. WAAS　　C. SBAS

117. 当前的 GNSS 导航信号工作频段是(　　)。
    A. VHF　　B. L　　C. X　　D. K

118. PBN 的三个基础要素是(　　)。
    A. 导航应用、导航规范、导航设施
    B. 导航性能、导航规范、导航设施
    C. 导航性能、导航模式、导航设施

119. PBN 中 RNAV 和 RNP 的主要区别是(　　)。
    A. RNAV 标准包含机载设备的监视和告警导航性能要求,而 RNP 标准则不包括
    B. RNP 标准包含机载设备的监视和告警导航性能要求,而 RNAV 标准则不包括
    C. RNAV 和 RNP 的应用目的不同

120. 在进近阶段可用的 PBN 导航规范是(　　)。
    A. RNP-10　　B. RNAV-1　　C. RNAV-2　　D. RNAV-5

121. RNP AR APCH 规范只允许使用的导航源数据是（　　）。

　　A. ILS　　　B. VOR 加 DME　　　C. GNSS

122. 以下雷达设备中，可能工作在 S 波段的是（　　）。

　　A. WXR　　B. PAR　　C. ASR　　D. LRRA

123. 着陆引导系统除了 ILS 系统外，还有（　　）设备可以引导飞机进近着陆。

　　A. PSR　　B. SSR　　C. PAR

124. 机场装设的 PAR，可以对飞机实行（　　）。

　　A. 下滑道监视　　B. 航向道监视　　C. 下滑/航向道监视

125. 在进近着陆中，当高度在（　　）以下时才看无线电高度表指示值。

　　A. 900 m　　B. 9 000 m　　C. 500 m

126. 民用机载无线电高度表的测高范围是（　　）。

　　A. 0～2 500 ft　　B. 0～25 000 ft　　C. 0～2 500 m　　D. 0～25 000 m

127. 无线电高度表指示器的作用是（　　）。

　　A. 指示飞机到正下方地物之间的垂直距离

　　B. 选择决断高度值

　　C. 选项 A 和选项 B 两种作用

128. 当前民航飞机上的 LRRA 一般工作在（　　）频段。

　　A. VHF　　B. L　　C. X　　D. C

129. 飞机上应答机报告的高度是（　　）高度。

　　A. 飞机的相对高度　　B. 飞机的标准气压高度　　C. 飞机的真实高度

130. 二次监视雷达发射 P2 脉冲是为了（　　）。

　　A. 增大作用距离　　B. 去掉旁瓣干扰　　C. 进行通信　　D. 测量距离

131. 假如将 ATC 编码从 2700 转换至 7200，下述关于转换 ATC 编码的做法中正确的是（　　）。

　　A. 应先从 2700 转换为 2200，然后再调到 7200

　　B. 应先从 2700 转换为 7700，然后再调到 7200

　　C. 无任何要求

132. 我国民航采用 SSR 询问飞机代号的模式是（　　）。

　　A. A 模式　　B. B 模式　　C. C 模式

133. 地面管制人员要求飞行人员在空中提供"应答机识别"时，应（　　）。

　　A. 将 ATC 应答机的功能选择旋钮放 TEST 位

　　B. 按 ATC 应答机上的"IDENT"钮

　　C. 按 ATC 应答机上的"IDENT"按钮并保持一会再松开

134. 下述说法中正确的是（　　）。

　　A. 应答机是一次监视雷达系统中的机载部分，由询问器发出代码信号，经航空器上的应答机接收后自动回答指定的代码信号，返回到管制员雷达屏幕上

显示

B. 应答机是二次监视雷达系统中的机载部分,应答机自动回答的代码,在管制员雷达屏幕上显示

C. 应答机是二次监视雷达系统中的机载部分,由询问器发出询问代码信号,经机上应答机接收后自动回答指定代码信号,返回到管制员雷达屏幕上显示

135. 当地面管制员指出飞机的飞行高度与应答机报告的高度不一致时,应检查(   )。

A. 飞机的高度表设置   B. 应答机的高度报告   C. 应答机的工作模式

136. 若遇劫机事件,则SSR的特殊识别码应该是(   )。

A. 7500   B. 7600   C. 7700

137. 若遇通信故障,则SSR的特殊识别码应该是(   )。

A. 7500   B. 7600   C. 7700

138. 若遇飞机故障,则SSR的特殊识别码应该是(   )。

A. 7500   B. 7600   C. 7700

139. 当地面二次雷达显示器显示飞机目标不清晰时,飞行员可按下(   )按钮。

A. TEST   B. IDENT   C. REPORT

140. 飞机上SSR应答机发射的高度码,是由(   )设备提供的。

A. 全向信标   B. 测距机   C. 编码高度表

141. 编码高度表的编码高度供机上(   )设备作为高度源。

A. DME   B. SSR   C. ILS

142. SSR工作于(   )频段。

A. L频段   B. X频段   C. K频段

143. 当机载S模式应答机应答发射时,将不能发射(   )。

A. DME   B. TCAS

C. DME和TCAS   D. DME、TCAS和LRRA

144. 当机上SSR应答机需向地面SSR雷达站报告飞机当时飞行高度时,必须接通控制盒上(   )电门。

A. 模式选择电门   B. 测试电门   C. 高度报告电门

145. 机载S模式应答机中飞机地址码的长度是(   )。

A. 16位   B. 24位   C. 32位

146. S模式二次雷达中DABS应答数据字组采用的调制方式是(   )。

A. PPM   B. DPSK   C. FSK

147. 现代气象雷达表示大、中、小雨区域的彩色编码通常是(   )。

A. 红、黄、绿   B. 红、绿、蓝   C. 品红、黄、绿   D. 红、白、蓝

148. 对雷达信号反射最强的气象条件是(   )。

A. 大雨   B. 湿冰雹   C. 干雪   D. 冰晶

149. 机载 WXR 探测风切变主要基于(   )原理。

    A. 反射强度   B. 多普勒频移   C. 回波延迟变化

150. 当前民航飞机上的气象雷达一般工作在(   )频段。

    A. VHF   B. L   C. X   D. K

151. 飞机存在相对地面的不安全状态时,GPWS 向飞行员提供的警告信息有(   )。

    A. 对应方式的目视指示灯亮

    B. EHSI 上的警告字符,目视指示灯亮且能听到相应的警告语音信息

    C. EADI 上的警告字符、扬声器发出的语音警告信息和相应的指示灯

    D. 相应方式的目视指示灯亮且听到某一固定频率的音响信息

152. 民航飞机上的 GPWS 需要用到(   )设备的输出信息。

    A. LRRA、MMR、WXR

    B. LRRA、WXR、DME

    C. LRRA、MMR、VOR

153. EGPWS 相比 GPWS,增加的主要功能是(   )。

    A. TA   B. TCF   C. TA 和 TCF

154. TCAS Ⅱ 要用到的设备(   )。

    A. LRRA   B. S 模式应答机   C. WXR

155. 显示设备(   )不能用于显示 TCAS 的信息。

    A. RMI   B. ADI   C. VSI   D. EHIS

156. 如果同时收到 TCAS Ⅱ 和管制的机动指令,飞行员必须(   )。

    A. 遵循管制人员的指令,参考 TCAS Ⅱ 指令机动

    B. 遵循管制人员的指令,忽略 TCAS Ⅱ 指令

    C. 遵循 TCAS Ⅱ 的指令,并告诉管制

157. 以下警告类型中优先级别最高的是(   )。

    A. 风切变   B. TCAS

    C. GPWS 方式 1   D. GPWS 方式 5

158. 民航飞机 ADS - B 的位置信息来自于(   )。

    A. VOR+DME   B. TCAS Ⅱ   C. GNSS 导航接收机

159. 中国民航 ADS - B 所选用的数据链是(   )。

    A. VDL - 4   B. 1090ES   C. UAT

160. 关于 ADS - C,下列表述中正确的是(   )。

    A. 实现对海洋和边远地区的监视,可取代或补充 SSR

    B. 可在驾驶舱内提供交通信息显示和冲突警告,为自由飞行创造条件

    C. 可取代 TCAS;可取代 SSR;可取代场面监视系统

参考答案：

1～10：CACDA　BCBAC

11～20：ABBAA　DCABC

21～30：CCACC　BABAB

31～40：ACABA　BBDCD

41～50：BABCB　CBABB

51～60：BABAB　ACBBA

61～70：CBBAA　BDBBA

71～80：BACBA　ACACA

81～90：BBACB　BCCCC

91～100：ABACA　AABAA

101～110：DCAAC　BCCBB

111～120：CDCCB　ABABB

121～130：CCCCA　ACDBB

131～140：AACCA　ABCBC

141～150：BACCB　AABBC

151～160：CACBA　CACBA

参考文献

[1] 朱新宇，王有隆，胡炎. 民航飞机电气仪表及通信系统[M]. 成都：西南交通大学出版社，2006.

[2] 以光衢，刘惠彬，关德新，等. 航空机载电子系统与设备[M]. 北京：北京航空航天大学出版社，1997.

[3] 黄志刚. 无线电导航原理与系统[M]. 北京：北京航空航天大学出版社，2007.

[4] 宫淑丽. 民航飞机电子系统[M]. 北京：科学出版社，2015.

[5] 马银才，张兴媛. 航空机载电子设备[M]. 北京：清华大学出版社，2012.

[6] 王世锦，王湛. 机载雷达与通信导航设备[M]. 北京：科学出版社，2010.

[7] 马存宝. 民机通信导航与雷达[M]. 西安：西北工业大学出版社，2004.

[8] 何晓薇，徐亚军. 航空电子设备[M].3 版. 成都：西南交通大学出版社，2014.

[9] 胡小平. 导航技术基础[M]. 北京：国防工业出版社，2015.

[10] 魏光兴. 通信导航监视设施[M]. 成都：西南交通大学出版社，2004.

[11] 叶伟. 广汉机场 PBN 程序设计研究[D]. 成都：西南交通大学，2010.

[12] 林树. 中国民航 VHF 数据链应用及发展[J]. 现代电子技术，2014，37(16)：74-76.

[13] 于敏梁. 民航机载电子设备与系统[M]. 南京：南京航空航天大学出版社，2001.

[14] Tooley M，Wyatt D. Aircraft Electrical and Electronic System：Principles，Maintenance and Operation [M]. United Kingdom：Butterworth-Heinemann Ltd，2008.

[15] 斯泰西. 航空无线电通信系统与网络[M]. 吴仁彪，刘海涛，马愈昭，译. 北京：电子工业出版社，2011.

[16] Dardari D，Falletti E，Luise M. Satellite and Terrestrial Radio Positioning Techniques：a Signal Processing Perspective [M]. Singapore：Elsevier

Ltd，2012.

[17] 张军. 现代空中交通管理[M]. 北京：北京航空航天大学出版社，2005.

[18] 张尉. 二次雷达原理[M]. 北京：国防工业出版社，2009.

[19] 陈高平，邓勇. 航空无线电导航原理[M]. 北京：国防工业出版社，2008.